生物质炭在水土环境及农田系统中的应用

杨 帆 赵 莹 刘竹青 程 魁 著

科 学 出 版 社

北 京

内 容 简 介

在自然因素和人类活动的共同影响下，我国土壤肥力严重下降，已对我国粮食产量造成严重制约，因而有效提升土壤肥力、改善农田土壤生态环境已迫在眉睫。本书基于作者研究团队已有的实验数据，同时结合国内外生物质炭在改良农业水土环境方面的相关研究，详细分析了生物质炭的加工方法及其去除水体、土壤及农田系统中污染物的性能，总结了生物质炭对土壤理化性质的影响机制，并探讨了生物质炭与土壤微生物及作物之间的关系，阐释了生物质炭的固碳减排效应及机制，以期促进农田系统的修复与农业可持续发展。

本书在应用生物质炭改善农田生态系统环境等方面具有一定的参考价值，可供从事农业废弃资源综合利用和环境保护相关研究的科研工作者及工程技术人员参考使用。

图书在版编目（CIP）数据

生物质炭在水土环境及农田系统中的应用/杨帆等著. —北京：科学出版社，2024.6

ISBN 978-7-03-076338-9

Ⅰ. ①生… Ⅱ.①杨… Ⅲ. ①生物质–炭–应用–耕作土壤–土壤环境–研究 Ⅳ.①S155.4

中国国家版本馆 CIP 数据核字（2023）第 175503 号

责任编辑：李秀伟 刘 晶 / 责任校对：郑金红
责任印制：肖 兴 / 封面设计：无极书装

科学出版社 出版
北京东黄城根北街 16 号
邮政编码: 100717
http://www.sciencep.com
北京富资园科技发展有限公司印刷
科学出版社发行 各地新华书店经销
*
2024 年 6 月第 一 版 开本：720×1000 1/16
2024 年 6 月第一次印刷 印张：15 1/2
字数：310 000

定价：198.00 元

（如有印装质量问题，我社负责调换）

前　言

生物质炭是生物质在限氧条件下经高温热解产生的一种富含碳素的稳定固态产物，其含碳量高、比表面积大、理化性质稳定，是一种低成本的可再生资源，对解决环境及资源问题有着巨大的潜力。我国是农业大国，人均耕地面积相对较少，加之人类对土地利用方式的不合理，导致农田面积逐年减少。此外，农药化肥的使用也使土壤受到污染，土壤肥力严重下降，这些问题严重制约了我国经济的可持续发展。将农业废弃物转化为生物质炭进行利用，可有效改善农田土壤生态环境，增加土壤有机碳含量，提高土壤肥力，促进作物生长。生物质炭的制备和合理应用可为农业废弃物的利用、土壤修复与改良、固碳减排等问题提供解决方案。为此，作者特撰写本书，针对生物质炭的制备及其在农田生态系统中的环境效应展开讨论。

全书以生物质炭调节农田环境、促进作物生长、发挥固碳减排效应等为主线，共分 8 章。第 1 章概述了生物质炭的研究背景及意义，总结了国内外开展相关研究的现状；第 2 章介绍了生物质炭的制备及表征方法；第 3 章介绍了生物质炭吸附重金属和有机污染物的性能及机制；第 4 章介绍了生物质炭对土壤理化性质的影响；第 5 章介绍了生物质炭对土壤微生态环境、微生物生态功能的影响及其相关作用机制；第 6 章分析了生物质炭对作物生长及产量品质的影响；第 7 章概述了生物质炭的固碳减排效应与生态价值；第 8 章总结了生物质炭的稳定性和潜在环境风险。

本书主要著者有杨帆、赵莹、刘竹青、程魁，参与相关研究及撰写的其他人员还有盖爽、张茜、汤春宇、兰依博、张泽宇、樊达、王贵欣、徐雨鑫、彭雄鑫、刘冰、乔辉、郝韵、孟祥汇、滕文灏、袁月、金永旭、艾爽、张洲雄、王士顺、刘柏梁等，他们承担了大量资料整理和汇编工作。

限于作者水平，加之撰写时间仓促，书中难免存在疏漏，如有不当之处，敬请读者和专家批评指正。

作　者

2023 年 9 月

目　录

第 1 章　概述……1
1.1　生物质炭起源……1
1.2　生物质炭研究现状……2
1.2.1　生物质炭制备……2
1.2.2　生物质炭结构优化……3
1.3　生物质炭应用价值和前景……4
参考文献……5
第 2 章　生物质炭生产加工……9
2.1　生物质炭制备方法……9
2.1.1　原材料预处理……9
2.1.2　炭化方法……10
2.1.3　活化方法……12
2.1.4　加热方法……14
2.1.5　生物质炭制备过程的影响因素……15
2.2　生物质炭生产原料及化学反应过程……16
2.2.1　生物质炭生产原料……16
2.2.2　生物质炭的改性……17
2.3　生物质炭表征方法……19
2.3.1　傅里叶变换红外光谱（FTIR）……19
2.3.2　比表面积（BET）及孔隙结构……21
2.3.3　扫描电子显微镜（SEM）……22
2.3.4　X 射线衍射分析（XRD）……23
2.3.5　X 射线光电子能谱（XPS）……24
2.3.6　其他表征方法……25
参考文献……28
第 3 章　生物质炭去除水体污染物……30
3.1　生物质炭去除水体重金属……30

3.1.1 生物质炭去除水体重金属的性能……30
3.1.2 生物质炭去除水体重金属的影响因素……32
3.1.3 生物质炭去除水体重金属的机制……33
3.2 生物质炭修复水体富营养化……34
3.2.1 水体富营养化的形成因素与危害……34
3.2.2 生物质炭吸附磷酸盐和硝酸盐的性能……35
3.2.3 生物质炭吸附磷酸盐和硝酸盐的影响因素……37
3.2.4 生物质炭吸附磷酸盐和硝酸盐的机制……39
3.3 生物质炭去除水体有机污染物……41
3.3.1 生物质炭吸附水中有机物的性能……42
3.3.2 生物质炭吸附水中有机物的影响因素……43
3.3.3 生物质炭吸附水中有机物的机制……45
3.4 生物质炭去除水体其他污染物……45
3.5 生物质炭去除水体污染物的应用……46
3.5.1 铁基生物质炭对水中Pb(Ⅱ)去除机制研究……46
3.5.2 新型生物质炭的制备及其对水体重金属离子的去除……57
3.5.3 玉米秸秆生物质炭对水中锌离子的去除效果及机制研究……62
3.5.4 多孔生物质炭的制备及其强化吸附水体重金属……71
参考文献……79
第4章 生物质炭改善土壤理化性质……83
4.1 生物质炭改善土壤物理性质……83
4.1.1 生物质炭对土壤容重的影响……83
4.1.2 生物质炭对土壤孔隙结构的影响……84
4.1.3 生物质炭对土壤水分的影响……85
4.1.4 生物质炭对土壤团聚体的影响……86
4.2 生物质炭提升土壤化学性质……87
4.2.1 土壤化学特性与土壤质量……87
4.2.2 生物质炭对土壤pH的影响……88
4.2.3 生物质炭对土壤阳离子交换量的影响……91
4.2.4 生物质炭对土壤养分元素的影响……92
4.2.5 生物质炭对土壤有机质的影响……105
4.3 生物质炭对典型养分运移行为的影响……107

4.3.1　不同生物质炭掺杂比例对磷素运移行为的影响……107
4.3.2　不同离子强度条件下施用生物质炭对磷素运移行为的影响……108
4.3.3　不同 pH 条件下施用生物质炭对磷素运移行为的影响……109
4.3.4　不同阳离子类型条件下施用生物质炭对磷素运移行为的影响……111
4.3.5　不同石英砂粒径条件下施用生物质炭对磷素运移行为的影响……113
参考文献……114
第 5 章　生物质炭调控土壤生物功能……118
5.1　土壤生物……118
5.1.1　土壤微生物组成及功能……118
5.1.2　土壤动物组成及功能……120
5.2　生物质炭与土壤生物……120
5.2.1　生物质炭与土壤微生物……120
5.2.2　生物质炭与土壤动物……135
5.3　生物质炭优化土壤生态服务功能……138
5.3.1　生物质炭-微生物相互作用对土壤养分转化过程的影响……138
5.3.2　生物质炭-微生物相互作用对土壤有机污染物降解的影响……140
5.3.3　生物质炭-微生物相互作用对土壤重金属污染的影响……141
参考文献……144
第 6 章　生物质炭促进农作物生长与增产……150
6.1　生物质炭对农作物生长指标的影响……152
6.1.1　生物质炭对农作物生物学性状的影响……152
6.1.2　生物质炭对农作物光合作用的影响……155
6.1.3　生物质炭对农作物根系的影响……157
6.2　生物质炭对农作物产量和品质的影响……159
6.2.1　生物质炭对农作物产量的影响……160
6.2.2　生物质炭对农作物品质的影响……163
6.3　生物质炭对农作物经济效益的影响……166
参考文献……167
第 7 章　生物质炭的固碳减排效应……171
7.1　生物质炭对土壤碳的固持作用……171
7.1.1　生物质炭的“负碳”效应……173
7.1.2　生物质炭的碳捕捉与封存效果……174
7.1.3　生物质炭固碳减排的生命周期评估……176

7.2 生物质炭对土壤碳稳定性的影响……178
7.2.1 生物质炭对土壤有机质积累及稳定性的影响及机制……179
7.2.2 生物质炭对溶解性有机质的影响及机制……182
7.2.3 生物质炭对土壤有机质矿化作用的影响及机制……191
7.3 生物质炭与土壤温室气体排放……196
7.3.1 生物质炭对 CO_2 排放的影响……196
7.3.2 生物质炭对 CH_4 和氮氧化物排放的影响……199
7.3.3 生物质炭固碳潜力……201
参考文献……204
第 8 章 生物质炭的稳定性和潜在环境风险……210
8.1 生物质炭的稳定性……210
8.1.1 生物质炭的物理分解……210
8.1.2 生物质炭的化学分解……211
8.1.3 生物质炭的生物分解……212
8.2 生物质炭的迁移……212
8.2.1 生物质炭胶体的制备……214
8.2.2 实验的主要参数测定……216
8.2.3 生物质炭胶体在多孔介质中的迁移实验……218
8.2.4 数值模拟数学模型……221
8.2.5 离子强度对生物质炭胶体迁移的影响……222
8.2.6 pH 对生物质炭胶体迁移的影响……223
8.2.7 介质粒径对生物质炭胶体迁移的影响……225
8.2.8 数值模拟结果……227
8.3 生物质炭的潜在环境风险……228
8.3.1 生物质炭制备过程的潜在环境风险……229
8.3.2 生物质炭施用过程的潜在环境风险……231
参考文献……234

第1章　概　　述

1.1　生物质炭起源

我国是人口大国，人均耕地面积相对较少，加之不合理的农田资源利用方式，导致农田面积逐渐减少的同时，农田退化问题日益严重，土壤肥力流失较快，威胁着粮食安全。将农业废弃物转化为生物质炭进行综合利用，不仅能减少环境污染，还能有效改善农田生态环境（史培军，1996；Bot and Benites，2005；徐晓斌，2008；王蕾等，2010）。

生物质炭是农林废弃物、城市垃圾等有机物在限氧条件下热解而成的富碳产物（Lehmann，2007；陈温福等，2013，2014）。炭作为一种典型的生物质炭前体，自旧石器时代刀耕火种以来就与人类文明密切相关。我国是生产和使用木炭最早的国家之一，早在7000年前河姆渡遗址出土的文物中就发现了大量混合着木炭的黑陶（李军，1996）。唐代诗人白居易的《卖炭翁》流传千古，“伐薪烧炭南山中”等诗句生动描绘了当时的制炭场景，但我国古代的木炭主要与铜等金属冶炼有关，或者仅仅作为取暖材料，很少应用到土壤环境中（Song et al.，2015；Yang et al.，2018；Han et al.，2019）。

关于生物质炭在土壤环境中的应用，可以追溯到对亚马孙河流域Terra Preta黑土的研究。荷兰土壤学家在亚马孙河流域进行土壤考察时，发现该地区有一种黑色土壤，这种土壤含有钾、钙、钠、镁、硅等植物营养元素，pH较高（刘领，2018）。研究发现，这种黑土是亚马孙河流域的人们为增加土壤肥力而制造的，是全世界最肥沃的土壤之一，这类土壤的主要成分就是生物质炭（Özcimen and Ersoy-Mericboyu，2010）。

近年来，生物质炭越来越受到人们的关注，在农业、林业、环境及能源等诸多领域得到广泛应用。生物质炭是一种富含碳的多孔材料，不仅能为土壤微生物提供良好的生存环境，还能有效吸附重金属和有机污染物。生物质炭的生产和应用可为土壤的修复与改良、生物质能源的研发、温室气体的减排、微生物代谢的改善及土壤碳的固存等问题提供有效的解决方案（Yuan et al.，2016；Sanchez-Monedero et al.，2018；范泽宇，2018；Wang et al.，2019）。

1.2 生物质炭研究现状

1.2.1 生物质炭制备

生物质炭是生物质在限氧条件下经高温热解后得到的富碳产物，因其阳离子交换能力强、比表面积大、结构稳定，是一种研究前景广阔的功能性材料（魏思洁和王寿兵，2022）。生物质炭的制备原料来源广泛，包括农作物秸秆、畜禽粪便、生活垃圾等废弃生物质，其中大多不能被充分利用，造成了极大的资源浪费（吕贝贝等，2019）。现今，研究者们通过多种技术手段将这些废弃的生物质材料制成生物质炭，以促进生物质资源的可持续利用。

生物质主要由纤维素、半纤维素和木质素组成。生物质炭的制备是生物质发生热解，由大分子转变为小分子的过程（王璐瑶和谢潇，2020）。最古老的生物质炭制造方法是将杂草、稻草、树枝、树叶或其他材料堆放在一起，然后用一层薄薄的泥土覆盖，最终在低氧环境中通过不完全燃烧形成生物质炭（Lehmann et al.，2006）。该方法存在生产周期长、污染环境等一系列问题。因此，越来越多的研究人员致力于探索新的生物质炭制备方法。根据制备过程中生物质的热解温度、升温速率及加热介质的不同，其制备方法可分为高温限氧热解、气化、水热炭化及微波热裂解法（韦思业，2017）。

目前，世界各国的研究人员发明了许多先进的生物质炭化设备，无论是生产效率还是生物质炭的质量方面都有了很大的提高（张丽等，2016）。据已有文献记载，现代炭化设备具有热解温度可控、炉体隔热能力强、炉膛气密性高、易于扩大生产和纠正故障、制造工艺方便、维护费用低等特点。Wang 等（2009）研究了一种开放式快速热解炭化窑，采用顶燃内燃式控制炭化过程来控制温度。在无氧条件下，火焰可逐渐进入炭化室对窑内多种原料进行炭化，同时自清洁产生高热值的可燃气体。Cong 等（2014）设计了内加热连续式生物质炭化炉，其利用在无氧条件下缓慢燃烧的热量作为热源进行裂解和炭化、利用热风对原料进行干燥，从而降低能耗，主要针对目前炭化设备生产效率低、能耗大、原料适应性差等问题。尚春民等（2022）针对目前生物质热解炭化设备由外部热源加热引发的能源损耗、炭化装置复杂等问题，提出应用热解气回用燃烧的生物质热解炭化方案设计出一种新型回转连续式炭化设备，实现了生物质的连续高效炭化。袁小伟等（2022）针对当前生物质炭生产设备仍以半机械化为主，生产连续性差、生产效率低、物料堆放松散不平、秸秆炭化不均匀等问题，设计出一种生物质单釜间歇式炭化设备，显著提高了炭化得率。

1.2.2 生物质炭结构优化

生物质经过高温热解，其内部的元素在不同的物理化学条件下形成了不同的产物，从而促进了生物质炭的多样性。此外，生物质炭中除了主要的碳元素（C）外，还有许多其他元素（H、O、S、N、Si、P 等），这些元素影响着生物质炭的结构和功能（Xiao et al.，2018）。此前，在不了解生物质炭具体结构的情况下，其仅被视为固相颗粒。随着研究的不断深入，人们对“相”的认识不断发展，除了将生物质炭分为有机相和无机相之外，还根据其脂肪族和芳香族化学性质，从吸附机理的角度将生物质炭分为分配相和表面吸附相，从溶解度的角度将其划分为可溶性和不溶性组分，而从碳稳定性的角度将其区分为活性组分和稳定组分。实际上，由于生物质中矿物的存在，这些无机相与有机相之间会发生相互作用，共同影响着生物质炭的性质。

生物质炭的性质不仅受生物质原料类型的影响，还受热解条件的影响。热解温度越高，生物质炭的产率越低，但高温可以优化生物质炭的芳香结构（提高生物质炭的稳定性）、比表面积（提高宏观营养物质的有效性、电导率和阳离子交换容量）和孔隙率（适合微生物生长）。虽然加热速率的增加会降低碳的产率，但可以增加生物质炭的孔隙率，合适的温度和加热速率一般取决于原料生物质的种类。在热解过程中，生物质炭中的挥发物会随着温度升高逐渐分离、挥发，形成不规则的、粗糙的表面和新孔隙。当热解温度低于 400℃时，比表面积和总孔隙体积变化不大。低温不能为挥发性成分的完全脱挥发提供条件，因此可能会造成一些孔隙堵塞，阻碍新孔隙的形成（Leng et al.，2021）。当温度从 400～500℃开始急剧上升，随着温度的升高，无定形碳通过冷凝转化为结晶碳，更多的挥发物被去除形成稀疏区域，导致材料出现裂缝，从而产生更多的气孔（Fu et al.，2009）。此外，较高的热解温度也为微孔隙的形成提供了活化能，促进了孔隙结构的进一步演化。

在生物质炭的这些结构中，表面官能团是生物质炭结构的重要组成部分，也是生物质炭与水相（或气相）相互作用的关键界面，更是生物质炭抗酸碱变化和 pH 缓冲能力的重要来源（Yuan et al.，2011）。生物质炭表面官能团种类繁多，主要包括羟基、环氧基、羧基、羰基、酰基、氨基等。这些不同的官能团具有不同的结构、解离常数、毒性和反应活性等。此外，生物质炭表面带有电荷，对其他带电粒子有排斥或吸引作用，而且可以形成类似于土壤胶体性质的双电层结构（Qian et al.，2015）。生物质炭的表面电荷来自于其脂肪族或者芳香族的表面，以及官能团（羧基基团）的解离（Harvey et al.，2012）。生物质炭表面电荷与水相 pH 高度相关，在自然 pH 范围内（pH 4～12）保持负电荷，但在强酸性体系中，其表面是带正电荷的。一旦 pH 增加到 4 以上，生物质炭表面的负电荷就会增加。此外，生物质炭的表面电荷还会影响生物质炭和其他纳米颗粒的运移。

为改善生物质炭在实际应用中的性能，可以通过化学法和物理法等改性手段对生物质材料进行结构性能调控，由此来获得特定目标生物质炭，从而充分发挥其“结构效应”优势（刘青松和白国敏，2022）。生物质炭丰富的孔隙结构及表面官能团（如羧基、羟基和酚基等），使其具有优异的吸附能力、疏水性和良好的抗氧化性，在土壤修复及污染物吸附等领域得到了广泛的应用（Medyńska et al.，2020）。但原始生物质炭粒径小、密度低，吸附重金属和有机污染物等的能力有限，使其在水和土壤中的回收受到了限制。改性生物质炭可弥补这一缺点并进一步提高吸附效果，因此近年来改性生物质炭材料引起了人们的广泛关注并应用于土壤修复、废水处理和空气净化等研究。

1.3 生物质炭应用价值和前景

生物质炭作为污染物去除及农田土壤改良等领域最具潜力的修复材料，具有绿色、高效、安全等特点，是环境修复领域的重点研究方向，具有广阔的发展和应用前景。

近年来，水体有机污染问题日益加剧，污染物进入水体后的氧化分解过程需要大量的溶解氧，容易引起有机物的厌氧发酵，对生态环境造成极大危害。水体中的污染物种类繁多、成分复杂、治理难度大且毒性较强。生物质炭因其比表面积大、孔隙发达、表面官能团丰富及结构稳定等优势，在水体污染治理方面受到广泛关注。研究表明，生物质炭能吸附多环芳烃、多氯联苯、萘、酚等多种有机污染物，并影响污染物的运移和归趋（He et al.，2018）。生物质炭的炭质材料、芳构化程度、元素组成、pH、孔隙结构、表面官能团等，对其吸附有机污染物的能力起着重要作用（Chen et al.，2019）。生物质炭对有机污染物的吸附机制主要包括静电作用、疏水效应、氢键、孔隙截留、π-π 相互作用、离子交换作用及分配作用等，但吸附过程往往是多种吸附机制综合作用的结果，这导致不同种类的生物质炭吸附特征不同的有机污染物时，吸附机制较为复杂（Tan et al.，2015；季雪琴等，2015）。

生物质炭也是改良中低产田的重要途径。虽然有研究表明，生物质炭还田有可能产生激发效应，刺激肥沃土壤中有机质的分解，但对于中国占耕地总面积70%的中低产田，尤其对于那些因理化性质恶化导致的障碍性土壤而言，废弃生物质炭化还田仍然是一个很有前景的发展方向，是保持农田生态系统持续发展的重要途径。由于气候变化和掠夺式开发利用，大量的良田沃土已经开始退化，有机质含量降低，酸化、板结、黏重现象严重，地力明显下降，已成为威胁粮食安全的主要因素。另外，由于工农业生产的发展，农田污染面积不断扩大，严重制约着农业的可持续发展。以重金属污染农田为例，近 20 年中国重金属污染农田面积增加了 14.6%，占总耕地面积的 1/6。在农田系统中应用生物质炭，可以通过吸附、钝化、固持等作用方式吸持养分、减少养分流失、缓解水体富营养化、减少污染物的危害，对于粮食安全和食品质量安全保障能力的提升具有重要意义。因此，针对自然区划、耕作制度和不同土壤类型，进一步深入开展生物质炭还田技术的研究和产业化开发，对于提升中低产田的生产潜力、确保国家粮食安全、实现农业可持续发展都具有重要的现实意义（陈温福，2013）。

但不同生物质炭的主要性质往往具有较大差异，这是由于不同原料来源的生物质炭对营养元素的缓释效果不同（林珈羽等，2016；索桂芳，2018；易从圣等，2018），从而影响生物质炭的农田应用效果。例如，在辣椒产量提升方面，不同原料的生物质炭表现为小麦秸秆炭基肥优于花生壳炭基肥（乔志刚，2013）。在相同工艺条件下制备的生物质炭灰分含量表现为木本生物质＜草本生物质＜动物粪便的变化规律（王扬，2018）。另外，同一原料衍生的生物质炭也因其制备条件不同而具有较大差异。我国地大物博，土壤类型及种类众多，不同类型的生物质炭施入土壤后，对于土壤理化性状的影响也不尽相同。因此，应建立生物质炭与土壤关联数据库，针对不同类型土壤和地表作物，有目的性地开展相关研究及数据整合，探索因地制宜的生物质炭类型及施用量（高敬尧等，2016）。

目前，关于生物质炭对有机污染物吸附机理的研究大多停留在定性层面，而定量研究正在逐步开展（Chiou et al.，2015）。由于生物质炭在土壤环境中涉及复杂的微生物代谢过程，其降低有机污染物生物利用度的效果难以量化（Zhu et al.，2017）。同时，生物质炭在无机或有机污染土壤修复中的原位研究或长期、多年的实验研究也十分匮乏，没有大规模应用生物质炭及其相关产品进行污染场地修复的成熟案例（袁婷婷，2022）。因此，生物质炭环境修复机理的研究仍将是一个长期的热点课题，生物质炭改性或与其他修复方法相结合可能是促进生物质炭应用研究的理想策略。此外，生物质炭是把“双刃剑”，在吸附土壤重金属的同时也可能会将一些有毒物质释放到环境中，造成二次污染和生态风险。因此，对于生物质炭施入土壤后与各类污染物的反应机制及长期效益还有待深入研究。

参 考 文 献

陈温福, 张伟明, 孟军, 等. 2011. 生物炭应用技术研究. 中国工程科学, 13(2): 83-89.
陈温福, 张伟明, 孟军. 2013. 农用生物炭研究进展与前景. 中国农业科学, 46(16): 3324-3333.
陈温福, 张伟明, 孟军. 2014. 生物炭与农业环境研究回顾与展望. 农业环境科学学报, 33(5): 821-828.
丛宏斌, 赵立欣, 姚宗路, 等. 2015. 我国生物质炭化技术装备研究现状与发展建议. 中国农业大学学报, 20(2): 21-26.
范泽宇. 2018. 基于微藻生物炭的空气阴极微生物燃料电池传输特性和阴极性能强化. 重庆: 重庆大学博士学位论文.
高敬尧, 王宏燕, 许毛毛, 等. 2016. 生物炭施入对农田土壤及作物生长影响的研究进展. 江苏农业科学, 44(10): 10-15.
季雪琴, 孔雪莹, 钟作浩, 等. 2015. 秸秆生物炭对疏水有机污染物的吸附研究综述. 浙江农业科学, 56(7): 1114-1118.
季雪琴, 吕黎, 陈芬, 等. 2016. 秸秆生物炭对有机染料的吸附作用及机制. 环境科学学报, 36(5): 1648-1654.
李军. 1996. 河姆渡陶文化探索. 景德镇陶瓷, 3: 36-40.
林珈羽, 张越, 刘沅, 等. 2016. 不同原料和炭化温度下制备的生物炭结构及性质. 环境工程学报, 10(6): 3200-3206.
刘领. 2018. 农田生态系统中生物炭的环境行为与效应. 北京: 中国水利水电出版社: 2.
刘青松, 白国敏. 2022. 生物炭及其改性技术修复土壤重金属污染研究进展.应用化工, 51(11): 1-9.
吕贝贝, 张贵云, 张丽萍, 等. 2019. 生物炭制备技术研究进展. 河北农业科学, 23(5): 95-98.
马啸, 潘雨珂, 杨杰, 等. 2022. 生物炭改性及其应用研究进展.化工环保, 42(4): 386-393.
乔志刚. 2013. 不同生物质炭基肥对不同作物生长、产量及氮肥利用率的影响研究. 南京: 南京农业大学博士学位论文.
尚春民, 李新, 付为杰, 等. 2022. 生物质连续热解炭化设备研究.太阳能学报, 43(8): 435-440.
史培军. 1996. 再论灾害研究的理论与实践. 自然灾害学报, (4): 8-19.
索桂芳. 2018. 炭基微生物肥料的制备与应用. 杭州: 浙江师范大学博士学位论文.
王蕾, 张雪萍, 张树文, 等. 2010. 松嫩平原西部土地利用变化及沙漠化响应——以黑龙江泰来县为例. 地理研究, 29(3): 11.
王璐瑶, 谢潇. 2020. 生物炭的制备及应用研究进展. 农业与技术, 40(22): 34-36.
王扬. 2018. 生物炭催化过氧化氢降解水体中磺胺二甲基嘧啶的研究. 长沙: 湖南大学博士学位论文.
王有权, 王虹, 王喜才, 等. 2009. 用敞开式快速炭化窑生产炭的工艺: CN200610048274.3[P]. 2009-06-17.
韦思业. 2017. 不同生物质原料和制备温度对生物炭物理化学特征的影响. 广州: 中国科学院广州地球化学研究所博士学位论文.
魏思洁, 王寿兵. 2022. 生物炭制备技术及生物炭在生态环境领域的应用新进展. 复旦学报(自然科学版), 61: 365-374.
徐晓斌. 2008. 东北黑土退化研究现状及展望. 西部探矿工程, (8): 54-56.
姚宗路, 田宜水, 孟海波, 等. 2010. 生物质固体成型燃料加工生产线及配套设备. 农业工程学报, 26: 280-285.
易从圣, 宗同强, 杜衍红, 等. 2018. 生物炭基复混肥缓释特性研究. 广州化学, 43(3): 60-64.
袁婷婷. 2022. 生物炭修复土壤重金属污染的研究进展.环境科学与管理, 47(3): 123-126.
袁小伟, 张学军, 吕慧捷, 等. 2022.单釜间歇式生物质炭化热解设备的结构设计研究.太阳能学报, 43(5): 405-412.
张丽, 魏正英, 张海春, 等. 2016. 高效连续式生物质炭化炉的研制与试验. 中国农机化学报, 37(7): 195-198, 221.

Bot A, Benites J. 2005. Drought-resistant soils: optimization of soil moisture for sustainable plant production. FAO Land and Water Bulletin, 72(7)3340-3345.

Cantrell K B, Hunt P G, Uchimiya M, et al. 2012. Impact of pyrolysis temperature and manure source on physicochemical characteristics of biochar. Bioresource Technology, 107: 419-428.

Chen Y, Jiang Z, Wu D, et al. 2019. Development of a novel bio-organic fertilizer for the removal of atrazine in soil. Journal of Environmental Management, 233: 553-560.

Chiou C T, Cheng J, Hung W N, et al. 2015. Resolution of adsorption and partition components of organic compounds on black carbons. Environmental Science and Technology, 49: 9116.

Chun Y, Sheng G Y, Cary T, et al. 2004. Compositions and sorptive properties of crop residue-derived chars. Environmental Science and Technology, 38: 4649-4655.

Cong B C, Li X Z, Zong L Y, et al. 2014. Development of internal heating continuous type biomass carbonization equipment. Acta Energiae Solaris Sinica, 8: 1526-1535.

Fu P, Hu S, Sun L, et al. 2009. Structural evolution of maize stalk/char particles during pyrolysis. Bioresource Technology, 100(20): 4877-4883.

Halim S A, Swithenbank J. 2016. Characterisation of Malaysian wood pellets and rubberwood using slow pyrolysis and microwave technology. Journal of Analytical and Applied Pyrolysis, 122: 64-75.

Han Q, Zhou Z, Chen L. 2019. Interfaceproperties study of graphene reinforced carbon fiber and epoxy resin composites. Knitting Industries, 1: 1-3.

Harvey O R, Herbert B E, Kuo L J, et al. 2012. Generalized two-dimensional perturbation correlation infrared spectroscopy reveals mechanisms for the development of surface charge and recalcitrance in plant-derived biochars. Environmental Science and Technology, 46(19): 10641-10650.

He L Z, Fan S L, Karin M, et al. 2018. Comparative analysis biochar and compost-induced degradation of di-(2-ethylhexyl) phthalate in soils. Science of The Total Environment, 625: 987-993.

Keiluweit M, Nico P S, Johnson M G, et al. 2010. Dynamic molecular structure of plant biomass-derived black carbon(Biochar). Environmental Science and Technology, 44: 1247-1253.

Lehmann J. 2007. A handful of carbon. Nature, 447: 143-144.

Lehmann J, Silva D, Steiner C, et al. 2006. Nutrient availability and leaching in an archaeological Anthrosol and a Ferralsol of the Central Amazon basin: Fertiliser, manure and charcoal amendments. Plant Soils, 249: 343-357.

Leng L, Xiong Q, Yang L, et al. 2021. An overview on engineering the surface area and porosity of biochar. Science of the total Environment, 763(2021): 144204.

Medyńska J A, Ćwieląg P I, Jerzykiewicz M, et al. 2020. Wheat straw biochar as a specific sorbent of cobalt in soil. Materials, 13(11): 2462.

Özçimen D, Ersoy-Meriçboyu A. 2010. Characterization of biochar and bio-oil samples obtained from carbonization of various biomass materials. Renewable Energy, 35: 1319-1324.

Qian K, Kumar A, Zhang H, et al. 2015. Recent advances in utilization of biochar. Renewable and Sustainable Energy Reviews, 42(1): 1055-1064.

Sanchez-Monedero M A, Cayuela M L, Roig A, et al. 2018. Role of biochar as an additive in organic waste composting. Bioresource Technology, 24: 1155-1164.

Shaaban M, Zwieten L V, Bashir S, et al. 2018. A concise review of biochar application to agricultural soils to improve soil conditions and fight pollution. Journal of Environmental, 228: 429-440.

Shen D K, Gu S, Bridgwater A V. 2010. Study on the pyrolytic behaviour of xylan-based hemicellulose using TG-FTIR and Py-GC-FTIR. Journal of Analytical and Applied Pyrolysis, 87: 199-206.

Song J, Huang B, Yuan Q, et al. 2015. Suitable charcoal loadings improving heat-resistance and mechanical properties of epoxy resins composites. Transactions of the Chinese Society of

Agricultural Engineering, 31: 309-314.
Tan X F, Liu Y G, Zeng G M, et al. 2015. Application of biochar for the removal of pollutants from aqueous solutions. Chemosphere, 125: 70-85.
Wang R, Huang D, Liu Y, et al. 2019. Recent advances in biochar-based catalysts: Properties, applications and mechanisms for pollution remediation. Chemical Engineering, 371: 380-403.
Xiao X, Chen B L, Chen Z M, et al. 2018. Insight into multiple and multilevel structures of biochars and their potential environmental applications: A critical review. Environmental Science Technology, 52(9): 5027-5047.
Yang H, Yan R, Chen H, et al. 2007. Characteristics of hemicellulose, cellulose and lignin pyrolysis. Fuel, 86: 1781-1788.
Yang N, Hu D R, Cao B K, et al. 2018. Preparation of three-dimensional hierarchical porous carbon microspheres for use as a cathode material in lithium-air batteries. Carbon, 130: 847-848.
Yuan Y, Wang L L, Ling W J, et al. 2016. One-pot high yield synthesis of Ag nanoparticle-embedded biochar hybrid materials from waste biomass for catalytic Cr(VI)reduction. Environmental Science: Nano, 3: 745-753.
Yuan J, Xu R, Zhang H. 2011. The forms of alkalis in the biochar produced from crop residues at different temperatures. Bioresource Technology, 102: 3488-3497.
Zhu X, Chen B, Zhu L, et al. 2017. Effects and mechanisms of biochar-microbe interactions in soil improvement and pollution remediation: A review. Environmental Pollution, 227: 98-115.

第 2 章　生物质炭生产加工

生物质炭是一种以碳为骨架、较为稳定的材料，通常通过在无氧或少量氧气条件下热解生物质来获取。由于其结构稳定、比表面积和孔隙率大、活性官能团丰富，生物质炭被广泛用作有机物、重金属等污染物的吸附材料，以及改善土壤环境、促进农作物生长的改良剂。在环境修复、土壤改良、废水处理等多方面有明显的优势，具有广阔的应用前景。虽然生物质炭可以从各种容易获得的来源以低成本原材料制成，但初级生物质炭（即未经改性）性能较差，缺乏稳定性和可重复使用性，限制了生物质炭的实际应用。为了改善这些缺点，需要发展出一种较为成熟的生物质炭生产加工技术来促进其应用。其中，采用热化学方法对农作物秸秆、木壳、畜禽粪便、污水污泥等固体废物进行加工生产、改性生物质炭是当前研究的热点之一。

本章主要介绍如何对生物质炭的原始材料选择、前处理方式和炭化过程进行优化，开发出比初级生物质炭具有更好的物理化学性能，包括比表面积、孔隙率、表面活性位点等；同时，本章概述了当前生物质炭的常用表征方法，即 SEM、XRD、FTIR、Raman、TG、XPS 等多种表征技术来研究生物质炭的微观形貌、热稳定性、结构组成及表面官能团种类等性质，从而更好地理解生物质炭与原始生物炭的区别及其在不同领域的应用。

2.1　生物质炭制备方法

2.1.1　原材料预处理

原材料的预处理主要是将生物质的表面杂质清洗干净，然后粉碎成一定的尺寸供后续使用。一般根据实验需求，可将生物质制作成粉末并过 10～100 目筛。以玉米秸秆为例，如图 2-1（a）所示，张帅帅（2020）将玉米秸秆裁剪为 2～3 cm 长条，用蒸馏水进行多次清洗，然后在 90℃的烘箱中干燥 24 h，将干燥后的玉米秸秆用粉碎机粉碎，并过 50 目筛备用。

如图 2-1（b）所示，杜庆（2021）选取桉树叶为原料，用超纯水洗涤后放入 80℃的烘箱中干燥，干燥后粉碎并过 100 目筛备用。

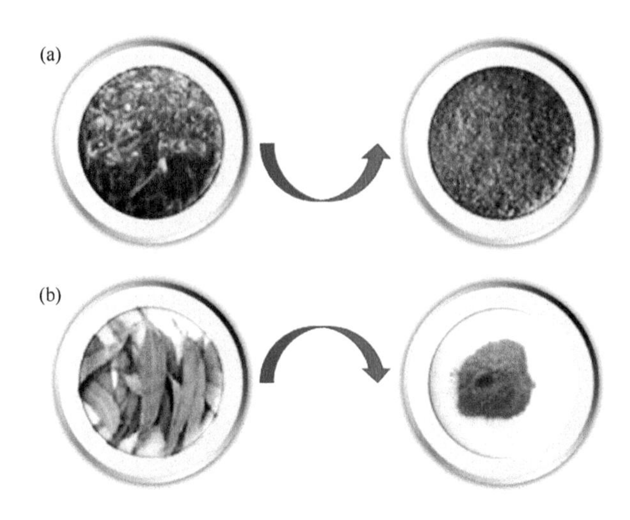

图 2-1　玉米秸秆（a）和桉树叶（b）的预处理过程

（a）引自张帅帅（2020）；（b）引自杜庆（2021）

2.1.2　炭化方法

目前，生物质炭制备方法主要有水热炭化法、微波快速热解炭化法、限氧热解炭化法和气化法。

1. 水热炭化法

水热炭化法属于慢速热裂解方法，是在实验室环境条件下模拟自然界的成矿环境，一般是将生物质和酸、碱或水等溶剂放置在密闭的高压反应釜中，反应温度控制在 150～350℃，加热时间一般在 1h 以上，从而达到生物质炭化的目的。查湘义（2013）认为，生物质的水热炭化反应会产生不溶性固体产物和可溶性有机副产物，其中，前者是表面含有大量亲水官能团的微结构碳微球，后者是可溶的有机物质（如醛和有机酸等）。与其他方法相比，水热法制备的生物质炭具有更多低碳组分和更丰富的含氧官能团，并且可以通过热处理、化学掺杂等方法进一步改性和修饰生物质炭；此外，水热炭化的设备简单，反应过程易于操作与控制，同时在整个密闭容器完成反应过程，无有毒有害气体生成，具有绿色环保的优点［图 2-2（a）］。

2. 微波快速热解炭化法

在微波炭化法中，微波辐射直接作用于生物质原料，或添加盐、碱等吸收微波，通过电磁辐射和物质中带电粒子的相互作用，导致分子间相互碰撞和剧烈摩擦，从而通过产生的热量加热生物质。与热解方法不同，微波辐射是通过样品内分子的快速不规则运动和碰撞来进行生物质加热的。微波法作为热解法的一种替代技术，由于其不在外界缓慢加热，因而具有制备速度快的优点。与传统的加热技术相比，微波热解受热更均匀，加热时间更短，降低了挥发组分的二次反应，能耗低、能效高、可控性和经济性强，且制备出的生物质炭比表面积大、孔隙结构好，现已逐渐发展为该领域的研究热点；此外，微波快速热解法可以提高热解产品的产量和质量，降低有害化学物质的产生，并且由于释放的污染物较少，因而这种技术对生态环境更加友好。同时，炭化过程中产生的炭将加快炭化过程，因为炭是一种有利于微波吸收的物质（徐青等，2012）。在炭化过程中，从材料中心到表面温度逐渐降低，内部温度高于表面温度，这为挥发性材料（生物油和合成气）提供了更好的释放条件，从而使生物质炭更容易产生孔隙［图 2-2（b）］。

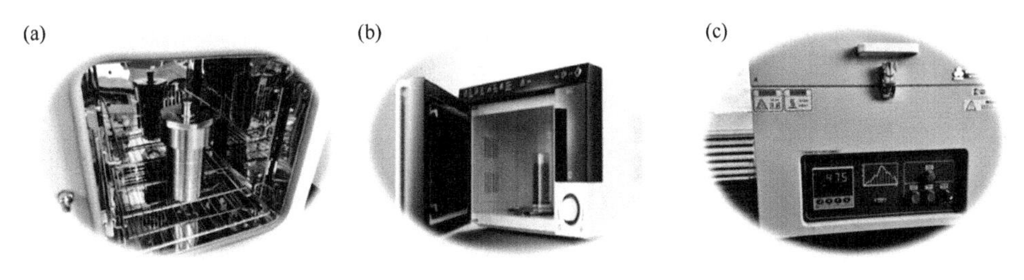

图 2-2　常见炭化方法

（a）水热炭化法；（b）微波快速热解炭化法；（c）限氧热解炭化法

3. 限氧热解炭化法

限氧热解炭化法是目前应用最广泛的方法，是将生物质置于无氧（或缺氧）条件下，以一定速率进行热转化获得。该方法制备出的生物质炭具有较大的比表面积、丰富的孔隙结构和较强的稳定性。高永伟和林吴薇（2012）根据加热温度、加热速率及反应停留时间的不同，将炭化技术分为慢速热裂解、中速热裂解、快速热裂解、闪速热裂解 4 种工艺类型。王雅君等（2017）研究发现，随着炭化温度和加热速率的变化，生物质炭的产率和性质会有所不同。通常，为了获得更高产量的生物质炭，反应条件应控制在较低的温度水平和较慢的加热速率，但温度过低会导致炭化不完全、炭化时间过长，进而降低成炭率，所以一般来说，采用慢速热裂解工艺，生物质炭产率最高［图 2-2（c）］。

4. 气化法

气化法一般是指在高温控制条件下的热化学反应，是通过热化学过程将原始生物质转化成气体的过程。在此过程中，副产物就是生物质炭。这种方法制取生物质炭并不常见。朱锡锋（2006）认为，根据是否使用气化剂，可将气化法分为两种工艺类型。气化剂一般包含空气、水蒸气、氧气、氢气和复合气等。使用气化剂的气化技术需要经过干燥、热解、氧化燃烧、气化 4 个阶段，生物质炭的产率一般在 10%左右。干馏气化是不使用气化剂的一种常见技术，其工艺流程较为简单，主要是指生物质在限氧条件下经过热裂解气化得到木醋液、生物质炭、木焦油和生成气的过程，一般生物质炭的产率为 20%～30%。

2.1.3 活化方法

生物质炭的活化方法通常包括物理活化、化学活化和微波活化。为了使生物质炭的品质和性能达到较优水平，张瑞卿（2020）认为需要在生物质炭的制备过程中对其进行活化处理，以丰富其孔隙结构、增大比表面积。Sajjadi 等（2019）将活化方式分为物理活化和化学活化。其中，物理活化主要分为微波活化、超声辐照、等离子体处理、电化学改性等。

1. 物理活化

炭质材料的物理活化包括一系列过程，物理活化通常是将原材料经过炭化再活化。首先将原料进行炭化处理从而清除其中的可挥发性物质，生物质的部分炭化和完全炭化通常在惰性气体（氮气、氩气）气氛中进行。生物质炭活化可以对富炭的热解产物造孔，获得发达的孔隙结构，通常通过在部分氧化介质（如水蒸气、CO_2、O_2 和有限的空气等）中进行热处理。

传统的物理活化方法虽然简单，但通常需要高温，所以能耗较大。因此，陆续出现了微波活化、超声辐照、等离子体处理和电化学改性等方法，从而以合理的成本改善生物质炭的特性和结构。

1）微波活化

微波炭化不同于微波活化，前者是利用微波能量对生物质进行热处理产生生物质炭，后者则是利用微波能量与各种化学试剂结合选择性地修饰生物质炭中的官能团，这是化学活化的关键步骤。虽然微波活化的优点很多，但其不容易大规模应用。微波加热可以在 200℃左右的热解温度下实现，在微波辐射下，生物质的极性原子或分子吸收能量，发生振动，并与相邻分子碰撞，这些碰撞最终产生热能，促进挥发性物质的产生及生物质内部多孔结构的形成和发展。在不添加微波吸收剂的情况下，以 600W 的功率照射 3min，将获得最大比表面积的生物质炭。然而，当功率或炭化时间进一步增加时，比表面积将逐渐减少（Wahi et al.，2017）。这是因为长时间、高功率的微波辐射会使生物质炭吸收更多的能量，而过高的温度会熔融破坏生物质炭的微孔结构。

由于单独的生物质不能很好地吸收微波辐射，为了提高微波生物质炭生产的效果，经常利用微波技术加入微波吸收剂来制造碳化合物。该技术还在改变生物质炭化的反应路径、降低反应的活化能、加速热解等方面发挥催化作用。因此，可以通过改变微波吸收剂的类型、与生物质的质量比以及反应的温度来调节生物质炭的形态结构和性质。微波吸收剂通过其强大的微波吸收能力，提高了热能的转换效率（Foong et al.，2020）。此外，微波吸收剂对炭化过程中产生的微等离子体热点的数量和强度均有影响。金属（Fe、Al）、金属氧化物（CuO、CaO、MgO、Fe_3O_4、NiO）、金属氢氧化物（NaOH、KOH）、金属盐（Na_2CO_3、K_2CO_3、$CaCO_3$、$FeCl_3$、$ZnCl_2$）、活性炭（AC）、活性炭纤维（ACF）、石墨烯、焦炭、碳化硅和其他碳基材料是最常使用的吸收剂类型。在此基础上，彭景东（2022）通过微波-熔融盐方法生产出了比常规微波炭化更优异的生物质炭，其原因在于熔融盐的高度定向极性在微波场中具有良好的吸收和放热作用，在与生物质混合和炭化过程中能够提供均匀的液相反应环境，有效地避免了“热失控”效应。熔融盐在反应过程中能够有效隔离空气，对整个系统起到密封保护作用，从而避免了惰性气体的使用。液态熔融盐能够进入生物质的内部孔隙，有助于缓解炭化过程中生物质骨架的收缩，最大限度地保持生物质的原生结构。此外，熔融盐对碳制品有一定的蚀刻作用，由于盐的模板作用，能够激活超级微通道的开放，从而可以增加材料的比表面积，并且熔融盐中某些离子的氧化还原特性能够对碳材料的表面进行定向修饰，从而引入特定官能团。

2）超声辐照

超声波已被广泛应用于增强液体/固体相互作用和减少传质限制。超声波还能够从多孔炭质材料中浸出细矿物，如 K、Na、S、Cl、P、Mg、Ca、Fe 和 Al 等。由于矿物的浸出和生物质炭的溶剂作用，造成如水热炭的内表面积增加。内表面积是控制吸附能力和吸附速率的主要因素，有利于以化学方式功能化生物质炭的表面，从而进行后续吸附。

3）等离子体处理

等离子体是物质的第四种状态，与其他三种状态（气体、液体和固体）不同，它不是自然存在的，而是由放电产生的。电流和电压影响等离子体中的中性粒子和带电粒子，进而影响等离子体的温度和电离密度。为了增加表面含氧官能团的数量，生物质炭通常在 15～30℃的温度范围内暴露于电离氧至少 0.1～5 min。

4）电化学改性

电化学改性也可以改变生物质炭的物理化学性质。电化学改性是克服化学溶液缺点的一种有前途且简单的替代方法。一般来说，该方法不需要添加来自外部化学源的改性剂，只需要一个双电极电化学电池。改性过程是通过电流给涂覆在生物质/生物质炭材料的电极提供电子，为了缩短反应时间并且保证所得材料的均匀性，需要在电极之间的溶液中连续搅拌。阳极的溶解提供了改性剂离子（如 Fe^{2+}），其经历一系列反应，使得所需改性剂（如氧化铁）沉积在生物质/生物质炭表面。同时，在电场或电化学修饰中可以快速负载特定基团（—OH）或粒子于生物质炭表面。例如，Zhang 等（2019）通过电化学-热解法制备可持续棒状 Fe_3O_4 基磁性生物炭（EC-Fe_3O_4/BC），其中电化学活化可显著提高 EC-Fe_3O_4/BC 表面官能团数量和磁化性能，进而提升铅去除能力和吸附动力学。电化学改性技术在生物质炭修饰或活化方面具有很大的潜力。因此，这一领域需要进一步的研究，可能成为未来工作的热点课题。

2. 化学活化

化学活化法是指将化学药品加入到生物质中，以增加其比表面积、孔隙率，进而增加表面活性官能团数量。生物质炭与活性炭不同，与前者相比，活性炭孔隙率较低、比表面积更小、吸附位点和表面官能团更少，限制了其在污水处理领域的实际应用。此外，单纯的生物质炭无法有效地处理日益复杂的污染问题（特别是处理具有微量浓度的污染物）。因此，如何更有效地改良生物质炭被认为是一种经济、有效地处理新出现环境问题的理想策略。

3. 气体活化

目前，空气活化、蒸汽活化、臭氧活化和二氧化碳活化常被用于生物质炭的气体活化。在商业和实验室生产中，生物质炭通常是在厌氧或氧气有限的环境中产生的，炭化消除了非炭物质，产生了高炭化率的生物质炭。气体活化生物质炭的主要目标是通过碳骨架的部分气化来提高内表面积。在超过 700℃的温度下，生物质炭经常暴露在蒸汽、臭氧、二氧化碳或空气中，用氧化剂进行气体活化。这些氧化剂进入炭的内部结构并使其蒸发，导致以前无法进入的孔隙打开和生长。此外，气体活化的生物质炭为其表面提供了丰富的官能团。

2.1.4 加热方法

王传斌（2019）根据不同的热解条件把生物质炭的生产分为慢速热解、常规热解、快速热解三种类型。

1. 慢速热解

慢速热解指的是生物质在低于 400℃的条件下进行长时间的持续热解，这种方法得到的焦炭产率较高，可达到 35%左右。

2. 常规热解

常规热解一般是指在温度低于 500℃、加热速率相对较低的条件下进行的热解反应，此方法可得到产率为 20%～25%的生物质炭。处理废水所用的大量生物质炭常用这种热解法制备。

3. 快速热解

快速热解是指生物质在超高加热速率（1000～10 000℃/s）、相对适中热解温度（500～650℃）下热解，液体生物质炭产率非常高，生物油占比 40%～60%。生物质炭吸附重金属的生物质炭制备原料比较广泛，目前主要原料种类有农作物废弃物、藻类、动物粪便残留物及矿化垃圾等。

2.1.5　生物质炭制备过程的影响因素

固体炭、气态混合气体和液态焦油是生物质炭制备过程中产生的三种主要产物。综合上述制备生物质炭的方法，对生物质炭的制备过程的主要影响因素总结如下。

（1）炭化温度。炭化过程的温度对炭化制备过程中每个阶段产生的产品分布和特性有很大影响。随着炭化温度的升高，可产生的生物质炭量逐渐减少，在达到某一特定温度后，可产生的生物质炭量停止变化。一旦达到一个特定的温度，产量就不会再有变化。然而，生物质炭的元素占比在一定程度上受到温度升高的影响，碳元素所占比重升高，氢元素和氧元素的比重降低，生物质炭逐渐转变为富碳颗粒物，并且生物质炭表面极性降低，芳香性和疏水性增强，表面无定型组分减少，其稳定性和吸附能力增强。

（2）炭化速率。炭化速率不仅对炭化过程本身起作用，而且对产量，以及生物质炭的物理和化学性质也起着重要作用。如果制备生物质炭升温速率低，产生的生物质炭结构会更简单，产量相对增加，但这不是理想的大规模生产生物质炭的方法，并且随着整个炭化反应迁移到高温区域，生物质失去重量的速度也会增加。若提高炭化速率，将导致生物质炭的总体产量降低，并且生物质炭的物理化学特性将发生变化，如生物炭的孔隙数量将增多。

（3）反应时间。制备生物质炭的反应时间较长将导致生物质炭的产量降低，并且反应时间过长也会导致生物质炭中挥发性成分的含量减少，而灰分成分的含量升高。

（4）催化剂。反应本身和炭化过程都会受到催化剂种类及投入量的影响。碱金属碳酸盐可以提高固体炭和气态产物的产量，但不利于液体产物的生成。

例如，氯化钠可以促进炭化反应中 H_2O、CO 和 CO_2 的生成，氨水可以增加液体产物的含量，铁元素可以提高液体和气态产物的含量，同时降低固体炭的含量等。

（5）气体滞留期。当生物质降解过程中发生炭化时，首先形成的产物主要是挥发性部分。挥发性部分能够与生物燃料和生物燃料内部所含的炭进一步反应，产生高分子化合物，也能够进行后续的化学反应，还有可能发生二次裂解。因此，生产生物质炭的工艺在气相时应该有一个较长的保留期。

（6）炭化压力。炭化压力的大小与气相保留时间的长短呈一一对应关系，因此，它对产品的分布有影响。在较低的压力下，气相停留时间较短，挥发的部分很快离开反应装置凝结成液体，这就增加了焦油的产量。但是，压力的增加会增加气相停留时间，这就会增加生物质炭的产量。

（7）生物材料的形式。生物质炭的形貌取决于被炭化的生物质的结构、组成和含量。这种影响是相当复杂的。一般来说，对于含有较多木质素的原料，生物炭的产量会更高。这是因为与纤维素和半纤维素相比，木质素更难分解，这导致含有较多木质素的原料产生的生物质炭数量更多。

（8）原料的颗粒大小。原料的颗粒度有可能对炭化产率产生影响。当使用较大块的原料时，由于导热性较差，最终产物中固态炭的比例较多，因此，为了得到较高的生物质炭产率，应选择合适的原料粒度。

2.2 生物质炭生产原料及化学反应过程

2.2.1 生物质炭生产原料

吴晶（2015）认为，所有富碳材料在理论上都可以用于生产生物质炭。最近几年在环境保护等因素的影响下，研究者逐渐尝试以生物质废弃物为原料，利用生物质产生碳，从而产生一次和二次农林废弃物的生物转换和资源化利用。其中，林木、树枝和树叶、水稻植株和种子壳是主要的农林废弃物，废纸、大豆等为次生农林废弃物，动物粪便和发酵残渣（如沼气残渣、味精残渣、燃烧器谷物等）是生物转化废弃物。

生物质废弃物材料是一种可再生资源，因此资源丰富、价格便宜。根据不完全统计，我国的农业土地和厨余垃圾年生产生物质废弃物 6 亿～7 亿吨，如果不能被妥善处理，不仅资源无法得到充分利用，还会对环境、社会和居民身心健康产生巨大危害。将生物质废弃材料转化为生物质炭，不仅可以避免资源的浪费，而且可以获得化学油、天然气等有价值的附加产品。为了消除生物质废弃物、避免相关的环境压力，我们应有效地利用生物质资源，发挥其潜在价值。

2.2.2　生物质炭的改性

生物质炭是一种具有特殊微观结构、理化性质的富碳材料，它在环境和农业领域具有潜在的应用价值。然而，由于生物质炭处理工艺粗糙、原料来源差异大、表面基团类型和性质有限、分散困难，需要通过适当的化学改性来改善生物质炭的某些性能，以获得一定的应用价值。一般的设计策略是通过对比表面积和孔隙结构的调节、生物质炭表面界面改性（引入活性基团）以及构建生物质炭复合材料（过渡金属及其氧/硫化物和功能微生物）来提高生物质炭的活性位点，进而通过吸附、沉淀、络合、离子交换等一系列反应，使污染物向稳定形态转化，以降低污染物的可迁移性和生物可利用性，从而达到钝化污染的目的。

1. 化学改性

生物质炭的化学改性主要是利用化学试剂改变生物质炭的形状和结构，以优化生物质炭的官能团数量和比表面积。马啸等（2022）认为化学改性主要涉及两个过程，即生物质前体的炭化和化学活化。化学活化是一种常用的处理方法，即用有机化学氧化剂、酸或碱等处理生物质炭，以增加生物质炭表面极性官能团的含量。生物质炭表面的官能团改性主要包括表面氧化、表面氨化和表面磺化。表面氧化主要是指通过氧化处理将羟基（—OH）、羧基（—COOH）和羰基等官能团嫁接到生物质炭的表面。这些表面官能团有助于提高生物质炭的表面亲水性，加强对重金属离子的复合和吸附能力。表面氧化可以通过对生物质炭进行氧化处理来实现。表面氨化是将碱性复合官能团嫁接到生物质炭的表面，这可能会大大改善生物质炭收集二氧化碳的能力或吸附污染物的能力（Mia et al.，2017）。例如，Jing 等（2014）可以利用甲醇溶解堵塞生物质炭孔隙的有机化合物，减少生物质炭表面的羰基含量，并增加酯和羟基含量。Wang 和 Wang（2019）认为，酸改性可以去除生物质炭表面及孔隙中的杂质，并引入酸性结合位点来吸附污染物，如苯酚、内酯、羰基和羧基官能团。碱改性可以增加生物质炭表面上羟基和羧基等含氧基团的数量，从而改变生物质炭表面的孔隙结构，提高吸附能力。此外，一些研究者通过化学活化的方法改变生物质炭的孔隙结构，其原理一般是在材料被热解时进行原位调节，以及在炭化过程之前或之后进行二次调节。例如，彭景东（2022）利用氯化锌（$ZnCl_2$）作为模板剂在热解过程中改善生物质炭的孔隙率。$ZnCl_2$ 的引入可以大大降低生物质成分的热解反应温度，抑制焦油的生成，并促进开放孔隙结构的形成，这主要是由于其在热处置过程中发生的强大脱水作用（Zhao et al.，2014）。$ZnCl_2$ 的熔点和沸点分别为 263℃和 732℃，因此，在 700℃以下的生物质成炭反应中，$ZnCl_2$ 始终以液态形式存在，被称为熔融盐。通过调节 $ZnCl_2$ 的添加量和热解的温度，可以形成具有不同孔径分布的多孔生物质炭（Lu et al.，2018）。

2. 物理改性

物理改性主要分为矿物质改性和磁性材料改性。矿物质改性原料的选择主要考虑其成本低、来源广等特性；此外，矿物质原料具有丰富的表面电荷和层状结构，以及较强的阳离子交换能力。因此，将蒙脱石、菱锰矿、高岭石、铁锰氧化物等用于矿物改性原料，制备新型功能性矿物改性生物质炭复合材料，可用于增强生物质炭去除污染物的能力。

磁性材料改性主要集中在以下三个方面。第一，未被改性的原始生物质炭含有一定量的阴离子官能团，主要代表负电势，因此对于阳离子污染物或一些有机物有较好的吸附作用，而对阴离子污染物的吸附能力有限，但添加金属氧化物可以有效地改善原始生物炭表面的电荷类型，并显著提高生物质炭对阴离子污染物的吸附效率。例如，孙婷婷等（2020）采用浸渍-热解方法制备了 Fe-Mn 复合改性生物质炭，使得改性后的生物质炭表面零点电荷升高，从而提高了对 PO_4^{3-}的静电吸引作用。第二，由于生物质炭具有很好的去除重金属离子的能力，经常被用于处理重金属污染。然而，由于生物质的粒径小、碳密度低，很难回收，因而增加了使用生物质炭的成本。当采用生物质炭作为载体时，主要有三种方法来制造负载金属纳米粒子的复合材料：①在对生物质原料进行热解前用金属盐处理；②将富含金属的生物质原料直接炭化；③通过化学沉淀或热处理将金属纳米粒子加载到炭化的生物质炭上，在炭化过程中，金属离子可以根据上述程序转化为金属氧化物纳米粒子（Fe_2O_3、Al_2O_3、MgO、MnO_2、CaO 和 ZnO）或零价金属。第三，磁性材料［如纳米零价铁（nZVI）、磁性氧化铁等］引入改性生物质炭，可以提高磁性材料改性生物质的碳回收效率。如图 2-3 所示，张帅帅（2020）制造磁性生物质炭并开展吸附重金属后的回收试验。在外磁场作用下，磁性生物质炭复合材料易于从水环境中回收和分离，减少了二次污染的产生。通过解吸，被占据活性位点的磁性生物质炭复合材料通过再生溶剂（酸、碱、盐、有机溶剂等）进行再生处理，可以多次去除污染物。然而不可避免的是，再生磁性生物质炭复合材料对 Pb(Ⅱ)的去除性能会有所下降，这主要归因于吸附剂的结构在吸附后被破坏。磁改性生物质炭可以提高生物质炭的吸附性能，但是磁性介质的引入会堵塞生物质炭的孔隙，降低其表面积。一般可以通过氧化改性、表面功能改性、纳米粒子负载、酸碱改性和生物改性的方法来改善其表面性能。例如，Reguyal 等（2017）利用松木屑生物质炭碱性条件下引入 Fe^{2+}合成磁性生物质炭，用于去除水中的磺胺甲噁唑。总之，功能磁性生物质炭是一种低成本水体和土壤污染修复材料，通过络合、离子交换、静电相互作用及氧化还原作用等，可以有效降低重金属离子的价态和毒性；特别地，磁性生物质炭中复合的低价金属氧化物或单质可以与重金属离子吸附，然后利用永磁体快速分离，并通过再生处理回收再利用，从而降低对环境的污染。

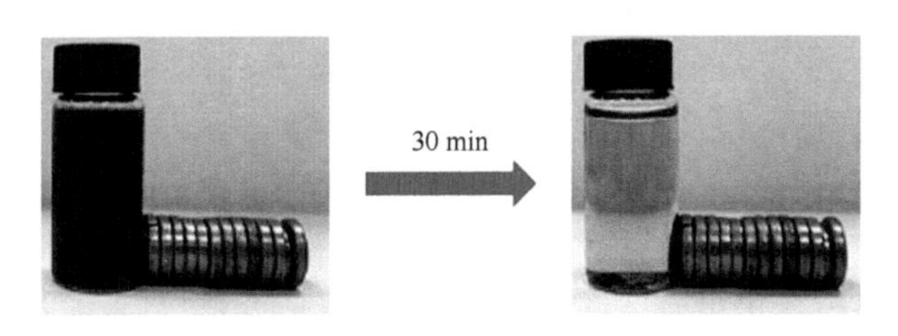

图 2-3　吸附污染物后磁性生物质炭的回收实验（张帅帅，2020）

目前，生物质炭热解过程中多采用传统的外部加热方式，通过外部热源造成较大的温度梯度，带动热源的温度传递、介质的热传导和样品内部温度的热传导来完成。然而，现有的生物质炭制备和改性有以下缺点：由于生物质炭热解过程中多采用传统的外部加热方式，由外部热源完成，因此，加热时间长、能耗高，加热效率低，样品内外表面加热不均匀，导致制备的生物质炭材料炭化不均匀、质量不稳定；此外，生物质的遗态结构是由生物质适应自然环境并经过数十亿年的演变而形成的具有多种形式、尺度和尺寸的精细结构，这也是导致制备的生物质炭材料不均匀的原因。研究天然结构对重金属污染物的吸附、迁移和固定的机制是非常必要的，以便在活化和改性过程中保留遗态结构。尽管遗态结构在生物质炭的制备和活化过程中经常丢失，但为了生产最终产品，这些步骤是必要的。传统的活化生物质炭的改性方法包括用改性剂溶液或气体浸渍制备生物质炭，这样做是为了提高生物质炭表面的官能团含量或金属负载量。这种“后改性”过程很难执行，会导致生物质炭的质量下降，并且改性化学品有可能导致二次环境污染。

2.3　生物质炭表征方法

2.3.1　傅里叶变换红外光谱（FTIR）

红外吸收光谱是由于分子的不断振动和旋转产生的。分子内每个原子在接近其平衡位置时的相对运动是分子振动的一个例子。多原子分子有可能产生各种振动。在红外光束的光子能量和分子的振动能量之间存在着一一对应的关系。正因为如此，当分子改变其振动状态时，在激发分子振动的红外光下，它们可能形成红外发射光谱或红外吸收光谱。通过 FTIR 光谱，可以确定制备的生物质炭表面在特定峰值下所代表的官能团；结合 FTIR 光谱纵坐标强度大小，能够定性分析生物质炭在吸附过程起到主要作用的官能团。

一般来说，生物质炭中的成分如木质素的脱水是在 300℃的温度下开始的（3500～3200 cm^{-1}），而木质素和纤维素转化产物的出现是在 400℃的温度下（1600～700 cm^{-1}的多个峰）进行的。当炭化温度增加到 500℃时，可能会看到凝结炭水平的增强（1650～1500 cm^{-1}的张力损失等于 885～752 cm^{-1}的张力损失）（Keiluweit et al.，2018）。

以宋景鹏（2020）水热制备的生物质炭为例，通过 FTIR 光谱，可以对改性水热生物质炭表面官能团的特征进行分析，并且可以更深入地了解改性生物质炭对锌离子的吸附作用机制。此外，热解温度对复合材料表面官能团的数量和类型有更大的影响，这可以从光谱结果（图 2-4）中看出，四种改性生物质炭中存在的官能团类型基本相同。波长为 3623 cm^{-1}和 3405 cm^{-1}的 O—H 拉伸吸收峰的出现可能主要是由蒙脱石和生物质炭反应过程中加入的水引起的。在光谱中可以发现这些峰，只有加热到 200℃的 HYC-MNT 拥有一个频率为 2915 cm^{-1}的强脂肪族 C—H 拉伸振动。与加热到其他温度的改性生物质炭相比，这种振动更加明显，因为存在芳烃化现象。在横跨 1611～1621 cm^{-1}的光谱带上，以羧基峰芳香族 C═C 和 C═O 为主。O—CH_2—结构主要出现在 1431 cm^{-1}波长处。根据过去发表的文献资料，Si—O—Si 和 C—O—C 的振动峰可以在 1040 cm^{-1}处找到（Chen et al.，2021）。与热解生物质炭样品相比，在 200℃生产的水热生物质炭

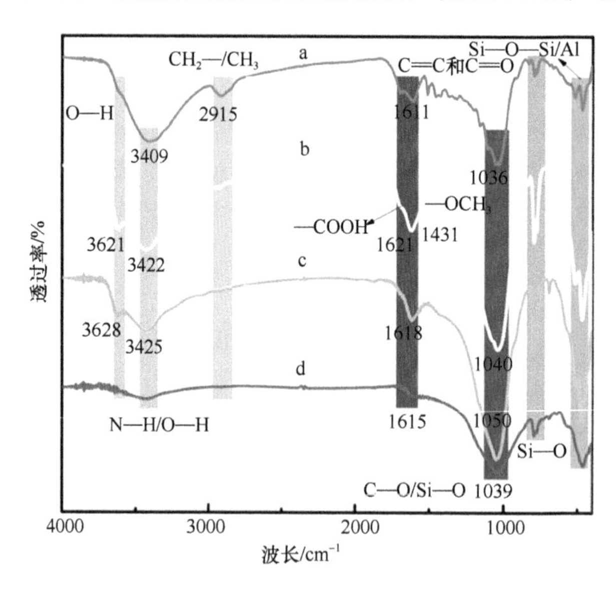

图 2-4 不同温度样品的红外光谱图

（a）200℃；（b）350℃；（c）500℃；（d）700℃

含有更多的脂肪族结构或烷基链，这可以从不对称的-CH_2拉伸频率为 2915 cm^{-1}这一事实推断出来。

2.3.2　比表面积（BET）及孔隙结构

吸附剂的比表面积和孔隙结构的数据可以用于评估吸附剂的孔隙大小及孔隙率。改性生物质炭吸附剂通常具有较高的比表面积，并且在其结构中具有大量的孔隙。生物质炭吸附剂去除重金属离子能力的提高与相关吸附剂所提供的吸附点数量成正比。在大多数情况下，等温的 N_2 吸附-解吸曲线被用来计算吸附剂的比表面积及材料的孔径分布。根据表 2-1 所示的信息，多孔生物质炭（PC）、功能性多孔生物质炭（HPC）、生物质炭负载铁硫复合材料（Fe-S@HPC）和生物质炭负载铁锰硫复合材料（Fe-Mn-S@HPC）的比表面积分别为 1597 m^2/g、965.2 m^2/g、159.9 m^2/g 和 183.2 m^2/g，而微孔孔容为 0.66 cm^3/g、0.39 cm^3/g、0.08 cm^3/g 和 0.06 cm^3/g。可以得出结论：PC 拥有大的比表面积和良好的多孔结构。此外，与 PC 和 HPC 相比，Fe-S@HPC 和 Fe-Mn-S@HPC 复合材料的比表面积要更低，这归因于纳米颗粒部分地堵塞了 HPC 的孔道，导致材料的比表面积下降。

表 2-1　PC、HPC、Fe-S@HPC、Fe-Mn-S@HPC 的比表面积、微孔孔容及平均孔径（张帅帅，2020）

吸附剂	比表面积/（m^2/g）	微孔孔容/（cm^3/g）	平均孔径/nm
PC	1597	0.66	3.32
HPC	965.2	0.39	3.71
Fe-S@HPC	159.9	0.08	4.27
Fe-Mn-S@HPC	183.2	0.06	16.03

根据国际纯粹与应用化学联合会（IUPAC）规定的方法分类，PC、HPC 和 Fe-S@HPC 复合材料的 N_2 吸附-解吸等温线都符合 I 类吸附等温线，表明这三种材料都具有微孔结构，如图 2-5 所示。Fe-Mn-S@HPC 复合材料的 N_2 吸附-解吸等温线符合 II 类吸附等温线，这表明 Fe-Mn-S@HPC 复合材料具有更丰富的孔隙结构，表现为梯度孔隙结构（微孔-介孔-大孔）。这种分级多孔结构的存在可以使污染物重金属离子更容易扩散到材料的孔隙中，这又导致了材料吸附能力的提高。为了进一步提高生物质炭的比表面积，一般引入 $KHCO_3$ 致孔剂促进生物质炭多孔结构的形成，并且最终得到的大比表面积和分级的多孔结构都有利于增加更多的活性点，这些活性点为后续污染物重金属离子的传输和吸附提供了额外的途径。

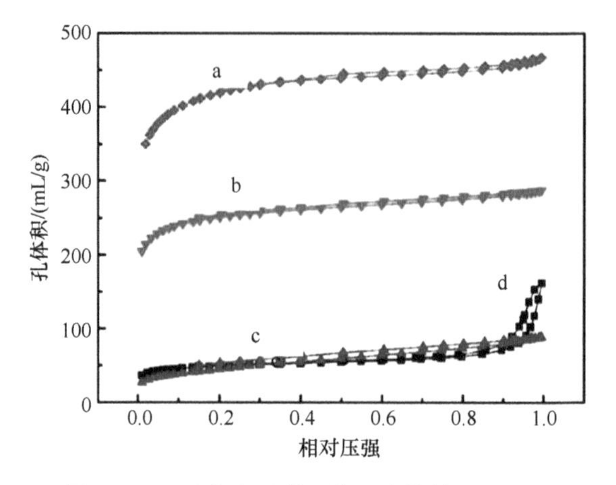

图 2-5　N_2吸附-解吸等温线（张帅帅，2020）

（a）PC；（b）HPC；（c）Fe-S@HPC；（d）Fe-Mn-S@HPC

2.3.3　扫描电子显微镜（SEM）

扫描电子显微镜是利用电子与材料的相互作用，对其表面微观形貌进行表征。当具有高入射能量的电子束遇到材料表面时，激发区会产生二次电子、振荡电子、独特和连续光谱的 X 射线、背散射电子、透射电子、电磁辐射、紫外线和红外光谱。此外，还有可能产生电子-空穴对、晶格振动（声子）和电子振荡（等离子体）。电子与物质的相互作用，可以导致获得样品本身的各种物理化学特性，如形状、成分、晶体结构、电子结构和内部电场或磁场。

从图 2-6（a）、（c）可以看出，热解后得到的玉米秸秆生物质炭（BC）的表面是比较光滑的，它具有规则的圆柱形孔隙结构和中空的内部结构，这就是生物质炭自然形成的孔隙结构。因为加入了致孔剂 $KHCO_3$，所以在图 2-6（b）、（d）

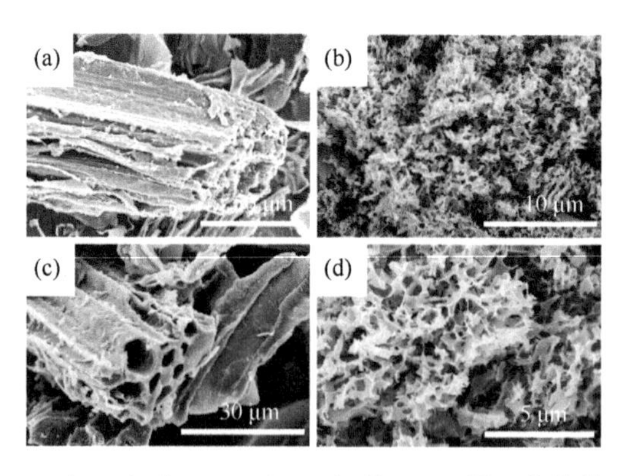

图 2-6　BC（a、c）和 HPC（b、d）的 SEM 图（张帅帅，2020）

中可以观察到，改性功能性多孔生物质炭（HPC）是由大量孔隙组成的，大小从几纳米到几十微米。由于 $KHCO_3$ 的引入，热解过程会产生 CO_2、CO 等气体分解副产物，这些气体会膨胀并溢出，形成更宽的孔隙通道，最终形成大量的多孔结构。从图 2-7 可以看出，经过物理改性的 HPC，由于 Fe、Mn、S 元素的引入，生物质炭表面形成具有针状和棒状的纳米形状，它们均匀分布在 HPC 的整个表面，生物质炭作为载体，起到阻止这些纳米颗粒团聚的作用，而这些纳米颗粒又能够增加生物质炭对重金属污染物的吸附作用。

图 2-7　Fe-Mn-S@HPC 的 SEM 图（张帅帅，2020）

2.3.4　X 射线衍射分析（XRD）

晶体材料通常表现出一种被称为 X 射线辐射相干散射的现象，这是一种衍射现象。这意味着入射光束穿过材料而不被散射，方向发生了变化，但波长保持不变，这是结晶材料所特有的现象。结晶、微晶或准晶结构都能产生 X 射线衍射。在晶体的微观结构中可以得到各种各样的晶体组织、晶面类型和晶面间距。X 射线衍射是对晶体微观结构的三维画面的物理转换。这个场景包括理解晶体结构所需的所有信息。X 射线衍射过程只用微量的、被检查的固体粉末或样品就可以进行。因此，X 射线衍射被用于分析衍射光谱、材料的组成，以及物质中发现的原子或分子的结构或形态。

从图 2-8 中可以看出，XRD 图谱清楚地显示，多孔生物质炭（PC）和通过氧化处理得到的功能性多孔生物质炭（HPC）这两种材料都在 $2\theta=22°$ 处显示了一个明显衍射峰，该峰可归因于生物质炭的无定形相，事实证明改性前后不影响生物质炭晶体结构，可以推断出 HPC 的石墨化碳含量大于 PC，这是因为 HPC 中的峰值比 PC 中的强度更高。用 Jade 软件研究功能性铁-锰-硫共掺杂多孔生物质炭（Fe-Mn-S@HPC）时，由于 Fe、Mn 和 S 三种元素之间产生了固体矿物，所以存在大量的衍射峰。从 XRD 图谱中可以看出，在 2θ 分别为 23.2°、33.0°、38.3°、

49.4°、55.2°和65.9°处出现的衍射峰分别对应于$FeMnO_3$（JCPDS 75-0894）的（211）、（222）、（400）、（431）、（440）和（622）晶面。这些峰出现在这些特定的角度，衍射峰集中在25.9°、33°、37.2°、38.9°、47.5°、52.0°和57.7°，这表明Fe-Mn-S@HPC化合物中存在FeS相，并且Fe_2O_3的晶格面（110）与35.6°的衍射图案峰值相吻合。总之，含有$Fe\text{-}S_2$、$FeMnO_3$和Fe_2O_3等化合物的Fe-Mn-S@HPC复合材料在HPC上结晶度良好。根据XRD分析结果，这些化合物的组成与Fe-S@HPC复合材料（FeS，JCPDS 76-0964）的组成明显不同。这种组成上的差异表明，锰元素成功掺入，并且与Fe-S@HPC复合材料相比，Fe-Mn-S@HPC复合材料具有独特的晶体结构。

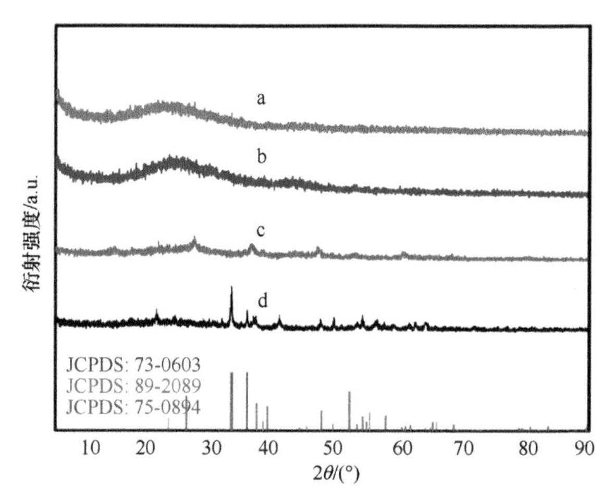

图2-8 PC（a）、HPC（b）、Fe-S@HPC（c）和Fe-Mn-S@HPC（d）的XRD图谱（张帅帅，2020）

2.3.5 X射线光电子能谱（XPS）

X射线光电子能谱（XPS）是一种可以检查生物质炭材料表面的价态信息和元素组成的方法。下面我们以一种非磁改性生物质炭（NMBC）和人工腐殖酸-磁改性生物质炭（AHA-MBC）为例来了解其理化性质和形成机理，如官能团分布和铁元素的价态变化。从图2-9可以看出，结合能量为296.98 eV、541.18 eV和740.88 eV的三个强衍射峰分别归属于C 1s、O 1s和Fe 2p轨道。这表明，在NMBC和Col-L-MBC复合材料表面存在的主要元素是碳、氧和铁。加入人工腐殖酸（AHA）后，生物质炭骨架上的Fe 2p的比例从8.80%增加到13.11%。这一增长可归因于A-HA对Fe^{2+}/Fe^{3+}的固定化，这使得生物质炭骨架上更容易形成稳定的Fe^{2+}/Fe^{3+}的磁性铁氧化物。在此之前，生物质炭骨架上的Fe 2p比例为8.80%。图2-9（a）显示了添加A-HA前后的C 1s的高分辨率光谱，分别对应于C═C—C（284.3 eV）、—C—O（284.9 eV）、C═O（286.0 eV）和O—C═O（289.1 eV），

A-HA 的加入导致磁性生物质炭中的含氧官能团（即—C—O 和—C═O/—COOH 等）比例增加，含氧官能团的比例从 72.34%增加到 72.90%。NMBC 和 AHA-MBC 复合材料的 O 1s 的高分辨率光谱如图 2-9（b）所示。从图 2-9（c）中可以看到，Fe—O（530.2 eV）、Fe—OH（530.9 eV）和 Fe—O—C（531.7 eV）这些官能团在加入 A-HA 后，Fe—O、Fe—OH 和 Fe—O—C 的峰面积比之和从 70.45%增加到 80.55%，表明氧化铁与磁性生物质炭中 A-HA 的含氧官能团稳定结合，并且 NMBC 和 AHA-MBC 的高分辨率光谱 Fe 2p 分别归因于 Fe 2p3/2 和 Fe 2p1/2 双峰，峰的结合能分别为 713.3 eV 和 727 eV。此外，从图 2-9（c）中可以看出，A-HA 的加入使 Fe^{2+}和 Fe^{3+}的拟合峰向低结合能移动，而且 AHA-MBC 中 Fe^{2+}的比例大于 NMBC。这表明 A-HA 的加入对 Fe^{3+}有一定的还原作用，并且可防止新形成的 Fe^{2+}还原物种再次被氧化。

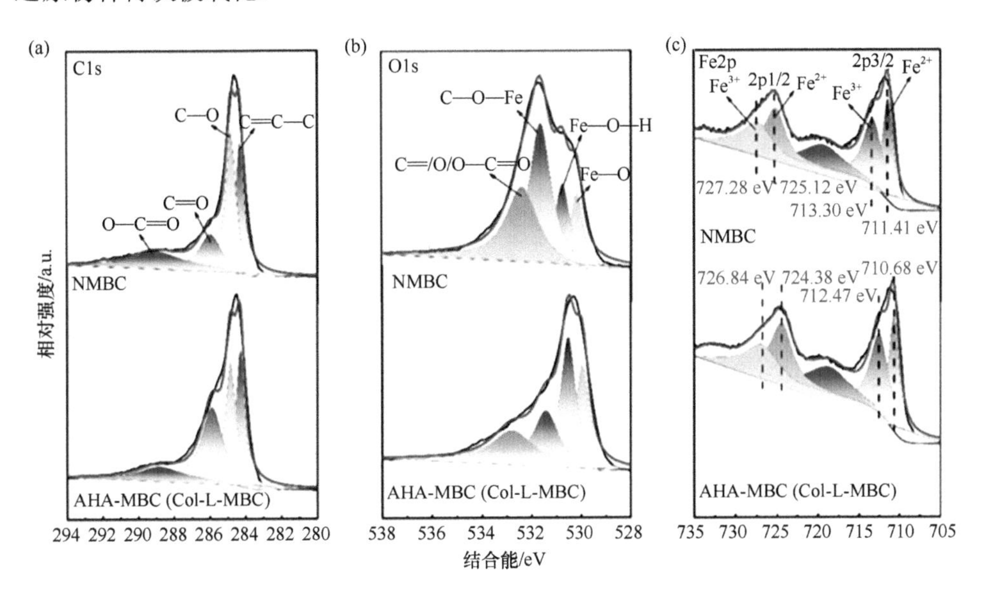

图 2-9　NMBC 和 AHA-MBC 改性生物质炭的 XPS 图谱（杜庆，2021）

（a）C 1s；（b）O 1s；（c）Fe 2p

2.3.6　其他表征方法

还有一些用来表征生物质炭的方法，如拉曼分析、热重（TG）分析和 Zeta 电位分析。拉曼光谱作为一种独特的分子光谱，可以得出生物质炭的孔隙信息，以及吸附污染物后结构的变化。一般来说，对于生物质炭，我们选择的扫描波长范围在 1000～2000 cm^{-1}。TG 可用于描述生物质中碳的质量，通过观察样品质量在不同温度或时间的变化，确定样品在不同气氛下的稳定性。Zeta 电位一般用来测量分散体系固液界面的电性。根据双电层原理，可得出生物质炭表面所带电位值，电位值的正负代表材料所带电荷的正负，数值的绝对值大小代表稳定性，数值绝对值越大，材料作为分散体越稳定。

例如，张帅帅（2020）利用拉曼光谱表征磁改性生物质炭（Fe_3O_4/BC600）和电磁改性生物质炭（EC-Fe_3O_4/BC600）石墨化无序程度。在 1303 cm^{-1} 处可以看到的特征峰值被称为无定形碳的 D 波段，在 1588 cm^{-1} 处可以看到的特征峰值对应于 sp^2-杂化石墨化碳的 G 波段，这两个峰都显示在图 2-10 中。I_D 与 I_G 的比率可用于确定复合材料中存在的石墨化无序程度，石墨化无序程度越高，I_D/I_G 比率越低。当内径/外径比增加时，材料中的无序量也会相应增加。Fe_3O_4/BC600 和 EC-Fe_3O_4/BC600 的 I_D/I_G 比值分别为 0.91 和 0.94，这一现象说明后者形成了较高的缺陷结构和石墨化无序程度，可以为铅离子的吸附提供更多的活性位点。

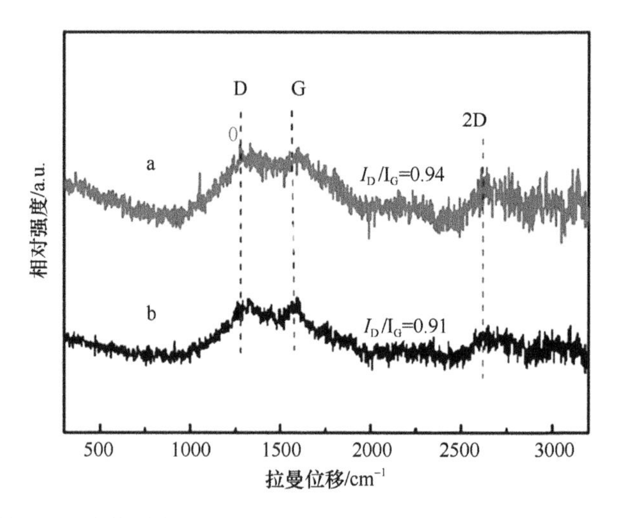

图 2-10　磁改性 Fe_3O_4 生物质炭 EC-Fe_3O_4/BC600（a）和 Fe_3O_4/BC600（b）的拉曼光谱图（张帅帅，2020）

热重分析曲线可用于表示吸附剂材料的热稳定性。吸附剂材料的热稳定性是影响吸附剂应用的一个重要因素。通过使用热重分析，张帅帅（2020）研究了不同生物质炭的热稳定性。从图 2-11 可以看出，BC600（初始生物质炭）、Fe_3O_4/BC600（磁改性生物质炭）和 EC-Fe_3O_4/BC600（电化学磁性生物质炭）在空气气氛中的热稳定性变化很大。然而，EC-Fe_3O_4/BC600 复合材料在实验温度范围内表现出较高的热稳定性。在整个实验的温度范围内，总重量下降了 37.1%。当温度从 25℃增加到 100℃时，吸附剂内部物埋吸附的水的蒸发与所有材料发生的重量损失百分比有关。BC600 中含氧官能团的炭化导致 BC600 的质量在温度从 420℃上升到 650℃的过程中大大降低。此外，Fe_3O_4/BC600 复合材料的质量下降了 42.3%。与其他两种材料相比，EC-Fe_3O_4/BC600 复合材料的质量损失最小、稳定性最高，在空气中燃烧后的剩余含量为 62.9%，说明以此制备的生物质炭稳定性最高。

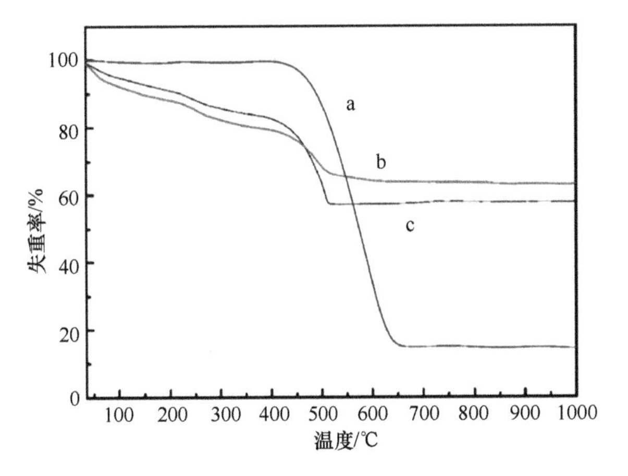

图 2-11　BC600（a）、Fe_3O_4/BC600（b）和 EC-Fe_3O_4/BC600（c）的热重曲线（张帅帅，2020）

颗粒表面所带电荷的类型和数量可以通过 Zeta 电位分析来确定，这也可以用来预测颗粒分散体系的物理稳定性。杜庆（2021）对 Col-L-MBC（磁性改性生物质炭）和 NMBC 进行了 Zeta 电位测量，以研究引入 A-HA 磁性生物质炭的表面电荷变化。从图 2-12 可以看出，随着固液混合物的 pH 逐渐从弱酸性变为弱碱性（随着 pH 的增加），Col-L-MBC 和 NMBC 的 Zeta 电位值逐渐下降。这表明 Col-L-MBC 的稳定性随着混合物的 pH 从弱酸性到弱碱性逐渐增加。在 Ph 7 时，Col-L-MBC 的 Zeta 电位远高于 NMBC，分别对应于–17.33 mV 和–7.70 mV，这表明 A-HA 和磁性生物质炭的结合形成了具有大量极性含氧官能团的复合材料。因此，Col-L-MBC 复合

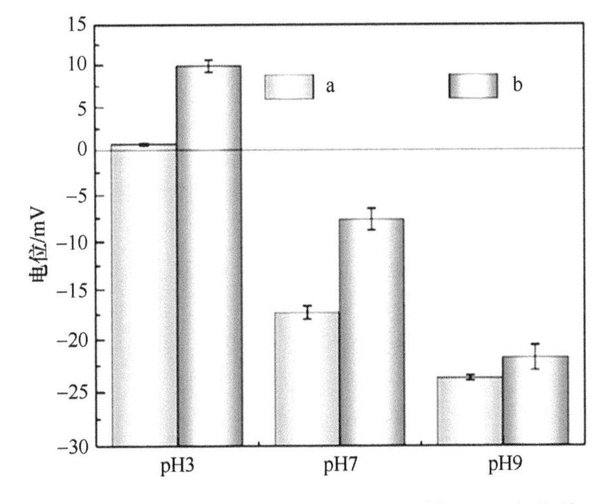

图 2-12　Col-L-MBC（a）和 NMBC（b）在不同 pH 的 Zeta 电位值（杜庆，2021）

材料表面的官能团之间的相互作用降低了复合材料的表面 Zeta 电位值，这又增加了 Col-L-MBC 复合材料在水中的分散性和稳定性。

本章综述了生物质炭的制备方法以及不同制备过程的影响因素。根据以前的研究，生物质炭的特性受生物质原料、用于生产它的工艺及工艺参数的影响。制备生物炭的原材料很多，具体取决于其特性。根据应用目的，通过增加比表面积和孔分数或通过形成官能团来改性炭对于增加生物质炭的反应活性很重要，从而对生物质炭进行改性。通过对生物质炭的结构和形貌进行表征了解，从而更好地拓宽生物质炭在其他领域的应用。

参 考 文 献

杜庆. 2021. 新型人工炭基材料对水中 Pb(Ⅱ)、Cd(Ⅱ)的去除性能及机制研究. 哈尔滨: 东北农业大学硕士学位论文.

高永伟, 林吴薇. 2012. 生物质炭化成型技术工艺的研究进展. 太阳能, (5): 20-23.

吕贝贝, 张贵云, 张丽萍, 等. 2019. 生物炭制备技术研究进展. 河北农业科学, 23(5): 95-98.

李威. 2012. 城市污泥气化技术中气化炉的设计与优化. 大连: 大连理工大学硕士学位论文.

马啸, 潘雨珂, 杨杰, 等. 2022. 生物炭改性及其应用研究进展. 化工环保, 42(4): 386-393.

宋景鹏. 2020. 玉米秸秆基生物炭对水中锌离子的去除效果及机制研究. 哈尔滨: 东北农业大学硕士学位论文.

孙婷婷, 高菲, 林莉. 2020. 复合金属改性生物炭对水体中低浓度磷的吸附性能. 环境科学, 41(2): 784-791.

王传斌. 2019. 生物炭制备改性对水中重金属镉吸附去除机制研究. 天津: 天津大学硕士学位论文.

王雅君, 李姗珊, 姚宗路, 等. 2017. 生物炭生产工艺与还田效果研究进展. 现代化工, (5): 17-20.

王梓婷, 邹家伟, 周集体, 等. 2022. 针铁矿改性生物炭的制备及对 Cr(Ⅵ)的吸附性能研究. 环境工程, 40(11): 1-10.

吴晶. 2015. 生物炭精控制备方法的研究. 沈阳: 沈阳农业大学硕士学位论文.

徐青, 凌长明, 李军. 2012. 生活垃圾的微波裂解特性. 农业工程学, (S1): 192-196.

查湘义. 2013. 生物质水热炭化技术的现状及进展. 北京农业, (30): 248.

张瑞卿. 2020. 制备工艺对柠条生物炭理化性质和稳定性的影响. 太原: 山西农业大学硕士学位论文.

张帅帅. 2020. 铁基生物炭复合材料的制备及其对水中 Pb(Ⅱ)去除机制研究. 哈尔滨: 东北农业大学硕士学位论文.

郑艳鹏. 2021. 二维 Ga 基材料表面修 GaN 纳米片制备研究. 西安: 西安理工大学硕士学位论文.

朱锡锋. 2006. 生物质热解原理与技术. 合肥: 中国科学技术大学出版社.

Chen B L, Chen Z M, Lv S F. 2011. A novel magnetic biochar efficiently sorbs organic pollutants and phosphate. Bioresource Technology, 102(2): 716-723.

Foong S Y, Liew R K, Yang Y, et al. 2020. Valorization of biomass waste to engineered activated biochar by microwave pyrolysis: progress, challenges, and future directions. Chemical

Engineering Journal, 389: 124401.

Jin H, Wang X, Gu Z, et al. 2013. Carbon materials from high ash biochar for supercapacitor and improvement of capacitance with HNO_3 surface oxidation. Journal of Power Sources, 236: 285-292.

Jing X R, Wang Y Y, Liu W J, et al. 2014. Enhanced adsorption performance of tetracycline in aqueous solutions by methanol-modified biochar. Chemical Engineering Journal, 248: 168-174.

Keiluweit M, Nico P S, Johnson M G, et al. 2010. Dynamic molecular structure of plant biomass-derived black carbon(Biochar). Environmental Science & Technology, 44(4): 1247-1253

Lu S, Zong Y. 2018. Pore structure and environmental serves of biochars derived from different feedstocks and pyrolysis conditions. Environmental Science and Pollution Research, 25(30): 30401-30409.

Liu Z, Quek A, Hoekman S K, et al. 2013. Production of solid biochar fuel from waste biomass by hydrothermal carbonization. Fuel, 103: 943-949.

Mia S, Dijkstra F A, Singh B. 2017. Long-term aging of biochar: A molecular understanding with agricultural and environmental implications. Advances in Agronomy, 141: 1-51.

Reguyal F, Sarmah A K, Gao W. 2017. Synthesis of magnetic biochar from pine sawdust via oxidative hydrolysis of $FeCl_2$ for the removal sulfamethoxazole from aqueous solution. Journal of Hazardous Materials, 321: 868-878.

Sajjadi B W , Chen W Y, Egiebor N O. 2019. A comprehensive review on physical activation of biochar for energy and environmental applications. Reviews in Chemical Engineering, 35: 735-776.

Wahi R, Zuhaidi N F Q A, Yusof Y, et al. 2017. Chemically treated microwave-derived biochar: An overview. Biomass and Bioenergy, 107: 411-421.

Wang J L, Wang S Z. 2019. Preparation, modification and environmental application of biochar: a review .Journal of Cleaner Production, 227: 1002-1022.

Zhao L, Zheng W, Cao X. 2014. Distribution and evolution of organic matter phases during biochar formation and their importance in carbon loss and pore structure. Chemical Engineering Journal, 250: 240-247.

第3章　生物质炭去除水体污染物

工业化和城市化的飞速发展导致了土壤及水体中有害污染物的急剧增加。这些污染物在环境中不断积累，不仅破坏了生态平衡，而且还会通过食物链的传播导致人类各种疾病的发生。因此，迫切需要采用一些处理技术来去除这些污染物。生物质炭及其改性材料的内部孔隙发达、比表面积大、表面官能团丰富，且具有开发成本低、效率高、适用范围广等优良特性，是一种理想的环境污染物吸附剂，在环境污染处理中发挥着越来越重要的作用。本章我们总结了生物质炭对于水体中典型环境污染物（包括重金属离子、氮、磷及有机污染物等）的吸附性能、影响因素及去除机制。

3.1　生物质炭去除水体重金属

工业领域的迅速崛起带动了采矿、冶炼等行业的发展，导致了严重的水体重金属污染。重金属是指密度在 4.5 g/cm^3 以上的金属，共计 54 种，环境中常见的重金属有 Cu、Pb、Zn、Sn、Ni、Co、Sb、Hg、Cd 等。环境中的重金属很难被生物降解，并且会随着食物链移动，从而对人类的身体健康造成损害。吸附作为一种常见且有效的去除重金属方式，已经被广泛地应用于重金属污染处理。吸附剂的材料有很多，其中生物质炭具有原料来源广、制备成本低廉、可循环利用等优点，在吸附重金属方面显示出巨大的应用前景。本章总结了生物质炭在水体重金属吸附领域的研究现状，并阐述了影响生物质炭吸附重金属性能的主要因素，为生物质炭的广泛应用提供思路。

3.1.1　生物质炭去除水体重金属的性能

水体中重金属污染是指 Cd、Pb、Cu、Cr、Zn、Hg、Co、Ni 等金属离子含量超出了水体自净能力范围而造成的环境污染，主要来自于化工、采矿、冶金、造纸和电镀等行业，排放出的溶解态重金属离子受水体物理化学作用和地表径流等影响，最后在土壤中聚集。由于受污染土地短时间内难以固定转化这些重金属离子，它们会随着食物链迁移，进而给整个生态系统带来难以估量的危害。吸附是一种常应用于水体中重金属污染处理的方式，生物质炭作为一种性能优异的吸附剂，已被广泛应用于水体中重金属的吸附固定。如表 3-1 所示，不同类型的生物质炭对重金属吸附性能有着较大的差异，例如，Wei 等（2017）使用鱼骨制备的生物质炭吸附 Pb^{2+}，最大吸附量高达 1206.13 mg/g，而秸秆制备的生物质炭的吸附量只有 49.21 mg/g（李瑞月等，2015）。此外，秸秆在低温制备的生物质炭对 Pb^{2+}的吸附相较于高温制备的秸秆炭效果更显著，原因是低温制备的生物质炭能够保留大量的功能性官能团。木材类生物质炭对 Pb^{2+}的吸附量为 69～111 mg/g（常帅帅，2020）。对于重金属铬离子（Cr^{6+}），烟草叶柄炭的吸附能力显著高于木屑炭，木屑生物质炭对铬的最大吸附量只有 1.72 mg/g（Zhang et al.，2018；Hyder et al.，2014）。金鱼藻炭对 Cd^{2+}的吸附量高达 78.93 mg/g，而木屑炭的吸附量最低只有 7.51 mg/g。银杏叶炭、香蕉皮炭、稻秸炭对 Cu^{2+}吸附量均在 40 mg/g 以上，其中香蕉皮炭对 Cu^{2+}的吸附效果最佳，吸附量超过 140 mg/g（Amin et al.，2018；Lee，et al.，2019；Mei et al.，2020）。以龙虾壳为原料制备的生物质炭对 Zn^{2+}展现出超高的吸附容量，最大吸附量达 462.50 mg/g（马洁晨等，2019）。各种原料（如生活垃圾、牲畜粪便、植物废料等）制备的生物质炭对废水中 Cd、Pb、Cu、Cr、Zn 等重金属也具有良好的去除效果。

表 3-1　生物质炭对水中重金属的吸附效果

重金属	初始浓度/（mg/L）	生物质炭种类	制备方式	吸附量/（mg/g）	吸附机理	参考文献
Pb^{2+}	1000	鱼骨炭	500℃，热解	1206.13	离子交换、共沉淀、基团络合	Wei 等（2017）
	200	香蕉皮炭	230℃，水热炭化	359.00	离子交换、表面络合	Zhou 等（2017）
	100	松木炭	600℃，热解	62.79	表面络合、共沉淀、离子交换	常帅帅等（2020）
		楠木炭		77.12		
	100	稻壳炭	700℃，热解	49.21	共沉淀、基团络合	刘杰等（2018）
		棉花秸秆炭		49.67		
	400	麦秸炭	450℃，热解	99.65	表面沉淀、基团络合	李瑞月等（2015）
		稻秆炭		110.31		
		玉米秸秆炭		88.82		
Cd^{2+}	200	金鱼藻炭	500℃，热解	78.93	阳离子-π 作用、离子交换、沉淀、络合反应	李旭等（2019）
	10	鸡粪炭	650℃，热解	41.53±3.66	阳离子-π 作用和共沉淀	申磊等（2018）
		麦秸炭		39.65±1.72		
	80	稻秆炭	500℃，热解	30.19	离子交换、共沉淀、基团络合、阳离子-π 作用	曹健华等（2019）
		木屑炭		7.51		
	200	水稻炭	600℃，热解	59.84	离子交换、阳离子-π 作用	孙达等（2020）
		猪粪炭		45.95		
	200	牛粪炭	300℃，热解	69.26	共沉淀、基团络合	Chen 等（2019）
	10	玉米芯炭	500～600℃，热解	17.21	基团络合	Moyo 等（2016）
Cr^{6+}	500	木屑生物质炭	700℃，热解	1.72	/	Hyder 等（2014）
	100	核桃壳炭	180℃，水热炭化	20.17	基团络合、还原	张双杰等（2016）
	50	柚子皮炭	190℃，水热炭化	6.19	基团络合、还原	张双杰等（2017）
	250	烟草叶柄炭	300℃，热解	99.43	基团络合、还原	Zhang 等（2018）

续表

重金属	初始浓度/(mg/L)	生物质炭种类	制备方式	吸附量/(mg/g)	吸附机理	参考文献
Cr^{6+}	50	菠萝皮炭	350℃，热解	41.67	基团络合	Shakya和Agarwal等（2019）
	120	茶渣炭	450℃，热解	197.50	基团络合	Khalil等（2020）
		稻壳炭		195.24		
Cu^{2+}	50	银杏叶炭	800℃，热解	138.90	基团络合、离子交换	Lee等（2019）
	200	香蕉皮炭	600℃，热解	147.00	离子交换、共沉淀、基团络合、阳离子-π作用	Amin等（2018）
	50	稻秸炭	700℃，热解	50.10	离子交换、共沉淀、基团络合	Mei等（2020）
	65	苹果枝炭	500，热解	9.86	离子交换、共沉淀、基团络合	Zhao等（2020）
	50	玉米秸秆炭	800 ，热解	147.70	基团络合、共沉淀	Yang等（2018a）
	200	水葫芦类	400℃，热解	39.50	离子交换、共沉淀、基团络合、阳离子-π作用	王开峰等（2016）
Zn^{2+}	150	龙虾壳炭	600℃，热解	462.50	离子交换、共沉淀	马洁晨等（2019）
	30	花生壳炭	700℃，热解	25.93	基团络合、表面沉淀	郭素华等（2015）
	60	毛发炭	250～450℃，热解	3.81	离子交换、基团络合	谢伟雪等（2018）
	50	玉米秸秆炭	800℃，热解	109.70	共沉淀、离子交换	Yang等（2018b）

3.1.2 生物质炭去除水体重金属的影响因素

不同原料制备的生物质炭由于组成成分存在区别，其吸附能力和理化性质也会有所不同。以麦秆为原料制备生物质炭比以木材为原料制备生物质炭的产率低。秸秆中的纤维素会在热解温度达到220～400℃时发生严重脱水，而木材中含有较多的木质素，相对更稳定，其热解温度跨度较大且很难分解，因此，木材生物质炭的产率更高。大量研究证明，相对于秸秆生物质炭，木材生物质炭热解后的微孔结构被保留下来，因而具有更高的比表面积。而秸秆内部孔壁较薄，容易在热解过程中坍塌，导致秸秆生物质炭比表面积降低。不同原料制成的生物质炭对水中重金属的吸附容量也有所差异。申磊等（2018）在相同温度下分别以鸡粪和麦秆为原料制备生物质炭，鸡粪生物质炭对 Cd^{2+}的最大吸附量为 37.78 mg/g，而麦秆生物质炭只有30.95 mg/g，灰分含量更高的鸡粪生物质炭对Cd^{2+}的吸附效果要优于麦秆生物质炭。

生物质炭的制备方式对其吸附能力也有着显著的影响，主要可分为热解炭化和水热炭化。热解炭化又分为快速热解和慢速热解，其中，慢速热解是传统的生物质炭制备方法，制备温度跨度较大，停留时间较长，产炭率较高（40%～80%）；快速热解是指高温瞬间炭化技术，主要是用来进行生物质-生物油的转换，通常生物质原料中 60%成为可燃生物质重油。水热炭化是生物质在亚临界水或超临界水的作用下转变为水热生物质炭。水热炭化技术操作简便，适用性广，且不需要对原料进行干燥、脱水等预处理，已经被广泛应用于生产生物质炭（王雪等，2022）。

热解温度对生物质的炭化程度有很大的影响，热解温度越高，生物质的炭化程度越高，失重也就越大，产率也随之降低。从表 3-1 中可以看出，不同制备方式和温度制备的生物质炭对于重金属的吸附量有所不同。随着热解温度的升高，产物的碳元素含量上升，其他元素（如 H、N、O）含量随着挥发不断下降。高温热解制备的生物质炭芳香程度高，芳香结构能有效地提高生物质炭的吸附能力。生物质炭的热解失重过程可分为三个阶段：第一阶段（200℃以下），失重主要是水分的挥发，失重率在 3%左右；第二阶段（200～380℃），有机物大量挥发，失重率在 55%以上；第三阶段（380～800℃）主要是热稳定性强的物质热解。Song 等（2020）探讨了不同的热解温度对蒙脱石-生物质炭复合材料吸附 Zn^{2+}性能的影响，因为温度会极大地改变生物质炭的理化性质，如组成成分、孔隙结构和表面官能团的数量或种类，对生物质炭去除重金属的性能造成很大影响。

改性是一种有效提高生物质炭吸附性能的措施。生物质炭改性方式主要有酸碱改性、有机物改性、金属氧化物负载改性等措施，从而增大比表面积、孔体积，以及官能团的种类和数量。Yang 等（2019）以玉米秸秆为原料制备了负载针状铁-锰-硫三元复合材料（Fe-Mn-S@HCS）的分层多孔生物质炭，生物质炭改性后对重金属离子（Pb^{2+}）的吸附量显著增加，玉米秸秆生物质炭对 Pb^{2+}的最大吸附容量仅为 88.8 mg/g，而经过改性的分层多孔生物质炭对 Pb^{2+}的最大吸附容量高达 181.5 mg/g，证明了改性生物质炭复合材料在高效去除水中重金属离子方面的可行性。

吸附体系的 pH 能够影响重金属的存在形式和生物质炭表面的带电性，从而影响其对重金属离子的去除性能。当 pH 较小时，生物质炭表面产生的氢离子和矿物组分中的碱性金属阳离子与重金属离子一起竞争吸附位点，降低生物质炭的重金属去除率。随着 pH 上升，去质子化得到抑制，去除效果显著增加。

生物质炭的投加量是影响吸附效果的关键因素：低的投加量会导致重金属移除率低，达不到理想的吸附效果；过高的投加量会导致生物质炭的浪费，也会增加吸附成本。吸附时间同样影响着吸附效果，吸附时间过短达不到理想的吸附效果，吸附时间过长会导致新的水体污染；同时，不同重金属的吸附平衡时间是不同的。例如，牛粪生物质炭去除 Pb^{2+}的吸附平衡时间为 20 min，但 Cu^{2+}的吸附平衡时间需要 10 h（Chen et al.，2019）。

3.1.3　生物质炭去除水体重金属的机制

生物质炭吸附重金属的机制主要有络合作用、沉淀反应、离子交换和静电作用等。络合作用是指生物质炭含有的含氧官能团（如羟基和羧基等）与重金属离子结合，以络合物形式存在；此外，生物质炭中存在的非碳元素也会与重金属离子结合成络合物。从表 3-1 中可以看出，以 Pb^{2+}为例，鱼骨炭、稻壳炭、棉花秸秆炭、麦秆炭、稻秆炭、玉米秸秆炭与 Pb^{2+}间存在内圈络合作用，香蕉皮炭、松木炭、楠木炭与 Pb^{2+}间存在外圈络合作用。研究发现，在较低温度条件下制备的生物质炭，其表面官能团与金属 Cd^{2+}的络合效率更高；随着热解温度的上升，生物质炭的表面官能团数量大大减少，络合作用的贡献比例逐步下降，而沉淀反应和离子交换贡献率升高。

生物质炭大多呈碱性，金属离子在碱性条件下会发生沉淀。生物质炭施入土壤中会使土壤 pH 升高，土壤中 Cu^{2+}、Cd^{2+}和 Pb^{2+}与 OH^-结合生成沉淀，从而增强了土壤中重金属的稳定性。以 Cd^{2+}为例，金鱼藻、鸡粪、麦秸、稻秆、木屑等制备的生物质炭都能和 Cd^{2+}发生沉淀作用。

离子交换作用是生物质炭表面吸附的重要机制之一，生物质炭表面羟基和羧基等有机含氧官能团与不同阴、阳离子进行交换，达到从介质中去除金属离子的目的。以松木为原料，通过水热法制备的生物质炭表面含有多种含氧官能团，这些官能团的质子与阳离子发生交换，从而固定重金属离子。例如，银杏叶、香蕉皮、稻秸、苹果枝等衍生的生物质炭都能与 Cu^{2+}产生离子交换作用。

静电吸引在生物质炭吸附重金属的作用中占比小于化学沉淀，并且生物质炭与金属离子发生静电吸引会受到环境 pH 的影响（魏忠平等，2020）。当介质 pH 大于生物质炭的零电荷点时，生物质炭表面携带负电荷，可与带正电荷的重金属发生静电吸引作用。当介质 pH 小于生物质炭的零电荷点时，生物质炭则与带负电荷的重金属发生静电吸引作用，具体反应机制为：生物质炭表面的羧基、羟基等官能团与 H^+发生质子化作用，形成带正电的官能团—OH_2^+、—$COOH_2^+$，它们再通过静电作用与带负电荷的重金属结合。总之，静电吸引并不是生物质炭吸附重金属的主要机制，但是静电吸引作用普遍存在。

3.2 生物质炭修复水体富营养化

3.2.1 水体富营养化的形成因素与危害

水体富营养化是由于氮、磷等植物营养物质含量过多所引起的水质污染现象。随着营养物质和有机物供应的增加，水体的营养状态或肥力程度从低营养到中营养，甚至到富营养不等。富营养化最常见的原因是表层水域营养物质（特别是氮和磷）供应增加，导致初级生产者（特别是浮游植物和水生植物）产量增加。水体富营养化会引起一系列的生态效应，包括浮游植物和水生植物（大型植物）产量增加、渔业环境和水质环境恶化，以及其他干扰水利用的不良影响。此外，产生毒素的浮游植物大量繁殖会引起广泛的疾病。微囊藻毒素是由蓝藻水华产生的一种肝毒素，这种毒素会导致家畜、宠物、野生动物和人类的肝脏衰竭，甚至死亡。有研究表明，富营养化海底浮游植物的死亡堆积会导致细菌的分解率加大。分解者的溶解氧消耗加上气体交换的障碍（温跃层或冰盖）会减少或消除水底的溶解氧。当这种分层形成时，通常富含氧气的上膜水不会与下膜水混合，氧的消耗是富营养化最有害的副作用之一，会导致灾难性的鱼类死亡，影响当地渔业发展。

3.2.2　生物质炭吸附磷酸盐和硝酸盐的性能

1. 生物质炭吸附磷的性能

生物质炭吸附磷的效果受生物质炭的比表面积、Zeta 电位和矿物组成等影响。大多数研究者认为，磷素在生物质炭上的吸收更多地依赖于如 Mg、Ca、Fe 或 Al 等元素的存在，而不是比表面积。如图 3-1 所示，Lan 等（2022a）总结了金属基生物质炭吸附水体中磷的性能，归纳了影响除磷性能的主要因素和吸附机制，其中热解温度对生物质炭的元素组成、比表面积和孔隙度影响较大。虽然大多数研究考察了热解温度对生物质炭制备的影响，但对于生物质炭生产的最佳合成温度并没有达成一致。这是因为它高度依赖于生产生物质炭的原料种类。例如，Liu 等（2022）比较了 600℃下产生的厌氧消化和未消化甜菜茎生物质炭对磷的去除效果，结果表明，经厌氧消化的生物质炭具有比未消化的生物质炭更高的去除磷酸盐能力，这归因于：①消化后的生物质炭具有比表面积为 336 m^2/g 的介孔结构，显著高于未消化的生物质炭（比表面积为 2.6 m^2/g）；②消化后的生物质炭的 Zeta 电位高于未消化的生物质炭，这增加了生物质炭对磷酸盐离子的吸附亲和力；③消化后的生物质炭对磷酸盐的最大吸附量为 133.1 mg/g，这与纳米颗粒含量较高（9.79 wt%）有关。

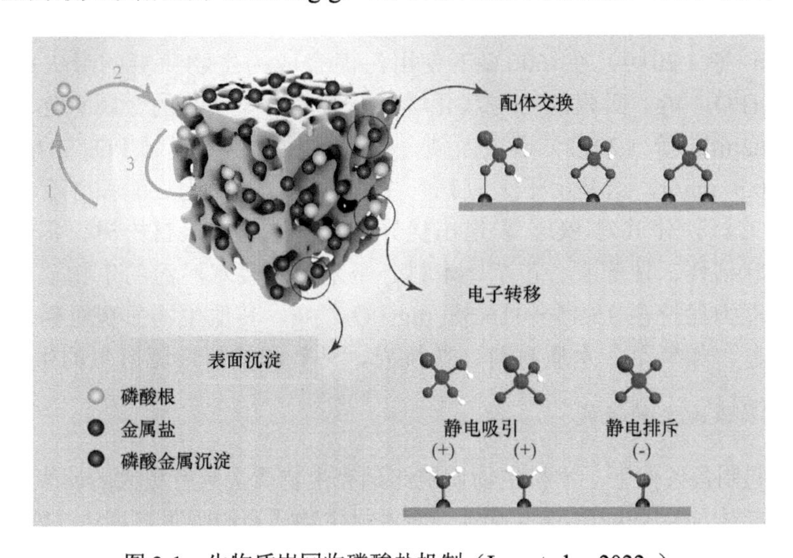

图 3-1　生物质炭回收磷酸盐机制（Lan et al.，2022a）

研究还发现，Mg 和 Ca 含量对磷在生物质炭上的吸附效果影响较大。Jung 等（2015）发现花生壳生物质炭与大豆秸秆和竹木制备的生物质炭相比，Mg 和 Ca 含量最高。此外，花生壳裂解的生物质炭具有最高的 Zeta 电位和比表面积，因此花生壳生物质炭有着最高的磷酸盐去除容量。从蟹壳、小龙虾和蛋壳中制备的生物质炭具有较高的钙含量。在 800℃下制备的蟹壳生物质炭仅仅使用 1 g/L 的剂量即可完全吸附 80 mg/L 磷酸盐。热解温度为 800℃时，小龙虾生物质炭的 Ca 含量和磷酸盐吸附量最高。此外，小龙虾生物质炭在 pH 2～10 的范围内表现出稳定的吸附能力（Cao et al.，2022）。从纸莎草叶中提取的生物质炭也得到了类似的结果，其吸附能力在 pH 4～11 范围内稳定。当生物质炭的原料使用蛋壳与稻草质量比为 1∶1 时，吸附量最高达 231 mg/g，磷离子和 Ca^{2+}的化学沉淀是富钙生物质炭吸附过程的主要机制（Sun et al.，2022）。

海洋微藻也可被用于生产生物质炭，并表现出对 PO_4^{3-}优异的吸附能力。例如，Jung 等（2016）研究了热解温度对裙带菜生物质炭相关性质的影响。当温度从 200℃升高到 400℃时，比表面积和总孔隙体积增加，而温度进一步升高时，由于热解过程中熔融、软化和炭化等导致了孔隙堵塞，造成表面性能下降。400℃制备的生物质炭对磷酸盐的最高吸附量为 32.58 mg/g（吸附温度为 30℃），这是由于生物质炭的高比表面积、零电荷点（8.11）、Mg^{2+}和 Ca^{2+}的存在。Jung 等（2015）利用海带生物质炭除磷时，将粉末状生物质炭装载到多孔结构藻酸钙珠中成为颗粒状态，实验结果表明粉末和颗粒形态在吸附温度为 30℃时的最大吸附量分别为 160.7 mg/g 和 157.7 mg/g，其合成的生物质炭具有较高的吸附能力，主要是由于海带生物质炭中 Mg、Ca 的含量较高。

在其他未改性的生物质炭中，污泥和大豆秸秆生物质炭的吸附能力较强。例如，Yin 等（2019）在 600℃下使用污泥合成的生物质炭的最大吸附量为 303.49 mg(PO_4^{3-})/g。吸附能力与其化学成分有关，如丰富的金属氧化物和官能团。Karunanithi 等（2017）研究发现，大豆秸秆生物质炭对 PO_4^{3-}的最大吸附容量为 90.9 mg/g，这是由于大豆秸秆生物质炭有着高比表面积并含有一定量的 Mg^{2+}、Ca^{2+}，使其对 PO_4^{3-}表现出优异的吸附性能。来自松树、稻壳、玉米秸秆、芝麻秸秆、甘蔗渣、芒草、木材、玉米芯和废水污泥的生物质炭对磷酸盐的吸附能力保持在 15.15～116.58 mg(PO_4^{3-})/g，其他生物质炭对磷酸盐的吸附能力较差，如象草、木质材料、核桃壳、马粪和垫料堆肥衍生的生物质炭。

2. 生物质炭吸附氮的性能

在相同制备条件下，木材生物质炭比稻壳生物质炭具有更大的比表面积，稻壳生物质炭对 NH_4^+的吸附率为 60%，而木材生物质炭的吸附率高达 73%。此外，由啤酒糟和污水污泥（80∶20，wt%）混合物制备的生物质炭具有较大的比表面积，对 NH_4^+展现出较高的吸附率，最大吸附率为 85%。以上结果表明，生物质炭的大比表面积有利于提高其对 NH_4^+的吸附（Yin et al.，2017）。膨润土改性的水热炭对于 NH_4^+吸附能力（最大 23.67 mg/g）比相应的水热炭和膨润土更高，因为膨润土改性水热炭的多孔结构更加发达。杜铮等（2020）研究发现，氧化镁（MgO）改性的几种类型的生物质炭（甜菜茎、甘蔗渣、三叶杨、松木和花生壳）均显示出较高的 NO_3^-吸附能力，原因是 MgO 纳米薄片有利于增加生物质炭的比表面积，并进一步增强其对 NO_3^-的吸附。

3.2.3　生物质炭吸附磷酸盐和硝酸盐的影响因素

1. 表面官能团

生物质炭热解是脱氢/脱羟基和芳构化的过程，在生物质炭上形成如羰基、羧基、羟基和酚羟基等官能团，这些官能团能够有效吸附 NH_4^+和 NO_3^-。NH_4^+和 NO_3^-分别与酸性和碱性官能团的含量呈正相关，这是因为羟基、苯酚和羧基等酸性官能团，以及酰胺、芳香胺和吡啶基等碱性官能团可为 NH_4^+和 NO_3^-提供阳离子及阴离子交换位点。具体来说，由于溶液中 H^+的电离，生物质炭的酸性官能团带负电，带正电的 NH_4^+通过静电吸引并与 H^+交换。因此，高含量的酸性官能团是生物质炭吸附 NH_4^+的重要因素之一。此外，NH_4^+吸附后的生物质炭失去了芳香族 C═O、C═C、—CH_2—及脂肪族 C—O—C 官能团，表明这些官能团与 NH_4^+发生了反应（杜铮，2020）。

Yin 等（2018）使用镧（La）改性橡木锯末生物质炭后，NH_4^+和 NO_3^-的最大吸附量分别显著提高了 1.9 倍和 11.2 倍。这些改进可能与镧负载生物质炭上 NH_4^+ / NO_3^-吸附的酸性/碱性基团增加有关。此外，在含碳材料上引入碱性官能团将增强硝酸盐在水溶液中的吸附能力。碳表面的原始酸性基团通过除气去除，然后用氨引入碱性基团（含氮和含氧基团），可使碳表面带正电，并增加了其对 NO_3^-的吸附能力。生物质炭官能团对磷酸盐吸附的影响可能与其对 NO_3^-吸附的影响相似，因为它们带负电。生物质炭的碱性官能团带正电，与溶液中存在的 NO_3^-发生相互作用。因此，带负电的 NO_3^-被静电吸引，NO_3^-和 OH^-之间将发生阴离子交换。

2. 共存离子

溶液体系中不同离子共存也会影响磷酸盐与生物质炭的吸附能力。一般来说，市政或工业废水由复杂的离子组成，这些离子在吸附位点上发生相互竞争。因此，本书总结了不同阴离子（包括 NO_3^-、Cl^-、SO_4^{2-}、CO_3^{2-}、HCO_3^-和 F^-）和阳离子（如 K^+、Na^+、Ca^{2+}和 Cd^{2+}）共存状态下，生物质炭对磷酸盐吸附去除的影响。

对于不同阴离子的研究结果表明，具有较高电荷密度的二价阴离子（如 SO_4^{2-}、

CO_3^{2-}）对磷酸盐的吸附干扰能力的影响要高于一价阴离子（如 Cl^-和 NO_3^-）。在多项研究中发现，CO_3^{2-}的存在显著降低了磷酸盐的吸附能力。据报道，在 0.1 mol/L CO_3^{2-}存在的情况下，镧（La）改性磁性生物质炭的磷酸盐去除率降低了 31.6%。原因是 CO_3^{2-}的添加升高了溶液的 pH，这不利于磷酸盐的去除；其次，CO_3^{2-}对活性吸附位点具有高亲和力。镧（La）是一种“不昂贵”的稀土元素，具有优异的磷结合能力（磷酸镧，$LaPO_4$，$pK_{sp} = 26.15$），La 改性膨润土是一种商业上广泛应用的产品，已应用于 200 多种类型水体中磷的回收。此外，有研究发现，当 CO_3^{2-}与 Mg 改性生物质炭共存时，Mg 改性生物质炭对磷酸盐的吸附能力显著降低，这归因于 Mg^{2+}可竞争形成无定形碳酸镁。据报道，在 HCO_3^-存在的情况下，磷酸盐去除能力的降低也有类似的结果。SO_4^{2-}对磷酸盐吸附的影响归因于吸附位点的竞争，SO_4^{2-}的离子半径非常接近磷酸盐的离子半径，这使得它们会竞争相同的吸附位点。F^-的存在对磷酸盐的去除具有显著的负面影响，这归因于：①F^-具有最高的电负性，很容易与质子化的吸附剂表面结合；②F^-可以与 La 修饰的生物质炭形成内圈络合物，从而降低对磷酸盐的吸附能力；③吸附空位的竞争。

值得注意的是，共存阴离子的效果也会随着生物质炭的结构和组成不同而有所不同。一些吸附剂对 PO_4^{3-}表现出高选择性，并且受共存阴离子添加的影响较小，如 La 改性磁性菠萝生物质炭、MgO 改性花生壳生物质炭和 Mg/Al LDH 改性枣椰树生物质炭。另外，由于形成低可溶性磷酸钙，饲料中 Ca^{2+}的存在对磷酸盐的去除有积极影响。共存的 Ca^{2+}与磷酸盐反应形成的 $CaHPO_4$ 易于吸附。对于 La 修饰的生物质炭，Ca^{2+}也会与吸附的磷酸盐形成三级络合物。同样地，Cd^{2+}促进了磷酸盐在羧基/氨基官能化生物质炭上的吸附过程，因为 Cd^{2+}和羧酸离子之间的相互作用可以为磷酸盐提供新的吸附位点。此外，氨的共存促进了 Mg 改性生物质炭对尿液溶液中磷酸盐的吸附（Yin et al.，2018）。对于 Mg 改性的生物质炭，由于形成含 $NH_4MgPO_4{\cdot}6H_2O$ 的鸟粪石磷酸盐矿物，共存的氨盐可有效改善其对磷酸盐的吸附。在处理多组分水溶液时，研究共存离子对磷酸盐去除的影响具有重要意义。尽管现有文献已有阶段性的研究成果，但共存的阴离子、阳离子和有机化合物的存在对应用生物质炭去除磷酸盐的影响有待进一步研究。

3. pH

溶液的 pH 对生物质炭的吸附能力有显著影响，这是由于溶液 pH 对生物质炭的表面电荷、官能团和负载金属有显著影响。生物质炭含有多种官能团，并且羧基、羟基等表面官能团随着溶液 pH 的变化而发生变化。在 pH 较低时，表面官能团发生质子化和正电荷化；随着溶液 pH 的增加，表面官能团发生脱质子化。当 pH 低于零电荷点时，生物质炭表面的正电荷通过静电吸引，有利于阴离子磷的吸附。Lan 等（2022b）通过熔盐热解-共沉淀-水热多步调控，合成了具有高吸附磷酸盐性能的碳酸镧/磁铁矿纳米颗粒功能化多孔生物炭 La/Fe-NBC，如图 3-2 所示，当溶液 pH 3.0～6.0 时，磷的优势形态为 $H_2PO_4^-$，易与 La 结合。

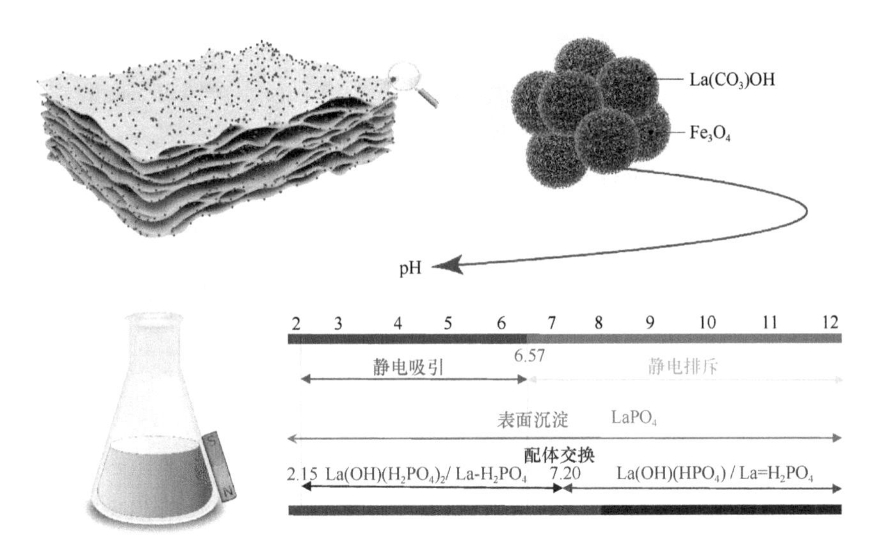

图 3-2　不同 pH 条件下 La/Fe-NBC 吸附磷酸盐的机制（Lan et al.，2022b）

3.2.4　生物质炭吸附磷酸盐和硝酸盐的机制

生物质炭吸附磷酸盐和硝酸盐的主要机制有配体交换、表面沉淀、静电吸引、离子交换和氢键作用等（图 3-3）。

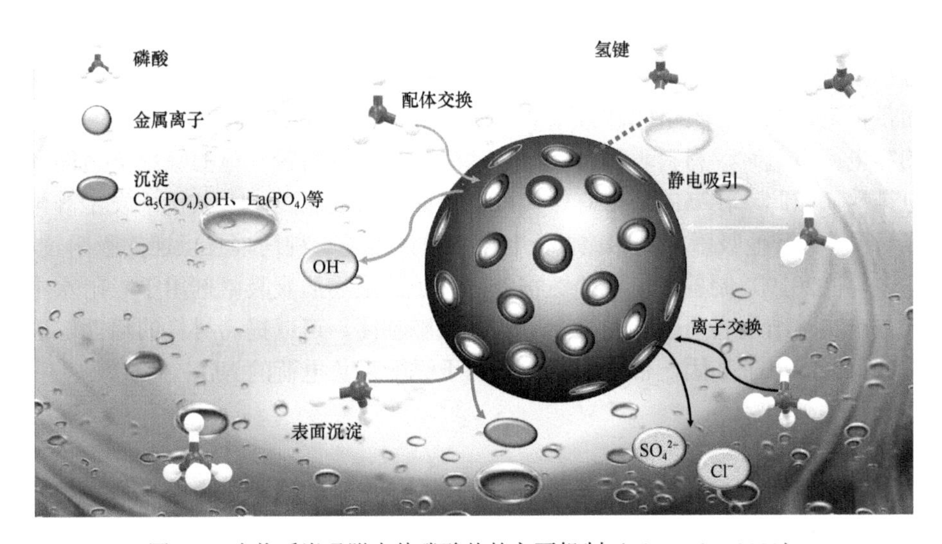

图 3-3　生物质炭吸附水体磷酸盐的主要机制（Liu et al.，2022）

1. 配体交换

配体交换化学反应迅速，产生的化学键稳定且不可逆，形成的配位化合物中的配体可以被其他配体取代，例如，吸附剂表面的磷酸根阴离子和金属阳离子以共价化学键的形式结合，从而释放出其他阴离子（如 OH^-）与金属阳离子结合，在吸附剂表面形成内圈络合物。此外，吸附在可变电荷表面的阴离子会产生负电荷，这会导致表面的零电位点降低到一个较低的值。负载金属的生物质炭对磷酸盐的吸附容量大、选择性高、抗干扰性强，在低浓度下，其能通过配体交换达到良好的除磷效果。索桂芳等（2018）研究了不同生物质炭（稻壳生物质炭、山核桃壳生物质炭和竹子生物质炭）对氮的吸附性能，结果表明，准二级动力学模型能更好地描述三种生物质炭吸附氮的动力学过程，表明生物质炭对氮的吸附主要为配体交换。

2. 表面沉淀

表面沉淀被认为是一种快速且几乎不可逆的吸附过程。吸附剂吸附磷酸盐的能力通常用溶液与固相接触一段时间后溶液相中磷酸盐含量的减少程度来衡量。如果沉淀组分的溶液浓度积超过沉淀溶解度积，则磷酸盐含量的降低不仅是由于吸附作用，还存在磷酸盐的沉淀。根据溶度积原理，即使磷酸盐和金属的溶液浓度低于溶液相中预期形成金属沉淀的浓度，金属磷酸盐也会在溶液表面形成沉淀，这将降低溶液中的磷酸盐浓度。

3. 静电吸引

静电引力是指溶液中阴离子和阳离子之间的库仑力。静电引力的影响因素主要包括溶液 pH 和材料的零电荷点。当溶液的 pH 低于材料的零电荷点值时，材料表面带正电，并与带负电的磷酸根离子发生静电吸引作用；当溶液的 pH 高于材料的零电荷点值时，材料表面带负电，磷酸根阴离子与带负电的吸附剂之间发生静电排斥。因此，较高的零电荷点值可以保证吸附剂在高 pH 条件下发生静电相互作用力。与其他吸附机制相比，静电吸引被认为是一种简单且可逆的吸附过程。宋新山等（2019）制备了一种改性稻秆阴离子的生物质炭吸附剂用于吸附水中的硝酸根，实验结果表明改性过程中引入了叔胺基团，可以提高材料的活性，同时叔胺基为强吸电子基团，带正电荷，有利于吸附带负电荷的 NO_3^-。

4. 离子交换

离子交换是指溶液中的离子与某种离子交换剂上的离子进行交换的作用或现象。对于磷酸盐吸附剂，它是利用材料中的离子与溶液中的磷酸根离子进行交换，从而达到去除磷酸盐的效果。离开离子交换表面（扩散双层）的任何抗衡离子都被另一种化学等效的抗衡离子取代，以保持离子交换剂的中性。磷酸根离子与吸附剂之间的吸引力是库仑力或静电力，吸附过程是可逆的。通过将水完全保留在内部，离子被物理吸附，离子交换材料或吸附剂倾向于选择价格高、浓度高的反离子，以及水合当量较小的离子。离子交换树脂和层状双氢氧化物（LDH）对磷酸盐的吸附机制主要是离子交换。

5. 氢键

氢键是吸附剂一个分子中的强电负性 H 原子与另一个分子中的强电负性原子（如氧）之间的强偶极-偶极吸引力，最大键能约为 200 kJ/mol，一般为 5～30 kJ/mol，比一般的共价键、离子键和金属键的键能小。当磷酸盐吸附在金属氧化物和有机分子上时会发生氢键作用。Zhang 等（2020）提出利用吸附剂中的官能团（如羧基）与磷酸盐结合，实现对磷酸盐的选择性吸附，这是基于磷酸盐在水中存在多种形式，既可以作为氢键受体，也可以作为氢键供体，而其他共存离子只能作为氢键受体，从而实现对磷酸盐的选择性吸附。杜铮（2020）以 6 种常见农业废弃物（小麦秸秆、玉米秸秆、花生壳、玉米芯、猪粪、羊粪）为主要材料，分别在 350℃和 550℃条件下限氧热解制备了 12 种生物质炭，探究不同制备条件下生物质炭对 NH_4^+和 NO_3^-的吸附能力，研究结果表明生物质炭表面含氧官能团是影响其 NH_4^+吸附能力的主要因素，生物质炭能够与 NH_4^+形成氢键作用，从而使得生物质炭对 NH_4^+的最大吸附量高于 NO_3^-。

3.3　生物质炭去除水体有机污染物

近年来随着经济发展，水体中的有机污染日益加剧，有机污染物进入水体后会发生分解氧化过程，需要大量的溶解氧，容易引起有机物的厌氧发酵，造成生态环境的巨大破坏。水体环境的有机污染物主要是工业、农业生产以及日常生活带来的，因有机污染物种类十分复杂，可以将水体中有机污染物分为多环芳烃（PAH）废水、农药废水、染料废水、石油类废水、多氯联苯（PCB）废水、药品及个人护理品（PPCP）废水等。水体中的有机污染物具有种类繁多、成分复杂、治理难度较大、毒性较强等特点。水体中有机污染物的迁移和累积，不仅会给当地的生境造成破坏、不符合生态文明建设的发展要求，而且会沿食物链危害人体健康，因此发展对水体有机污染物的有效治理技术相当重要。

已有研究和应用表明，生物质炭具有丰富的孔隙结构和表面官能团、较大的比表面积、较小的体积密度、优异的吸附能力和较强的稳定性等优点，能够吸附胺类和酚类化合物、硝基苯类化合物、磺胺类化合物和多环芳烃等多种有机污染物。这些特性使得生物质炭可作为一种价格便宜、获取容易、环境友好的优良催化剂和强效吸附剂，用于水体净化和有机污染物的治理。如图 3-4 所示，生物质炭及其改性材料吸附有机污染物的作用机制主要有孔填充、疏水相互作用、静电相互作用、氢键作用、范德瓦耳斯力、π-π 相互作用、*n*-π 相互作用及催化降解作用等。本部分从生物质炭吸附有机物的性能、影响因素和机制三个方面进行总结。

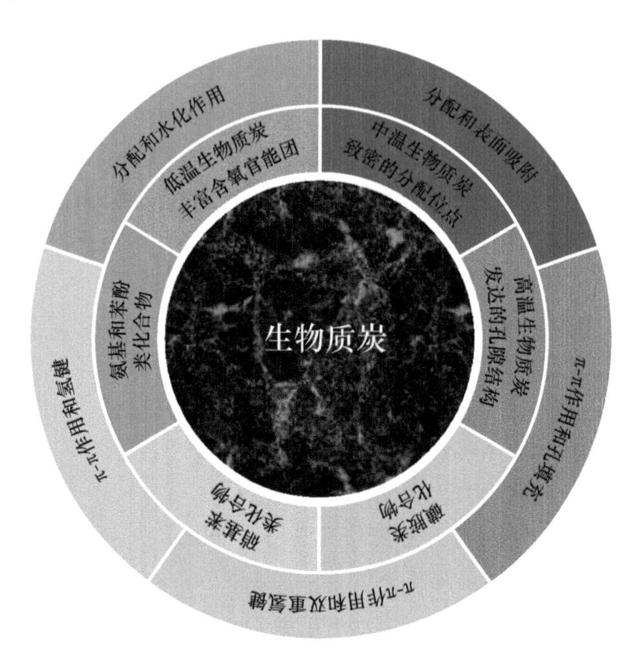

图 3-4 生物质炭吸附有机污染物的作用机制（Xiao et al.，2018）

3.3.1 生物质炭吸附水中有机物的性能

1. 生物质炭对有机染料的脱色去除

我国轻工业发达，各类染料产量大，且具有较强的稳定性和较高的毒性，很多染料在加工和使用的过程中会随废水排出，对生态环境造成严重危害。染料成分复杂多样，根据其溶于水产生的阴、阳离子不同，可分为阴离子染料和阳离子染料。Chen 等（2018）在 400℃和 800℃条件下利用大型藻类残留物制备生物质炭，实验结果显示，藻类残留物所制备的生物质炭具有发达的孔隙结构和较高的稳定性，可以有效去除孔雀石绿、结晶紫和刚果红花，且在 800℃制备的藻类生物质炭对孔雀绿有着超高的吸附容量（5306.2 mg/g）。Zhang 等（2019）开发了在商用模式下通过氯化钙和钨酸钠共沉淀合成 $CaWO_4^-$生物质炭纳米复合材料的技术，研究了 $CaWO_4^-$与生物质炭的配比对有机染料罗丹明和甲基橙的影响，结果表明，与生物质炭相比，$CaWO_4^-$生物质炭纳米复合材料显著提高了去除效率。Yu 等（2018）通过 KOH 活化和厌氧热解法用玉米芯制备多孔生物质炭，并研究了温度对活性生物质炭的影响，结果表明，在 850℃条件下制备生物质炭处理甲基蓝（MB）溶液时最大吸附量为 2249 mg/g、甲基橙为 465 mg/g、靛蓝胭脂红为 662 mg/g，且该多孔生物质炭具有可回收性。

2. 生物质炭对酚类化学品的吸附去除

随着现代工业的发展，化工厂每年生产大量的酚类化合物用于制备医药、染料、消毒剂，这些酚类化学品被排放到环境中，严重威胁着自然生态系统及人类的身体健康。马锋锋和赵保卫（2017）制备了玉米芯为原料的生物质炭，探究了其对水体中硝基苯酚（PNP）的吸收情况，结果表明在溶液 pH 2.0～11.0 范围内，随溶液 pH 升高，生物质炭的吸收能力逐渐减弱，最佳 pH 在 2.0～7.0 范围内。韦思业等（2019）研究发现，热解生物质炭可作为吸附剂从化工厂排放的废水中选择性去除酚类物质，且活性软木（ASW）生物质炭的吸附效率和去除水中苯酚能力最高。

3. 生物质炭对农药和多环芳烃的吸附去除

农药废水具有污染物浓度高、毒性大且难降解等特点。根据农药有效成分的化学结构，可将其分为有机磷农药和氨基甲酸酯类有机氯农药。多环芳烃（PAH）是一类化学性质稳定的持久性有机污染物，具有三致效应（致突变、致癌和致畸）和生物积累效应，主要来源于火山、森林火灾、化石燃料燃烧、煤焦油等。研究者利用浒苔为原料，在限氧条件下 200～600℃制备生物质炭，制得的生物质炭对芘和苯并芘具有很好的吸附效率（Qiao et al.，2018）。生物质炭通过改性可以显著提升对农药的吸附效果。Baharum 等（2020）以椰子壳为原料制备椰子壳生物质炭，再对生物质炭进行活化、氢氧化钠改性和磷酸改性，以去除水中的有机磷农药二嗪农，活化和改性后的生物质炭显著提高了水中二嗪农的去除率，其中去除率最高的是磷酸改性生物质炭，高达 97%。

3.3.2　生物质炭吸附水中有机物的影响因素

根据生物质炭的特点，可以按照内部因素和外部因素划分其对有机物吸附效率的影响。内部因素即生物质炭本身的性质，如比表面积、孔隙结构、表面官能团丰富度、结构稳定性等，由生物质炭的原料、炭化温度、制备过程和有机污染物的性质等因素决定，例如，炭化温度越高，生物质炭的孔隙度和比表面积越大，官能团从酸性向碱性基团转变。外部因素包括环境的 pH、生物质炭的投放量和初始的反应浓度等。

1. 生物质炭的原料

生物质，如水稻秸秆、水稻壳、玉米秸秆、污泥、木屑、动物粪便等，都可以通过一定的物理化学处理制备出性质迥异、吸附能力各有不同的生物质炭。不同生物质来源的生物质炭，往往在比表面积、疏水能力、孔隙结构、官能团组成和数量等方面具有明显的差异，这些也是影响生物质炭吸附能力的关键因素。不同原料的元素组成和含量也有很大不同，这与制备出的生物质炭的元素组成和含量相对应。Rajapaksha 等（2019）使用不同的原料（大豆秸秆、大蒜茎、稻壳、茶渣、紫苏、松木片和橡木）在不同的条件下生产出 10 种生物质炭并进行表征，在其中成功鉴定出 4 种荧光成分，即类腐殖质成分、类蛋白质/单宁成分、类富里酸成分、类陆生腐殖酸成分，表明热解温度、活化方式和原料是影响生物质炭吸附有机污染物的主要因素。

2. 炭化温度

炭化温度对于生物质炭的吸附性能影响相当重要。炭化温度升高的过程中，脂肪族和挥发性物质逐渐减少，孔隙度和比表面积不断增大，吸附能力也发生相应的变化。Song 等（2020）探究了不同水热方法/热解温度对蒙脱石-生物质炭复合材料吸附性能的影响，研究结果表明，温度可以极大地改变生物质炭表面官能团、化学结构和组成，通过动力学和等温吸附模型拟合，确定最佳制备温度为 350℃。

3. 有机污染物的性质

有机物的性质影响生物质炭的吸附效果，包括有机物的极性、溶解性、疏水性、分子大小、官能团的种类和丰富度等。有机物的性质决定了生物质炭与有机物作用时的主要吸附动力。陈广世等（2018）研究发现，通过热解制备的骨头生物质炭吸附 1-苯基哌嗪的能力小于吸附抗生素诺氟沙星，诺氟沙星分子结构上的氧代喹啉羧基在吸附过程中发挥了重要作用。热解制备的木材生物质炭对分子质量较小的 1-苯基哌嗪和氟甲喹吸附量大于分子质量较大的诺氟沙星，主要是因为较大的分子尺寸提供了更大的空间位阻，减慢了吸附速率，降低了吸附效果。

4. 外部环境

吸附环境也会影响生物质炭对有机物的吸附效果，例如，pH 和吸附温度会影响生物质炭表面的电荷情况，以及官能团的质子化和去质子化过程，也影响有机物的溶解程度等。Kalderis 等（2017）以造纸污泥、小麦壳为原料制备生物质炭材料，研究其对废水处理厂出水中常见的 2, 4-二氯苯酚的吸附性能，结果表明最佳的吸附条件为 T=326K、pH 2.8，可以达到 99.95%的吸附率。

3.3.3 生物质炭吸附水中有机物的机制

生物质炭及其改性材料吸附有机污染物的作用机制主要有孔填充、静电相互作用、氢键作用、范德瓦耳斯力、π-π 相互作用、*n*-π 相互作用、疏水相互作用及催化降解作用等。有研究通过水热炭化和活化工艺制备了荔枝壳生物质炭，其具有比表面积大、能够提供更多的吸附位点等特性，优异的吸附性能归因于氢键、π-π 作用、孔填充和静电相互作用（Xiao et al.，2018）。水稻秸秆生物质炭（分别在 500℃和 700℃裂解温度制备）对亚甲基蓝阳离子染料的吸附主要通过离子交换作用，并且随着制备温度的升高，极性基团减少，生物质炭对日落黄阴离子染料的吸附主要通过生物质炭芳香结构与日落黄分子芳环之间的 π-π 相互作用。Sumalinog 等（2018）研究了生物质炭对乙酰基对氨基苯酚和亚甲基蓝染料的吸附潜力及控制机制，结果表明化学吸附控制了该过程，表面的氧化官能团（即—OH 和—COOH）的化学反应控制着对乙酰氨基酚和甲基蓝在活化生物质炭上的吸附。商芩尧等（2022）研究了多种芳香族化合物在 700℃下从生物质（包括木屑、稻草、竹屑、木质素和纤维素）热解制备生物质炭的吸附等温线，建立生物质炭吸附性能与其物理化学性质之间的关系，表明了生物质炭的吸附与生物质炭孔隙中具有分子筛效应的孔隙填充相关，疏水效应、π-π 作用和氢键作用主要影响吸附过程。

3.4 生物质炭去除水体其他污染物

水中还存在着其他污染物，如非金属毒物砷、硒、氰化物、氟化物等，其中砷（As）是一种普遍存在的非金属有毒元素，采矿和冶金活动、农业应用、化石燃料燃烧等人为活动都会导致水和土壤中的砷污染。砷通过食物链中的生物积累和生物放大作用进入人体，除导致皮肤角化和色素沉淀外，还可能引起膀胱癌和肺癌。其中，As(Ⅴ)和 As(Ⅲ)是自然环境中的主要种类，As(Ⅲ)对人体的毒性比 As(Ⅴ)大得多，亚砷酸盐在各种吸附剂上的吸附能力低于砷酸盐，导致亚砷酸盐具有较高的流动性。楚颖超等（2015）研究了不同裂解温度制备的椰壳生物质炭对 As(Ⅲ)的吸附性能，结果表明最佳温度下制备的椰壳生物质炭对 As(Ⅲ)的最大吸附量仅为 1.073 mg/g。张苏明等（2021）利用硫酸及硫酸铁制备铁基改性椰壳生物质炭用于水体中 As(Ⅲ)的吸附，改性后的椰壳生物质炭比表面积大大增加；

此外，新的表面官能团和铁的引入增加了吸附活性位点，从而大大增加了对 As(III) 的吸附量。

微塑料通常是指直径小于 5 mm 的塑料纤维、颗粒或者薄膜，已有研究表明微塑料是一种环境污染物。除了自身具有毒性外，微塑料还会吸附一些有机污染物或无机污染物，导致微塑料整体毒性大大增加。娜扎发提·穆罕麦提江等（2021）使用 3 种有机废弃物制备成的生物质炭（污泥炭、秸秆炭、梧桐皮炭）对微塑料 PET（6.5 μm）进行吸附试验，探究不同类型生物质炭对微塑料的吸附性能及吸附机理，结果表明 3 种生物质炭吸附能力大小为梧桐皮炭=污泥炭＞秸秆炭，生物质炭对微塑料的吸附量均随着 pH 的升高先升高（pH 3～7）后降低（pH 7～11）。

3.5 生物质炭去除水体污染物的应用

本课题组在利用生物质炭去除水体中污染物的研究方面做了大量工作。例如，制备了两种类型铁基生物质炭复合材料用于水体中 Pb(Ⅱ)的去除，并探究了相关机理；制备类胶体磁性生物质炭材料和高性能磁性生物质炭复合材料，详细地研究了其理化性质和结构，并评估其对于重金属离子的去除性能和相关机制；利用蒙脱石改性生物质炭评估吸附水体中重金属锌离子的性能；利用微波-熔融盐耦合体系制备生物质炭用于水中锌离子的去除等。下面我们将分别详细阐述这些生物质炭及其复合材料在去除水体污染物的应用。

3.5.1 铁基生物质炭对水中 Pb(Ⅱ)去除机制研究

如图 3-5 所示，以玉米秸秆为原料制备了两种新型的铁基生物质炭复合材料用于水中 Pb(Ⅱ)的去除，并研究了对 Pb(Ⅱ)的吸附效果和机制。①首先以熔融盐活化辅助高温热解法制备玉米秸秆基功能性多孔生物质炭（HPC），再将其作为载体材料，通过水热合成法引入 Fe、Mn、S 等元素到多孔生物质炭，制备得到一种新型的铁基生物质炭复合材料。将电化学活化法引入生物质前处理过程中，制备得到表面含氧官能团数量丰富的铁基生物质炭复合材料。②通过对两类铁基生物质炭复合材料进行一系列的表征，探究铁基生物质炭复合材料的表面官能团种类、结构组成、微观形貌和热稳定性等理化性质。③探究反应温度、反应时间、溶液 pH 等条件对 Pb(Ⅱ)吸附性能的影响。④运用 Langmuir、Freundlich 等温吸附模型和准一级、准二级吸附动力学模型对铁基生物质炭复合材料吸附水中 Pb(Ⅱ)的行为进行了详细描述。利用多种表征技术，如 XRD、FTIR 及 XPS 等深入探讨铁基生物质炭复合材料去除水中 Pb(Ⅱ)的相关机制。

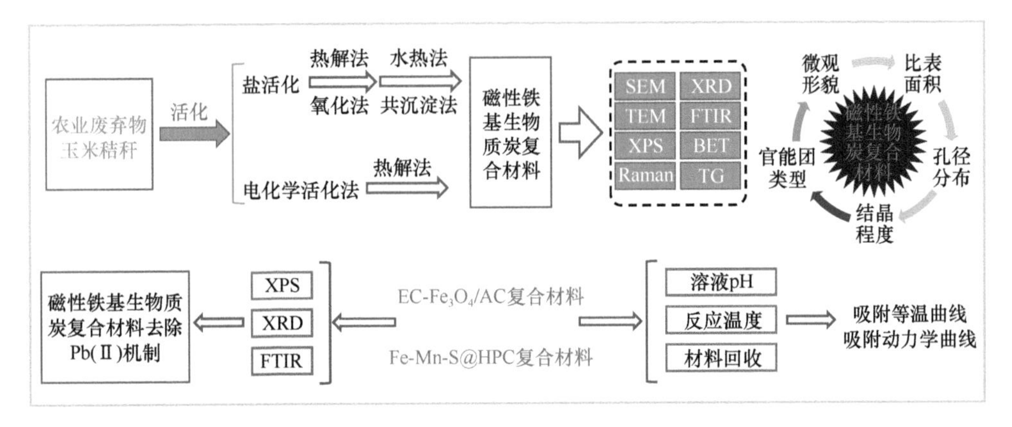

图 3-5　铁基生物质炭的制备过程及其对水中 Pb(Ⅱ)的去除机制（张帅帅，2020）

（1）铁基生物质炭的制备：将 5g 玉米秸秆细粉置于瓷容器后放置于高温管式炉中，期间向管式炉内通入 N_2，去除炉内残余的 O_2 和 H_2O。启动前，对高温管式炉的热解参数进行调整，即升温至 800℃，升温速率为 10℃/min，热解时间保持在 800℃持续加热 2 h，取出黑色固体，把固体加入 1 mol/L 盐酸中，可以溶解固体中杂质，将其调至 pH 7，在电热鼓风干燥箱中 80℃干燥，得到的生物质炭（Biochar800）命名为 BC800。按照质量比为 1∶1 将细玉米秸秆粉和活化剂 $KHCO_3$ 在砂浆中混合，选择氧化铝陶瓷舟来放置混合物，将其放入高温管式炉中进行高温加热，同时通入 N_2 以保护无氧环境。此时，高温管式炉条件与上述相同。经过 HCl 酸化处理后，可获得 HPC。酸性过硫酸铵氧化法用于处理多孔生物质炭，目的是加强生物质炭亲水性表面，因为含氧官能团（—COOH、—OH）大量存在于表面时，重金属离子更容易被多孔生物质炭吸附。

（2）生物质炭负载铁硫复合材料（Fe-S@HPC）的制备：采用共沉淀法合成，称取 70 mg HPC 分散在 50 mL 的超纯水中，添加 94 mg $FeSO_4·7H_2O$ 于溶液中并持续磁力搅拌 20 min，将 15 mL 0.02 mol/L 的 $Na_2S·9H_2O$ 溶液滴入上述的准备溶液中，继续搅拌 2 h，用乙醇和超纯水对收集的固体进行洗涤。将固体干燥，得到的最终产物命名为 Fe-S@HPC。在实验过程中要除去溶液中的 O_2。

（3）生物质炭负载铁锰硫复合材料（Fe-Mn-S@HPC）的制备：如图 3-6 所示，将一定量的 HPC 浸入硫酸亚铁（0.001 mol/L）和硝酸铁（0.003 mol/L）的混合溶液中持续搅拌 1 h，并向上述溶液中滴加一定体积的硫化钠（0.004 mol/L）和硫酸锰（0.002 mol/L）溶液，持续搅拌反应 2 h。随后，将一定体积的尿素（0.02 mol/L）溶液缓慢滴加到混合溶液中剧烈搅拌 2 h，最后将混合液体转移到 100 mL 不锈钢高压反应釜中，120℃反应 12 h；反应结束后自然冷却至室温，最后得到的黑色固体即为 Fe-Mn-S@HPC。

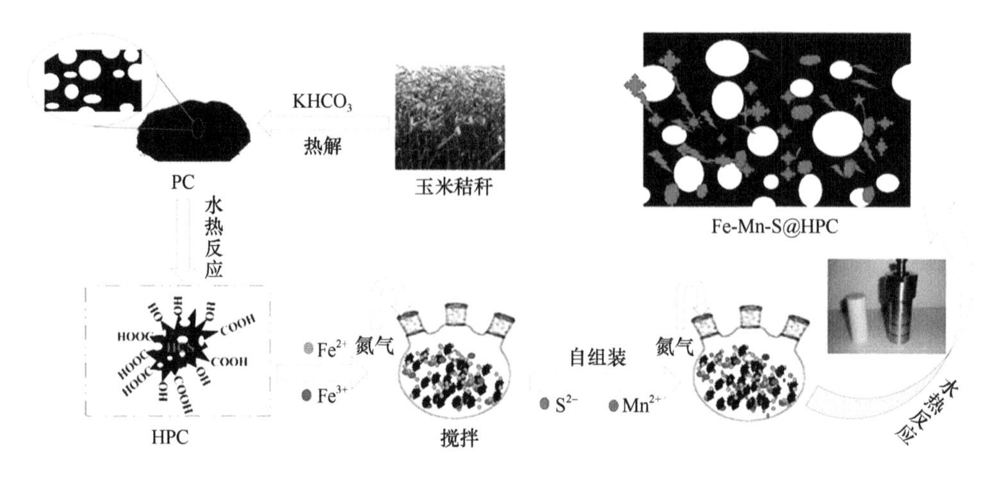

图 3-6 Fe-Mn-S@HPC 复合材料制备示意图（张帅帅，2020）

（4）电化学改性磁性生物质炭复合材料（EC-Fe_3O_4/BC_{600}）的制备：如图 3-7 所示，称取一定量的玉米秸秆粉分散于氯化铁（1.2 mol/L）溶液中，在持续搅拌过程中通电活化 10 min。将电活化后的混合物干燥并置于氧化铝瓷舟中，在 N_2 保护条件下于高温管式炉中 600℃热解 1 h。将热解产物反复洗涤数次，80℃真空干燥后得到电化学改性的磁性生物质炭复合材料（EC-Fe_3O_4/BC_{600}），此外还制备了 Fe_3O_4/BC_{600}（玉米秸秆与氯化铁溶液混合 1 h，随后在 600℃条件下热解 1 h）和 BC_{600}（Biochar600，600℃下热解 1 h）。

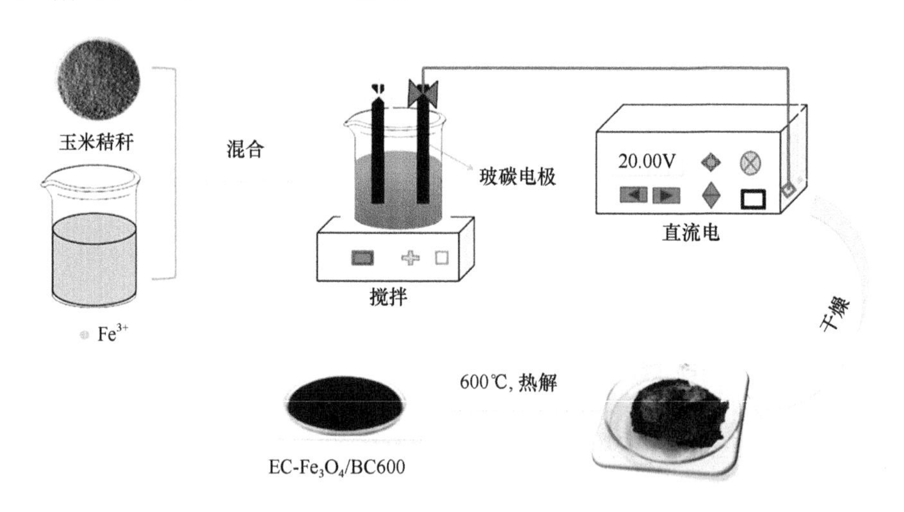

图 3-7 EC-Fe_3O_4/BC_{600} 复合材料的制备示意图（张帅帅，2020）

（5）铁基生物质炭对水体中铅的吸附：使用分析天平称取一定量的硝酸铅，经溶解、定容至配制的 Pb(Ⅱ)储备液（浓度为 1000 mg/L），将 Pb(Ⅱ)储备溶液稀释，获得 50 mg/L 的 Pb(Ⅱ)溶液。在室温条件下，将 50 mg/L 的 Pb(Ⅱ)和吸附剂加入到 50 mL 锥形瓶中进行批次吸附试验。为考察初始溶液 pH 对吸附容量的影响，使用 NaOH 或 HCl 调节吸附溶液的 pH，将初始溶液 pH 范围设置为 2.0～7.0，通过 pH 计测得 pH。在 50 mL 的锥形瓶中加入 40 mL 浓度为 50 mg/L 的 Pb(Ⅱ)溶液和 10 mg 吸附剂，将初始溶液的 pH 设置为 7.0。在室温条件下将锥形瓶放入转速为 150 r/min 的摇床中，在不同的反应时间（0.16 h、0.5 h、1 h、2 h、4 h、6 h、8 h 和 10 h）取样进行动力学试验。通过过滤进行固液分离，保留上清液，ICP-AES 测定上清液中的 Pb(Ⅱ)浓度。在 25℃、35℃和 55℃不同温度下，采用不同的 Pb(Ⅱ)初始浓度（5 mg/L、10 mg/L、30 mg/L、50 mg/L、70 mg/L 和 100 mg/L）进行等温吸附试验。连续反应 10 h 后，检测平衡后溶液中 Pb(Ⅱ)的残留浓度。

1. Pb(Ⅱ)去除性能比较

反应时间对吸附量的影响如图 3-8（a）可以看出，生物质炭负载铁锰硫复合材料（Fe-Mn-S@HPC）、生物质炭负载铁硫复合材料（Fe-S@HPC）、酸活化功能性多孔生物质炭（HPC）和多孔生物质炭（PC）复合材料对 Pb(Ⅱ)的吸附表现出先快速增大后慢慢趋于平衡状态。这些吸附剂吸附 Pb(Ⅱ)的过程分为两个阶段：在吸附初始阶段，吸附剂表面由于存在丰富的活性位点，能够快速地吸附 Pb(Ⅱ)；紧接着，吸附剂表面的活性位点逐渐被占用，导致吸附速率放缓，最终达到吸附-解吸平衡。从图 3-8（a）中可以看出，在 10 h 后达到吸附平衡，Fe-Mn-S@HPC 的吸附量高于 Fe-S@HPC，远远大于 HPC 和 PC，对 Pb(Ⅱ)的吸附量大小排序为 PC（80.82 mg/g）＜HPC（88.76 mg/g）＜Fe-S@HPC（173.17 mg/g）＜Fe-Mn-S@HPC（181.46 mg/g）。Fe-S@HPC 和 Fe-Mn-S@HPC 对 Pb(Ⅱ)的吸附量明显高于 PC 和 HPC，这是由于 Fe-S 和 Fe-Mn-S 纳米粒子的引入能够增加吸附剂的接触面积和活性位点，因此 Fe-S@HPC 和 Fe-Mn-S@HPC 的吸附量增大。PC 的吸附量也低于 HPC，表明酸性过硫酸铵活化处理后的 PC 表面能够极大地增加官能团，从而增加复合材料表面活性位点。如图 3-8（b）所示，电化学改性磁性生物质炭复合材料（EC-Fe_3O_4/BC_{600}）和磁性生物质炭复合材料（Fe_3O_4/BC_{600}）对 Pb(Ⅱ)的吸附量随吸附时间的延长出现了较大的提高。在吸附反应的最初阶段，EC-Fe_3O_4/BC_{600}和 Fe_3O_4/BC_{600} 复合材料对 Pb(Ⅱ)存在快速吸附的过程。随后，吸收速率放缓直到吸附达到平衡。与 Fe-Mn-S@HPC 和 Fe-S@HPC 相似，在吸附开始时，EC-Fe_3O_4/BC_{600}和 Fe_3O_4/BC_{600}复合材料对 Pb(Ⅱ)的去除率快速增加；当反应时间超过 6 h，EC-Fe_3O_4/BC_{600}和 Fe_3O_4/BC_{600}复合材料表面的大部分吸附活性位点被 Pb(Ⅱ)占据，随后 Pb(Ⅱ)通过孔隙缓慢地进入吸附剂内部，这导致 Pb(Ⅱ)吸附速率下降，最终达到平衡。如表 3-2 所示，EC-Fe_3O_4/BC_{600}和 Fe_3O_4/BC_{600}

复合材料更好地契合准二级反应动力学模型，拟合相关性系数 R^2 分别为 0.965 和 0.938，且 EC-Fe_3O_4/BC_{600} 的吸附能力高于 Fe_3O_4/BC_{600}，这说明吸附机制主要由材料表面丰富的官能团决定，而不仅仅由比表面积大小决定。

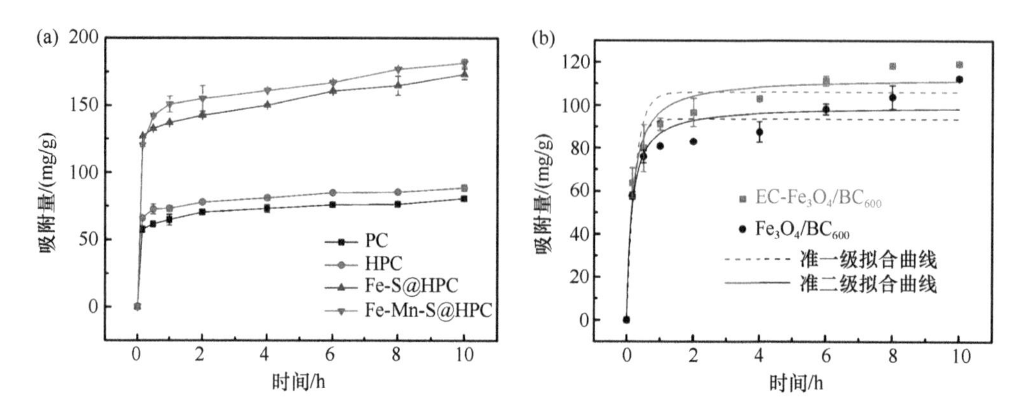

图 3-8 PC、HPC、Fe-S@HPC 和 Fe-Mn-S@HPC 复合材料对 Pb(Ⅱ)吸附动力学拟合曲线（a）及 $Fe_3O_4BC_{600}$ 和 EC-Fe_3O_4/BC_{600} 复合材料对 Pb(Ⅱ)的吸附时间与吸附量的关系曲线（b）（张帅帅，2020）

表 3-2 Fe-S@HPC、Fe-Mn-S@HPC 复合材料对 Pb(Ⅱ)吸附的动力学参数（张帅帅，2020）

吸附剂	准一级动力学模型			准二级动力学模型		
	q_e/（mg/g）	k_1/h^{-1}	R^2	q_e/（mg/g）	k_2/［g/(mg·h)］	R^2
Fe-S@HPC	151.83	10.95	0.928	157.27	0.122	0.975
Fe-Mn-S@HPC	162.96	7.81	0.950	169.88	0.075	0.956
EC-Fe_3O_4/BC_{600}	106	4.16	0.904	113	0.054	0.965
Fe_3O_4/BC_{600}	93.6	4.91	0.883	99.7	0.068	0.938

吸附过程受多种因素的影响，如溶液初始 pH。图 3-9 所示为 pH 对 Fe-Mn-S@HPC 复合材料吸附 Pb(Ⅱ)的影响柱状图。由图 3-9 可知，H^+浓度降低，pH 增加，Fe-Mn-S@HPC 复合材料吸附对 Pb(Ⅱ)的吸附量越来越高。溶液 Pb(Ⅱ)含量最高时 pH 为 2.0，这是由于 H^+与 Pb(Ⅱ)之间相互排斥，复合材料也会同时吸附 H^+与 Pb(Ⅱ)，造成复合材料发生部分溶解，从而导致结合点位的减少。Fe-Mn-S@HPC 随着 H^+浓度的增加，其表面由于去质子化，静电作用减弱，进而加快了吸附速度。在不同 pH 的溶液中 Pb(Ⅱ)会发生水解反应，转换成 $Pb(OH)^+$、$Pb(OH)_2{}^0$ 和 $Pb(OH)_3{}^-$存在于溶液中。一些文献中也有证明，多壁碳纳米管-聚氨酯复合吸附剂在溶液 pH 达到 7.0 时，对 Pb^{2+}的吸附过程将达到平衡状态。

$$Pb^{2+} + OH^- \quad Pb(OH)^+ \quad \log k_1 = 6.48$$

$$Pb^{2+} + OH^- \quad Pb(OH)_2^0 \quad \log k_2 = 11.16$$

$$Pb^{2+} + OH^- \quad Pb(OH)_3^- \quad \log k_3 = 14.16$$

然而，当 pH 超过 7 时，由于 OH^-的增加会形成氢氧化物沉淀，而 Fe-Mn-S@HPC 复合材料容易在弱酸环境下发生溶解，因此，当 Fe-Mn-S@HPC 复合材料被用于治理实际污染水体时，我们通常设置初始溶液的 pH 为 7。

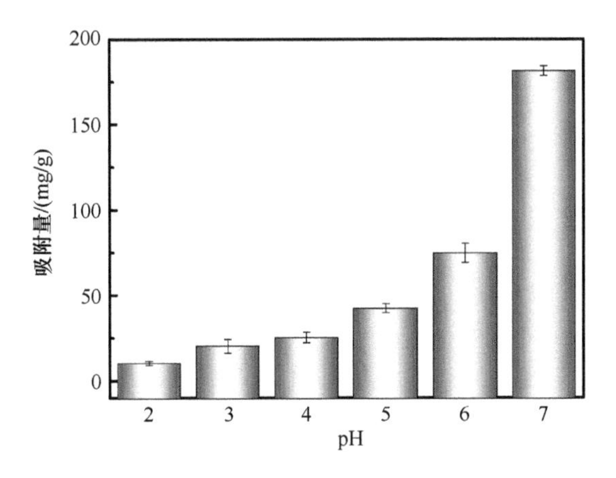

图 3-9　pH 对 Fe-Mn-S@HPC 复合材料吸附 Pb(Ⅱ)的影响（张帅帅，2020）

在吸附的初级阶段，吸附一般发生在吸附剂的外表面，吸附速度快；吸附的第二个阶段发生在吸附剂内部。如图 3-10 所示，通过研究 Fe-Mn-S@HPC 和 Fe-S@HPC 复合材料的动力学拟合曲线，结合典型模型（拟合数据见表 3-2），可以看出准动力学二阶模型的拟合效果更好，R^2 值介于 0.956 与 0.975 之间，该过程以化学吸附为主。

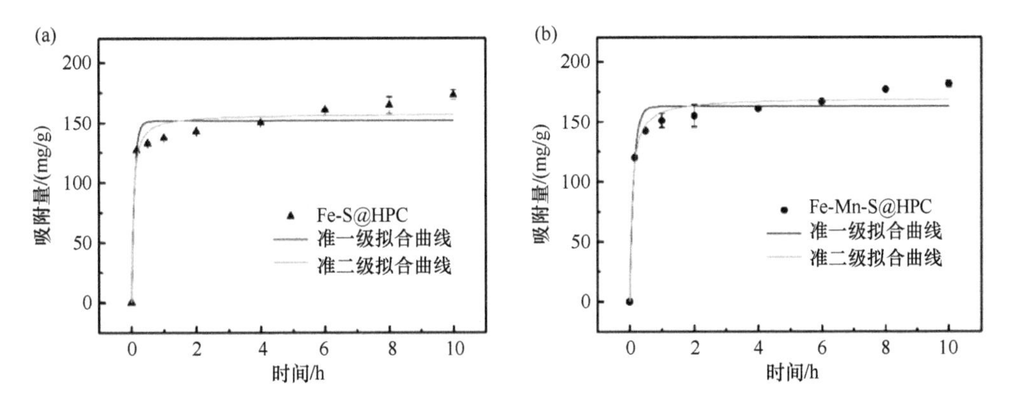

图 3-10　Fe-S@HPC（a）、Fe-Mn-S@HPC（b）复合材料对 Pb(Ⅱ)吸附动力学拟合曲线（张帅帅，2020）

Fe-Mn-S@HPC 复合材料分别在 25℃、35℃和 55℃温度下，采用等温吸附模型对吸附等温数据进行拟合（图 3-11，表 3-3）。根据表中数据，Langmuir 模型的拟合效果较好，R^2 值分别为 0.993、0.926 和 0.958，主要依靠单层吸附。此外，吸附剂的物理和化学性质也具有一定的影响。Fe-Mn-S@HPC 复合材料去除 Pb(Ⅱ)效果更好且有一定的优势，有巨大的应用空间。如图 3-12 所示，中性条件下，反应温度设置为 25℃、35℃、55℃，反应 10 h，Fe_3O_4/BC_{600} 和 EC-Fe_3O_4/BC_{600} 复合材料的 Pb(Ⅱ)吸附容量与初始浓度关系。利用 Origin 2021 软件拟合两种复合材料吸附 Pb(Ⅱ)的吸附等温数据（表 3-3）。两种等温吸附模型中 Langmuir 相关系数较大，且 R^2 均大于 0.95，从中可以看出两种复合材料主要通过单分子层对 Pb(Ⅱ)进行吸附。

表 3-3 Fe-Mn-S@HPC、Fe_3O_4/BC_{600} 和 EC-Fe_3O_4/BC_{600} 复合材料吸附 Pb(Ⅱ)的等温吸附参数
（张帅帅，2020）

吸附剂	T/℃	Freundlich 等温吸附模型			Langmuir 等温吸附模型		
		K_F/[（mg/kg）/（mg/L）$^{1/n}$]	$1/n$	R^2	q_{max}/（mg/g）	K_L/（L/mg）	R^2
Fe-Mn-S@HPC	25	32.544	0.293	0.974	97.373	1.209	0.993
	35	61.186	0.247	0.364	128.431	2.845	0.926
	55	51.536	0.250	0.672	120.298	3.298	0.958
EC-Fe_3O_4/BC_{600}	25	23.1	0.206	0.793	59.3	0.187	0.965
	35	12.6	0.485	0.893	97.9	0.085	0.974
	55	27.1	0.243	0.862	126.2	0.220	0.994
Fe_3O_4/BC_{600}	25	16.2	0.268	0.936	52.7	0.179	0.987
	35	22.3	0.231	0.857	63.2	0.224	0.976
	55	22.0	0.312	0.997	87.4	0.196	0.988

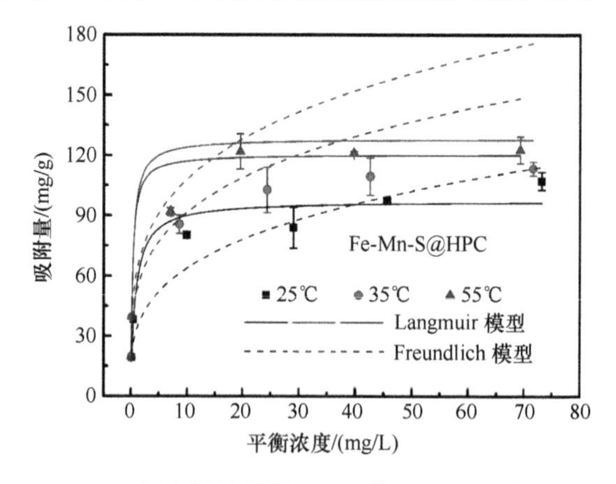

图 3-11 Fe-Mn-S@HPC 复合材料吸附 Pb(Ⅱ)的 Langmuir 和 Freundlich 拟合曲线
（张帅帅，2020）

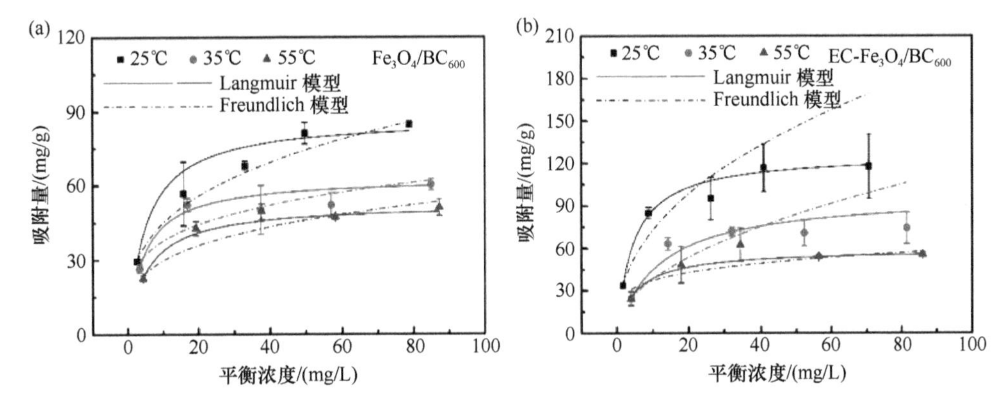

图 3-12 Fe_3O_4/BC_{600}（a）和 EC-Fe_3O_4/BC_{600}（b）复合材料吸附 Pb（II）的 Langmuir 和 Freundlich 拟合曲线（张帅帅，2020）

Fe_3O_4/BC_{600} 和 EC-Fe_3O_4/BC_{600} 复合材料的分离及回收在外磁场作用下的水环境中进行，可以避免二次污染。图 3-13 是受磁力影响下 EC-Fe_3O_4/BC_{600} 复合材料在水溶液中的分散情况。经过反应后，可以通过再生溶剂（酸、碱、盐、有机溶剂等）对 Fe_3O_4/BC_{600} 和 EC-Fe_3O_4/BC_{600} 复合材料进行再生处理，重新利用。但因为吸附剂的结构在吸附后被破坏、活性位点被占据，再生的 Fe_3O_4/BC_{600} 和 EC-Fe_3O_4/BC_{600} 复合材料对 Pb(Ⅱ)的去除性能会比之前有所降低。

图 3-13 EC-Fe_3O_4/BC_{600} 复合材料在外磁场作用下水溶液中的分散情况（张帅帅，2020）

2. Fe-Mn-S@HPC 复合材料对 Pb(Ⅱ)的去除机制分析

为了探究 Fe-Mn-S@HPC 复合材料吸附铅离子的相关机制，利用 XRD 图谱对其进行分析。图 3-14（a）为吸附剂（Fe-Mn-S@HPC 复合材料）吸附铅离子前后的 XRD 对比曲线。在 Fe-Mn-S@HPC 复合材料吸附铅离子后，吸附剂上原有 FeS_2 和 $FeMnO_3$ 的 XRD 图谱信号强度降低。在 $2\theta = 26.2°$、30.6°、32.0°、46.0°和 48.6°处出现的衍射峰表明形成了 Pb_3O_4，并且也存在 Pb、PbS 和 Pb_2O，高分辨率投射电镜图像也证实了 PbS 和 Pb_3O_4 物质的存在［图 3-14（b）］。鉴于 Mn^{3+}/Mn^{2+}（1.55 V）、Fe^{3+}/Fe^{2+}（0.77 V）和 Pb^{2+}/Pb^0（–0.13 V）的氧化还原电位，Fe-Mn-S@HPC 复合材料上可能存在氧化还原反应（如 $Pb^{2+}+Fe^{2+}+Mn^{3+}\rightarrow Pb^0+Fe^{3+}+Mn^{2+}$）和沉淀反应（如 $Pb^{2+}+S^{2-}\rightarrow PbS$）。

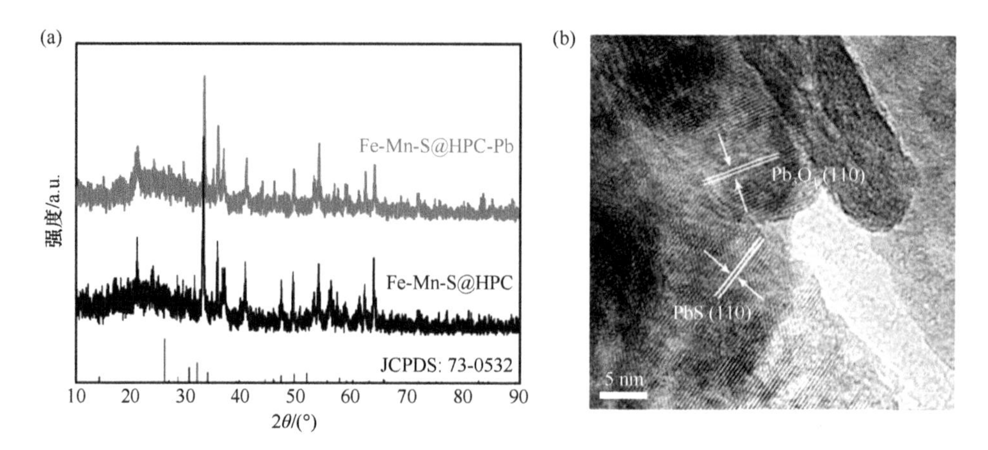

图 3-14 Fe-Mn-S@HPC 复合材料对 Pb(Ⅱ)的去除（张帅帅，2020）

(a)Fe-Mn-S@HPC 复合材料吸附 Pb(Ⅱ)前后的 XRD 图谱；(b)Fe-Mn-S@HPC 复合材料吸附 Pb(Ⅱ)后样品的高分辨透射电镜图

Fe-Mn-S@HPC 复合材料吸附铅离子前后的红外光谱图如图 3-15 所示。从图中可以看出，Fe-Mn-S@HPC 复合材料中的官能团种类没有发生明显变化，然而各个官能团吸收峰强度却发生了变化。吸附剂吸附铅离子之后，在 467 cm^{-1} 和 600 cm^{-1} 处的吸收峰强度发生了微弱的变化，说明 Mn—O 和 Fe—O 基团在 Pb(Ⅱ)吸附过程中发生了氧化还原反应，这与 XRD 结果保持一致。在 3340 cm^{-1} 处峰强度减弱了，表明羟基（—OH）可能参与对 Pb(Ⅱ)的吸附，表面存在的 C═O/C═C、C—O—C 官能团的减弱也说明其在 Pb(Ⅱ)的吸附中起到了积极的作用，具体复合材料表面元素的价态变化情况可以通过 XPS 表征进行分析。综合以上数据表明，Fe-Mn-S@HPC 复合材料表面的 Fe—O、Mn—O 和含氧官能团均参与了铅离子的吸附过程。

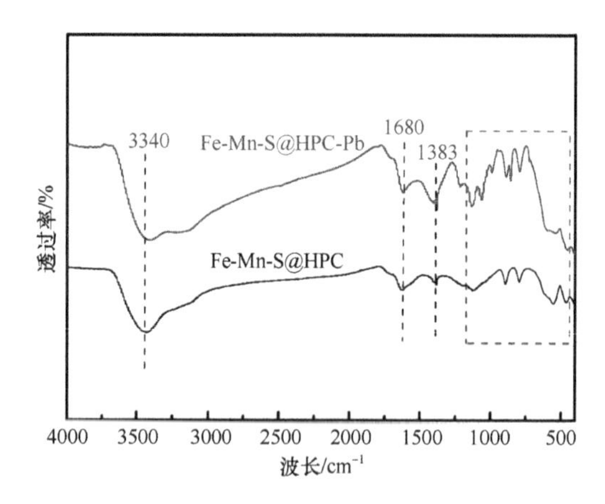

图 3-15 Fe-Mn-S@HPC 复合材料吸附 Pb(Ⅱ)前后的红外光谱图（张帅帅，2020）

进一步，用 XPS 表征吸附铅离子后吸附剂表面元素的价态变化。吸附剂的各元素含量如表 3-4 所示，其表面的 Pb、Mn、Fe、C、O 和 S 元素含量分别为 0.07%、0.78%、10.8%、45.6%、35.2%和 5.7%，与表 3-5 中吸附剂表面各元素含量相比均发生很大的变化，说明吸附剂在吸附铅离子的过程中，铁和锰元素价态发生了变化。由于 Fe-Mn-S@HPC-Pb 表面 Pb 含量太低，在图 3-16（a）的 XPS 全图谱中没有发现 Pb 4f 峰存在。通过 Pb 4f、Mn 2p、Fe 2p 和 S 2p 区域的高分辨率 XPS 图谱能够解释不同物种详细的价态变化［图 3-16（b）～（e）］。与吸附 Pb(Ⅱ)前相比，Fe-Mn-S@HPC-Pb 复合材料的氧化还原物种的峰比例发生了显著变化，如表 3-5 所示，Fe^{3+}（从 65.7%到 29.1%）、Fe^{2+}（从 34.3%到 70.9%）、Mn^{4+}（从 23.7%到 36.8%）、Mn^{3+}（从 42.2%到 9.4%）和 Mn^{2+}（从 17.4%到 16.9%）的含量发生了明显变化，这反映了铁还原和锰氧化对铅离子去除的贡献，与 FTIR 和 XRD 分析结果一致。Fe-Mn-S@HPC 复合材料吸附铅离子后，Pb 4f 的高分辨 XPS 图谱如图 3-16(e)所示，在 139.2 eV 和 144.1 eV 附近出现的吸收峰与 Pb 的 Pb $4f_{7/2}$ 和 Pb $4f_{5/2}$ 结合能相对应，这与 Pb_3O_4 和 Pb_2O 中存在的 Pb—O 键有关。此外，吸附剂表面氧的含量显著降低（从 48.1%下降到 35.2%），说明吸附剂表面的含氧官能团与 Pb(Ⅱ)之间发生络合反应从而产生强烈的相互作用。

表 3-4 Fe-Mn-S@HPC-Pb 复合材料的主要组成元素和含量（张帅帅，2020）

吸附剂	C/%	O/%	S/%	Fe/%	Mn/%	Pb/%
Fe-Mn-S@HPC-Pb	45.6	35.2	5.7	10.8	0.78	0.07

表 3-5 Fe-Mn-S@HPC 复合材料吸附 Pb(Ⅱ)前后 Fe 和 Mn 种类的变化（张帅帅，2020）

	吸附前/%	吸附后/%
Fe^{2+}	34.3	70.9
Fe^{3+}	65.7	29.1
Mn^{2+}	17.4	16.9
Mn^{3+}	42.2	9.4
Mn^{4+}	23.7	36.8

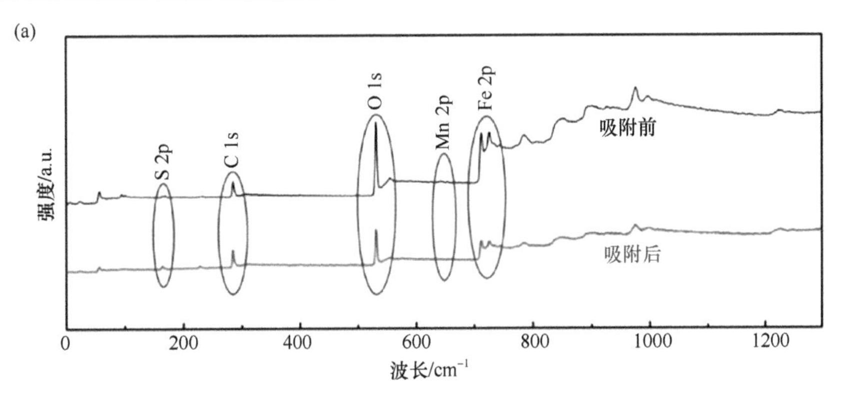

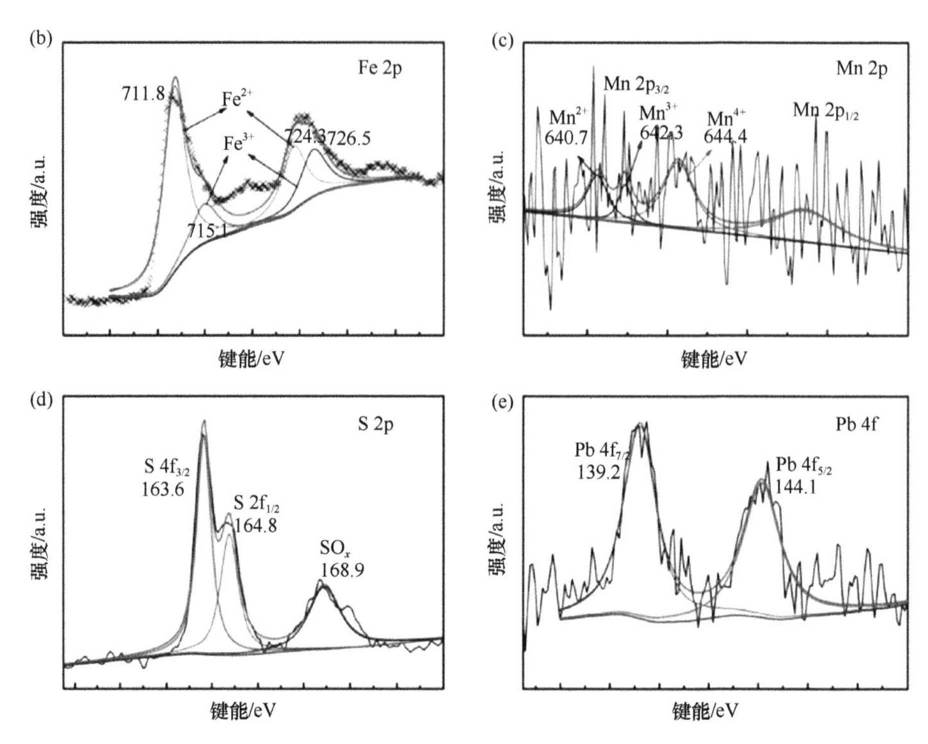

图 3-16 Fe-Mn-S@HPC-Pb 复合材料的 XPS 图谱（张帅帅，2020）

（a）全谱；（b）Fe 2p；（c）Mn 2p；（d）S 2p；（e）Pb 4f

3. EC-Fe_3O_4/BC_{600}复合材料对 Pb(Ⅱ)的吸附机制分析

如图 3-17 所示，Fe_3O_4/BC_{600}和 EC-Fe_3O_4/BC_{600}复合材料在吸附 Pb^{2+}后，部分官能团吸收峰的强度在减弱，表明一部分的官能团参与铅离子的吸附过程，如在

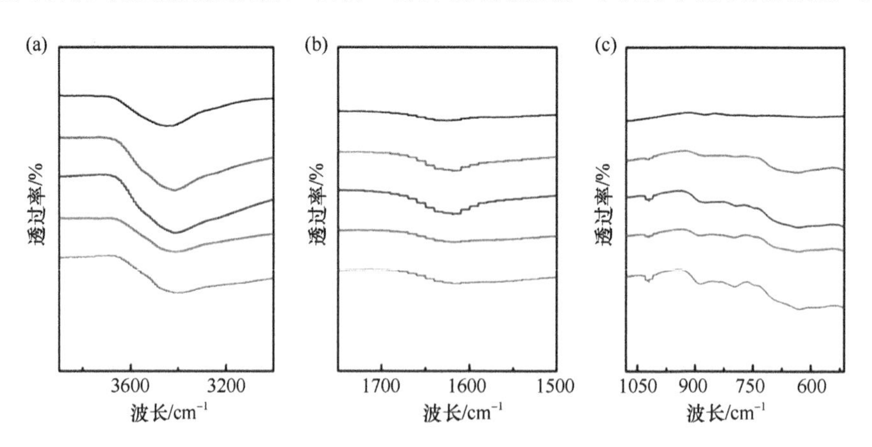

图 3-17 BC_{600}、Fe_3O_4/BC_{600}、EC-Fe_3O_4/BC_{600}、Fe_3O_4/BC_{600}-Pb 和 EC-Fe_3O_4/BC_{600}-Pb 复合材料的红外光谱图（自上而下）（张帅帅，2020）

3420 cm^{-1} 和 1622 cm^{-1} 处的吸收峰强度明显降低，说明 Pb(Ⅱ)与 C—O、O—H 之间发生络合作用。Fe_3O_4/BC_{600} 和 EC-Fe_3O_4/BC_{600} 复合材料吸附铅离子后，在 800～470 cm^{-1} 处出现多个小峰，对应 Fe—O—Pb 键，说明在吸附过程中，Pb^{2+}与吸附剂表面含氧官能团进行配位（Pb^{2+}+OH/COOH-Fe_3O_4/BC_{600}→Pb-OH/COOH-Fe_3O_4/BC_{600}），并且电化学活化能够增加 Fe_3O_4/BC_{600} 含氧官能团数量、提高络合 Pb(Ⅱ)的活性位点。

如图 3-18 所示，通过 XPS 表征测得 EC-Fe_3O_4/BC_{600}-Pb 复合材料表面铁和铅含量分别为 0.06%和 0.04%。对 EC-Fe_3O_4/BC_{600} 复合材料吸附铅离子后 Fe 2p 进行测定，发现 Fe $2p_{3/2}$ 和 Fe $2p_{1/2}$ 中的 Fe^{3+}和 Fe^{2+}峰比值发生了显著变化［图 3-18（a）］，说明 Fe_3O_4 粒子中的铁物种参与了 Pb(Ⅱ)的去除。吸附铅离子后，EC-Fe_3O_4/BC_{600}C 复合材料中三价铁含量由 56.6%上升到 62.4%，二价铁含量由 43.4%下降到 37.6%。从图 3-18（b）中可以看出，EC-Fe_3O_4/BC_{600}-Pb 复合材料显示出两个峰，结合能为 143.5 eV 和 139.0 eV 对应 Pb 的 Pb 4f $_{5/2}$ 和 Pb 4f $_{7/2}$，表明复合材料通过吸附、还原机制与铅离子进行相互作用。

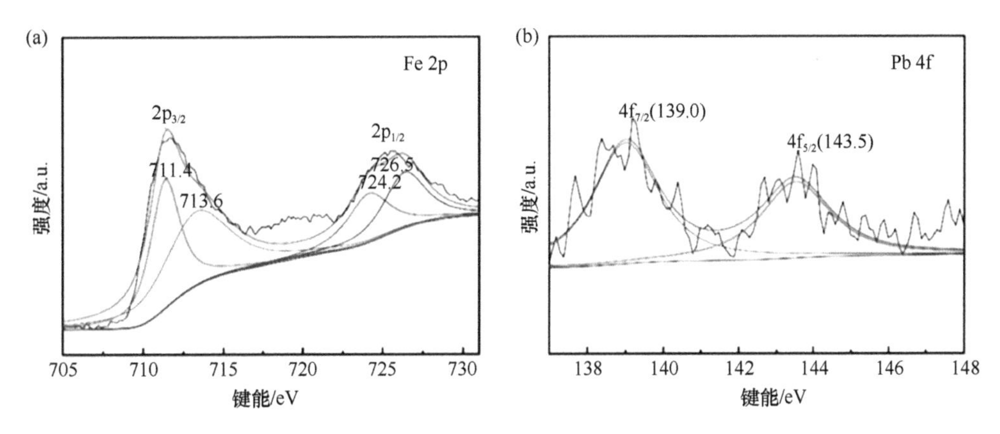

图 3-18　EC-Fe_3O_4/BC_{600} 复合材料吸附 Pb(Ⅱ)后 Fe 2p（a）和 Pb 4f（b）高分辨 XPS 图谱（张帅帅，2020）

3.5.2　新型生物质炭的制备及其对水体重金属离子的去除

本节将通过介绍新型生物质炭的制备（高性能磁性生物质炭复合材料和类胶体磁性生物质炭材料），简述这些材料的基本理化性质并评估它们对于重金属离子的吸附性能和相关机制。

图 3-19 描述了复合材料的制备过程。多孔磁性生物质炭 AHA/Fe_3O_4-γFe_2O_3@PBC 复合材料的制备：将一块废铁先切成若干小块，再用浓度为 12 mol/L 的浓盐酸溶解这些小块，过滤除杂后得到铁离子溶液。在容量瓶中对铁离子溶液定容，作

为铁源的储备溶液，测定储备溶液中铁的浓度（6.85 g/L）。多孔磁性生物质炭 Fe_3O_4-γFe_2O_3@PBC 复合材料的制备：将玉米秸秆粉末浸入不同浓度的铁离子溶液中，混合均匀后干燥，得到负载铁离子的玉米秸秆粉末。随后将负载铁离子的玉米秸秆粉末、氯化锌固体和超纯水混合均匀，然后干燥。将干燥的固体在管式炉中热解 2 h，得到的产物充分洗涤三次，以除去产物中的锌和灰分等杂质。将产物真空干燥后最终获得多孔磁性生物质炭材料，命名为 xFe_3O_4-γFe_2O_3@PBC，其中 x 表示预处理铁离子溶液浓度（0.02～0.1 mol/L）。将没有添加铁离子的溶液作为对照组，在相同的实验条件下，制备了非磁性多孔生物质炭称为 PBC。利用人工腐殖酸（AHA）进一步活化 Fe_3O_4-γFe_2O_3@PBC，将一定量的 Fe_3O_4-γFe_2O_3@PBC 和少量的超纯水混合后加入三颈烧瓶中，然后分别将不同质量的 AHA 溶解在稀氨水溶液中，不断搅拌使其完全溶解，然后添加到三颈烧瓶中并持续搅拌 3 h。通过磁分离获得 y-AHA/ $x$$Fe_3O_4$-$\gamma Fe_2O_3$@ PBC 的材料，其中 y 表示 AHA 的质量（0 mg、20 mg、50 mg 和 100 mg）。

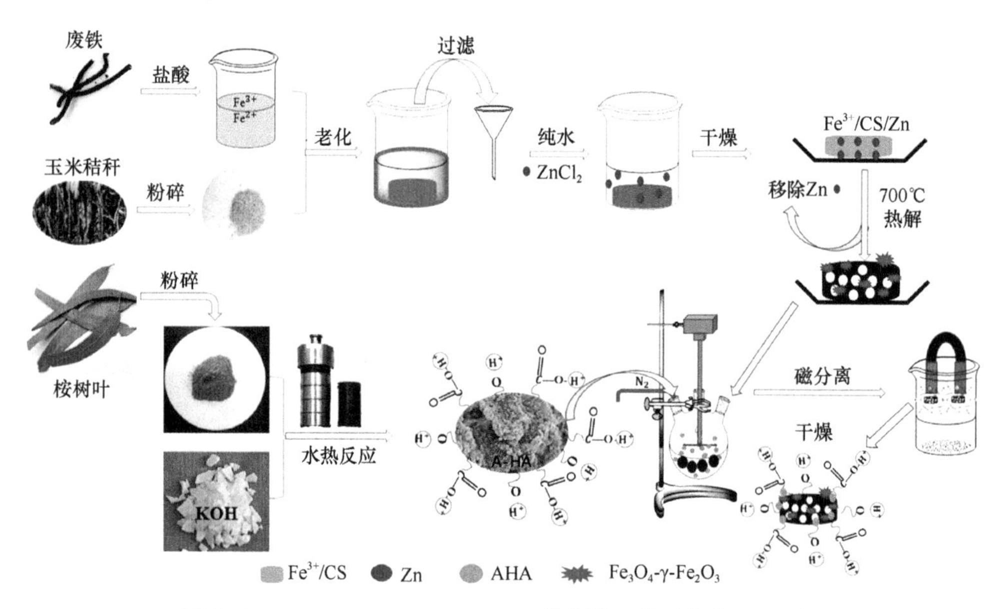

图 3-19 AHA /Fe_3O_4-γFe_2O_3@ PBC 的制备工艺（杜庆，2021）

如图 3-20 所示，50AHA/0.05Fe_3O_4-γFe_2O_3@PBC 复合材料的 Pb^{2+}吸附动力学曲线分别采用准一级动力学模型和准二级动力学模型进行拟合，准二级动力学模型拟合的相关系数更高。这说明复合材料（50AHA/0.05Fe_3O_4-γFe_2O_3@PBC）在吸附 Pb^{2+}的过程中主要为限速步骤的化学过程。通过拟合结果可以发现，此复合材料可获得优于其他同类材料的最大吸附能力。因此，本实验在引入 50 mg 的 AHA 与 Fe_3O_4-γFe_2O_3@PBC 后所合成的复合材料对于 Pb^{2+}表现出更为出色的去除能力，

相较于同类型材料也同样具有较强的竞争力。

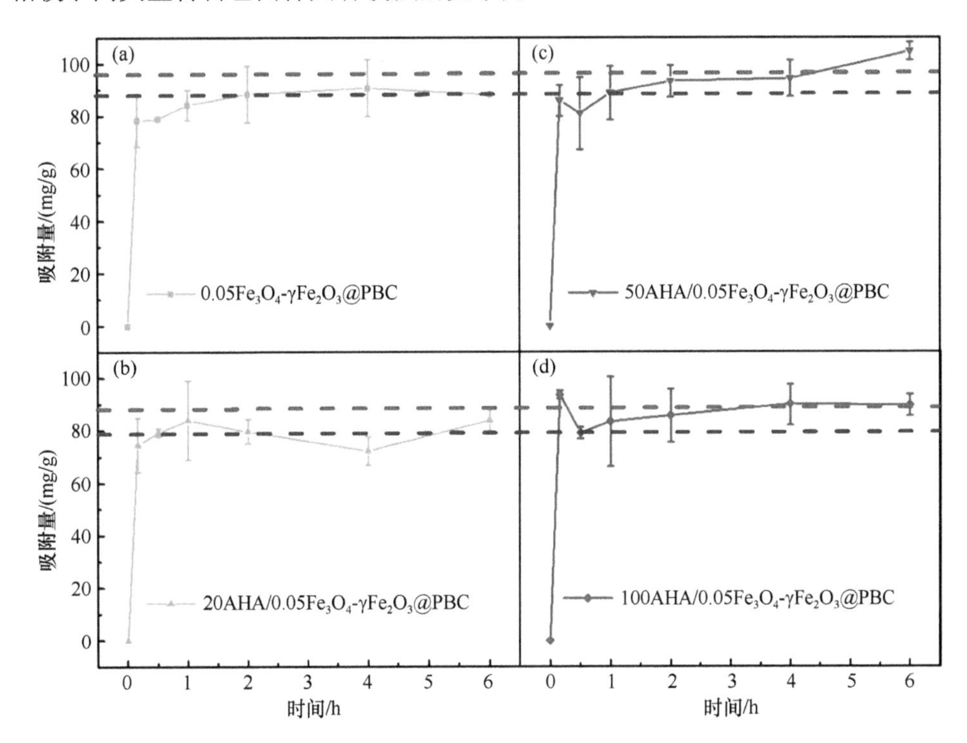

图 3-20　y-50AHA/0.05Fe_3O_4-γFe_2O_3@PBC（y=0、20 mg、50 mg 和 100 mg）对于 Pb^{2+}的吸附动力学曲线（杜庆，2021）

采用等温吸附模型对 50AHA/0.05Fe_3O_4-γFe_2O_3@PBC 复合材料去除 Pb^{2+}在不同条件下（Pb^{2+}的浓度和环境温度）所受到的影响进行研究。在不同温度（25℃、35℃和 55℃）下将 50AHA/Fe_3O_4-γFe_2O_3@PBC 吸附铅离子 6h，其对 Pb^{2+}的吸附量随温度的升高不断增加，说明吸附过程为吸热过程。应用两种等温模型进行拟合，Langmuir 等温模型的拟合度更高。研究结果表明，AHA/Fe_3O_4-γFe_2O_3@PBC 复合材料去除 Pb^{2+}的过程符合 Langmuir 等温吸附模型，是单层均匀吸附的过程，所制备的复合材料的吸附位点对 Pb^{2+}具有相同的亲和力，并且 Pb^{2+}在 AHA/Fe_3O_4-γFe_2O_3@PBC 复合材料表面没有发生迁移。

AHA/Fe_3O_4-γFe_2O_3@PBC 材料磁性回收性能测试：人工炭基材料的磁性回收率是影响重金属污染水体修复经济性的重要因素，对于评估其循环再生能力具有重要意义。如图 3-21 所示，在经过连续 5 次吸附-磁分离-回收解析再循环后，AHA/Fe_3O_4-γFe_2O_3@PBC 复合材料对 Pb^{2+}的吸附容量出现一定程度的下降，其原因可能是 Pb^{2+}作为氧化剂消耗了 Fe_3O_4 中的 Fe^{2+}，也可能是由于部分被吸附在材料表面上的 Pb^{2+}无法析出导致吸附材料的活性位点数量减少。AHA/Fe_3O_4-γFe_2O_3@PBC

在经历了 5 次连续吸附-再生过程后仍能保持相对较好的重金属去除能力，并且相较于相关文献报道的其他同类材料仍具有优势。

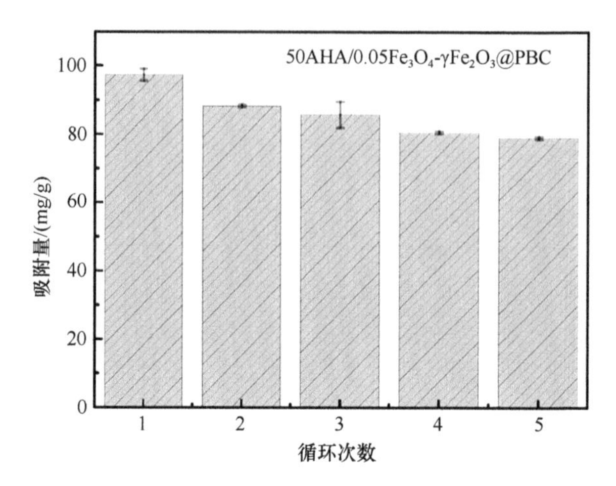

图 3-21 AHA/Fe_3O_4-γFe_2O_3@PBC 吸附 Pb^{2+}的吸附-再生性能分析（杜庆，2021）

人工腐殖酸活化 Fe_3O_4-γFe_2O_3@PBC 复合材料的机制：AHA 中含有的含氧官能团(C═O/COOH,—C—O 等)通过 Fe—O—C 和 Fe—O 化学键与 Fe_3O_4-γFe_2O_3@PBC 材料中铁氧化物表面的大量活性位点结合，形成稳定的 AHA/Fe_3O_4-γFe_2O_3@PBC 复合材料，并且人工腐殖酸活化 Fe_3O_4-γFe_2O_3@PBC 得到的 AHA/Fe_3O_4-γFe_2O_3@PBC 复合材料可以通过官能团之间的相互作用，提高其在水中的分散性和稳定性。

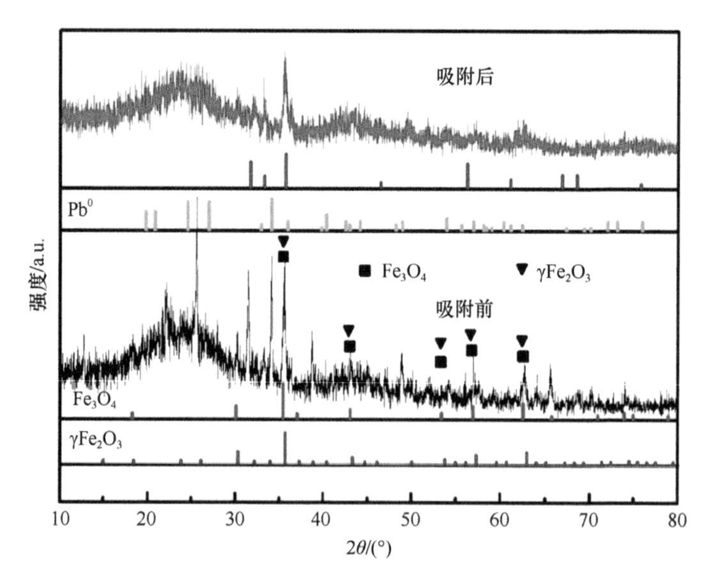

图 3-22 AHA/Fe_3O_4-γFe_2O_3@PBC 吸附 Pb^{2+}前后的 XRD 图（杜庆，2021）

本团队通过 XRD、XPS、FTIR 等表征手段来进一步探究吸附机制。AHA/Fe_3O_4-γFe_2O_3@PBC 复合材料观察到 Fe_3O_4 在 $2\theta = 30.10°$、35.42°、43.05°、53.39°、56.94°和 62.51°处的强衍射特征峰，分别对应晶面为（220）、（311）、（400）、（422）、（511）和（440），而吸附 Pb^{2+}后吸附剂的 Fe_3O_4 的衍射峰强度明显减弱，在 $2\theta = 31.70°$、35.74°和 56.29°处出现了强衍射峰，这与 Pb^0（JCPDS No. 23-0345）的标准卡片匹配良好，这是因为 Fe_3O_4 中的二价铁与铅离子发生氧化还原反应生成 Pb^0（图 3-22）。此外，还可以观察到 $Pb_3(CO_3)_2(OH)_2$ 强衍射峰，可能是由于铅离子与生物质炭或者人工腐殖酸中存在的 S、N、P 和 HCO_3^-其他矿质元素或离子发生共沉淀反应所致。

为探究 AHA/Fe_3O_4-γFe_2O_3@PBC 复合材料对铅离子的吸附机制，采用 X 射线光电子能谱研究了吸附剂吸附铅离子后官能团情况变化和表面元素价态变化。对比吸附剂吸附铅离子前后状态，发现其表面的元素含量发生变化，如氧元素的百分含量由 10.45%提高至 11.75%，说明在吸附铅离子过程中可能发生了氧化还原反应，铁元素价态可能发生了变化。如图 3-23（b）所示，XPS 的全图谱中键能为 140.5 eV 处归属于 Pb 4f，表明铅离子吸附在复合材料表面上，吸附剂表面的 Pb 元素百分比为 0.05%。另外，吸附剂复合材料吸附铅离子后的 Fe 2p、O 1s 和 Pb 4f 高分辨率谱如图 3-23（c）、（d）所示，复合材料在吸附铅离子后，Pb4f 在结合能为 138.9 eV 和 143.8 eV 附近出现的峰归属于 $Pb4f_{7/2}$ 和 $Pb4f_{5/2}$，这可能与形成的 $Pb_3(CO_3)_2(OH)_2$ 等物种中存在的 Pb-O 键有

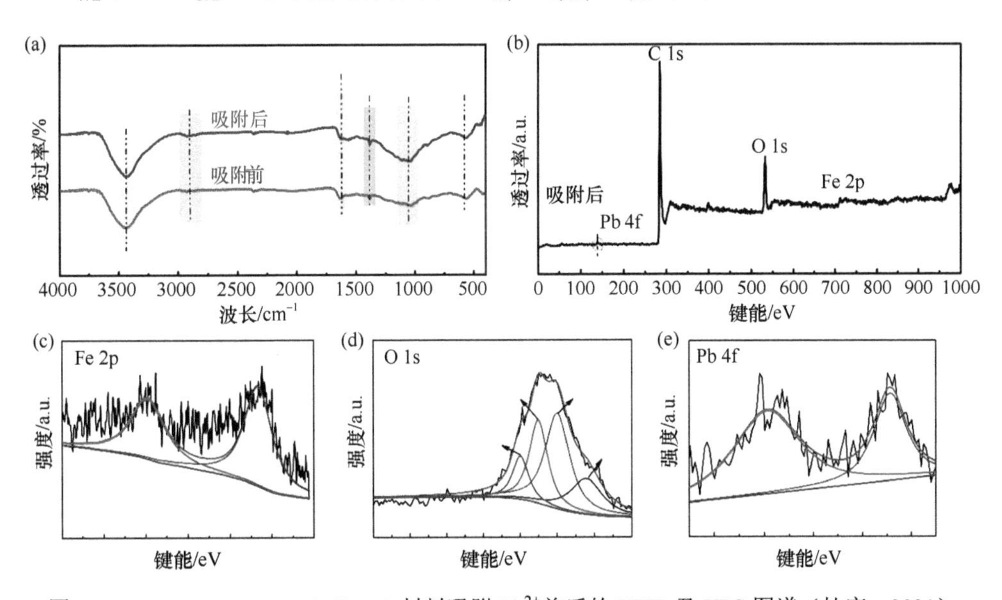

图 3-23　AHA/Fe_3O_4-γFe_2O_3@PBC 材料吸附 Pb^{2+}前后的 FTIR 及 XPS 图谱（杜庆，2021）

关。此外，红外光谱数据表明，Pb^{2+}吸附在复合材料表面后，在 1630 cm^{-1} 处的红外吸收峰强度也有所下降，这可能是由于铅离子与—C—O、C═O/COOH 等官能团发生键合反应［图 3-23（a）］。

因此，AHA/Fe_3O_4-γFe_2O_3@PBC 复合材料对于 Pb^{2+}的去除机制如下：由于此复合材料的活性较高，可以将 Pb^{2+}还原，从而导致一些具有不饱和价态的铁离子被氧化为更稳定氧化物形态（如 Fe_3O_4）。附着在 AHA/Fe_3O_4-γFe_2O_3@PBC 复合材料表面的含氧官能团与 Pb^{2+}之间发生键合作用变成了更加稳定的复合物。此外，根据前文所述，AHA/Fe_3O_4-γFe_2O_3@PBC 复合材料对于 Pb^{2+}的去除能力也部分归因于 Pb^{2+}与材料表面上的元素或离子（即 S、N、P 和 HCO_3^-）发生共沉淀，其去除机制如图 3-24 所示。

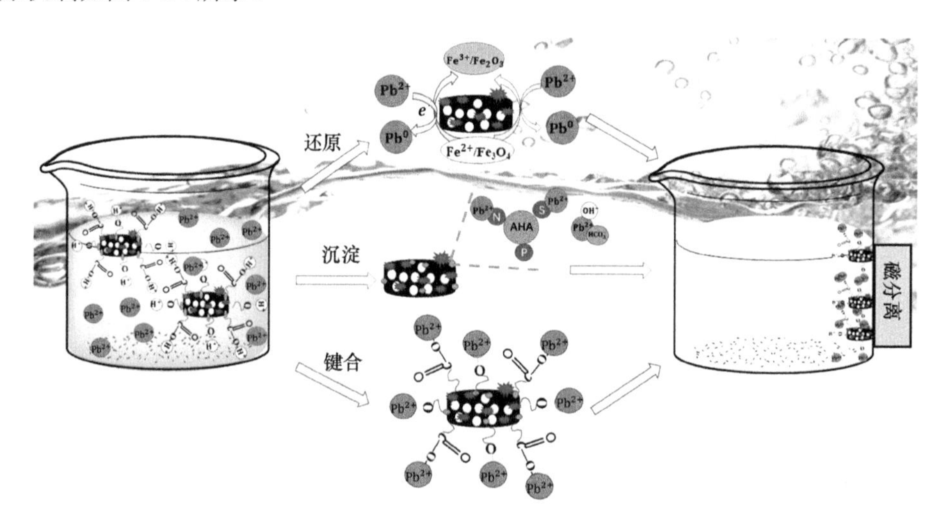

图 3-24　AHA/Fe_3O_4-γFe_2O_3@PBC 去除 Pb^{2+}的机制（杜庆，2021）

3.5.3　玉米秸秆生物质炭对水中锌离子的去除效果及机制研究

本部分主要讲述生物质炭和蒙脱石改性生物质炭的制备方法、基本结构和物理化学性质，进而评估其吸附水体中重金属锌离子的性能。

1. 改性生物质炭的制备

制备生物质炭所需要的材料为玉米秸秆，秸秆取自哈尔滨市香坊区东北农业大学试验田内。秸秆收集完成后，需用净水洗净除尘，再通过烤箱烘干、铡刀切断、粉碎机粉碎成粉末，最后使用 40 目筛网筛选出玉米秸秆细粉。将筛得的玉米秸秆细粉充填到瓷舟内，摇晃瓷舟使其充填严实。接着将瓷舟放置于管式炉内，将设备设置成每分钟增加 10℃的速率加热，并按 350℃、500℃和 700℃来制备生物质炭。分别用 350℃ PYC、500℃ PYC 和 700℃ PYC 来区分。生物质碳粉制备好后，将碳粉与去离子水按照 1∶10 的比例配制生物质炭悬浮液，充分振荡混匀后放入高压反应釜，200℃恒温反应 20 h，最后将得到的水热生物质炭在 80℃的烤箱内干燥一天，存放于密封袋内备用。

改性生物质炭制备：称取一定量的天然蒙脱石于三口烧瓶中，加入去离子水混匀，静置 10 min，观察发现明显的分层现象，离心处理并收集得到固体，最后将其在 80℃的环境下烘干，所得到的固体颗粒就是高纯蒙脱石。称取一定量的高纯蒙脱石加入锥形瓶中，再加入 4%的碳酸钠溶液，在 80℃的恒温条件下加热 2 h，再将离心处理后得到的固体在 80℃的环境下烘 12 h，干燥处理后的固体放入研钵中研磨成粉末，得到钠型蒙脱石。再称取 4 g 钠型蒙脱石，加入 500 mL 的去离子水，超声处理 0 min 以便充分混匀，接着称取生物质炭与钠型蒙脱石溶液混匀后，干燥一天，将烘干后所得到的固体装填入瓷舟中，并将其放入管式炉中按照 10℃/min 的升温速率分别在 350℃、500℃以及 700℃热解 2 h 得到改性生物质炭，分别记为 350℃PYC-MNT、500℃PYC-MNT 和 700℃PYC-MNT。另外，在恒温恒压条件下经 20 h 制得水热生物质炭，命名为 200℃HYC-MNT。

2. 生物质炭及改性生物质炭对水中锌离子的去除效果

图 3-25 为两种生物质炭吸附锌离子的效果对比。实验结果发现，500℃PYC 的吸附效果要明显优于另外两种温度下制备的纯生物质炭，而 200℃HYC、350℃PYC 和 700℃PYC 对锌离子相应的吸附量分别为 3.95 mg/g、2.25 mg/g 和 2.18 mg/g。与纯生物质炭相比，改性生物质炭的去除效果大大增加。从图中我们可以发现，蒙脱石

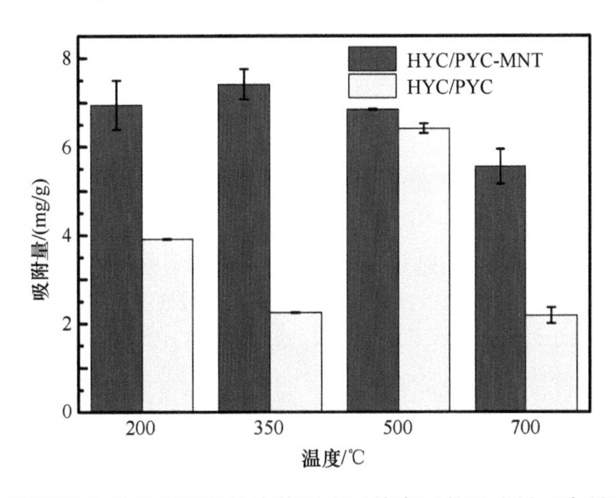

图 3-25　不同类型生物质炭及改性生物质炭对锌离子的吸附量（宋景鹏，2020）

改性生物质炭在200～350℃的温度范围内吸附效率呈升高的趋势；而在350～700℃温度范围，吸附效果略有下降，可能是由于温度的增加导致改性生物质炭内部结构发生破坏。相较于其他生物质炭，350℃PYC-MNT的效果最好，是纯生物质炭吸附量的3.3倍。

相关文献表明，经过蒙脱石改良后的改性生物质炭的吸附效果大大提升，如硬木生物质炭对锌离子的吸附量最大仅能达到2.31 mg/g，黏土类物质对锌离子的吸附量最大可达到3.61 mg/g（Jiang et al.，2016；Abollino and Malandrino，2008）。此外，研究发现，由碱性物质所制备的改性生物质炭在多种金属离子共存的情况下对锌离子的吸附量仅仅只有1.83 mg/g（Tito et al.，2008）。

由于溶液pH的变化会影响重金属粒子的去除，本研究采用350℃PYC-MNT，通过改变pH以研究改性生物质炭对锌离子的吸附情况。如图3-26所示，350℃PYC-MNT在pH 5～7时吸附量达到最大值，这与之前的实验结果相一致。此外，当pH为6时，由于生物质炭的表面电荷降低导致吸附量增加。

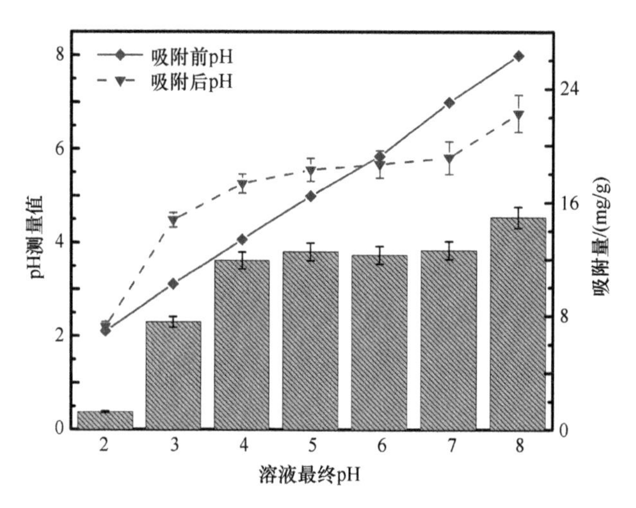

图3-26 吸附锌离子前后溶液pH的变化以及对应pH下改性生物质炭吸附量（宋景鹏，2020）

描述改性生物质炭吸附水中锌离子的吸附性能主要通过准一级动力学模型、准二级动力学模型和 Elovich 动力学模型。在一般情况下，准一级动力学模型是用来表述时间和吸附饱和量之间的关系，准二级动力学模型适用于存在饱和位点的反应。通过研究改性生物质炭对锌离子的吸附效果可证明改性生物质炭去除锌离子的优越性。如图3-27所示，通过对比实验发现，与改性生物质炭相比，蒙脱石与纯生物质炭对锌离子的吸附量较少，且蒙脱石的吸附动力学的吸附效果可以忽略不计。

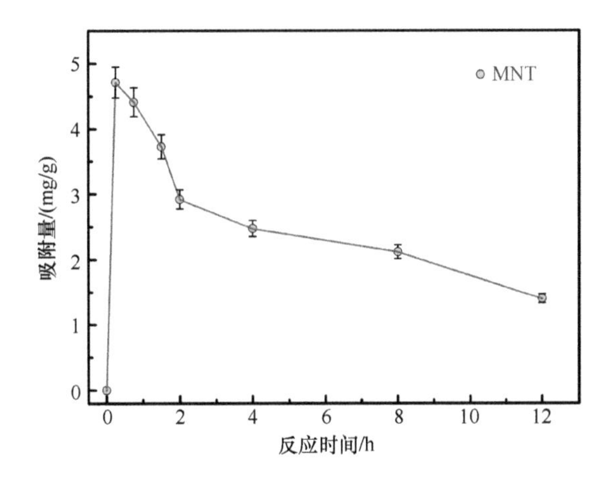

图 3-27　蒙脱石吸附动力学拟合曲线（宋景鹏，2020）

通过吸附实验模型拟合该过程，其结果如图 3-28 所示，通过观察图中曲线发现，前 2 h 吸附位点接近饱和状态，12 h 后达平衡。此外，改性材料的吸附效果受到物理和化学反应的影响。我们需要测定的模型参数主要有 k_1、k_2、α、平衡吸附量 q_e 及相关系数 R^2。其中，准二级动力学模型的 R^2 介于 0.986 至 0.997 之间，略高于准一级动力学模型和 Elovich 模型。在吸附速度达到限制的阶段往往会伴随着化学反应的产生。从吸附速率常数来看，700℃ PYC-MNT 吸附速率常数明

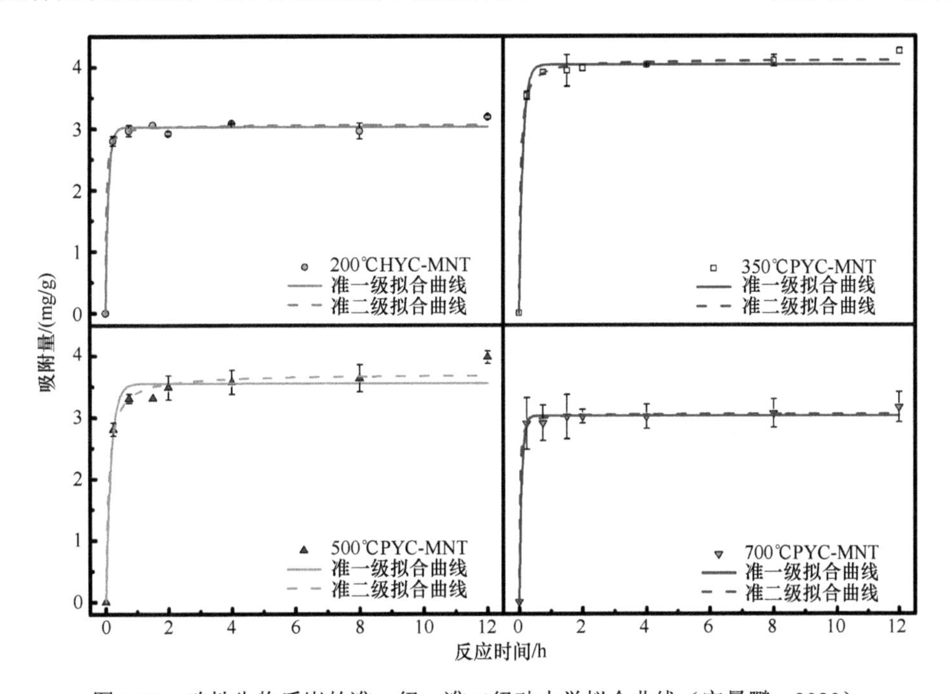

图 3-28　改性生物质炭的准一级、准二级动力学拟合曲线（宋景鹏，2020）

显高于是其他三种改性生物质炭材料。从图 3-28 中可以了解到，350℃ PYC-MNT 对锌离子的吸附效果最好，最大吸附量为 4.125 mg/g。Elovich 方程能够描述物质在空间中的传播速度和扩散程度，主要是一种描述化学吸附的经验方程（图 3-29）。如表 3-6 所示，拟合效果最好可达到 0.912，相比较之下，200℃ HYC-MNT 的吸附效果最好。

表 3-6 改性生物质炭吸附动力学模型拟合参数（宋景鹏，2020）

改性生物质炭	准一级动力学模型			准二级动力学模型			Elovich 模型		
	k_1	q_e	R^2	k_2	q_e	R^2	α	β	R^2
200℃ HYC-MNT	10.327	3.027	0.991	13.603	3.063	0.994	8.068	10.753	0.912
350℃ PYC-MNT	8.232	4.038	0.993	5.510	4.125	0.997	10.443	6.329	0.883
500℃ PYC-MNT	6.058	3.558	0.969	3.051	3.708	0.986	8.820	3.906	0.906
700℃ PYC-MNT	12.626	3.026	0.995	19.24	3.057	0.997	—	—	—

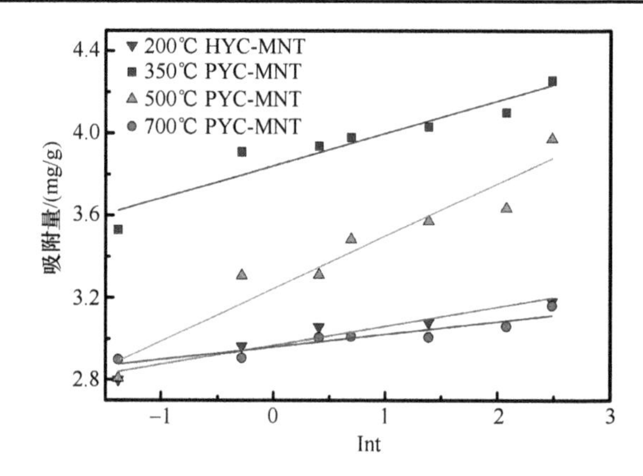

图 3-29 改性生物质炭的 Elovich 动力学拟合曲线（宋景鹏，2020）

Langmuir 吸附等温模型是一种假定吸附剂表面是均匀的，并且每个被吸附的分子需要相同活化能的理想模型。Freundlich 吸附等温模型是一种在非均相表面通过多层吸附作用的理想状态模型。如图 3-30 所示，比较改性生物质炭与蒙脱石的吸附效果，发现改性生物质炭对锌离子的吸附效果要明显优于蒙脱石，蒙脱石的 Langmuir 模型和 Freundlich 模型拟合得较好，但蒙脱石对锌离子的吸附量只有 6.53 mg/g。

如图 3-31 所示，Freundlich 模型的相关系数大于 0.948，而 Langmuir 模型相关系数介于 0.811 与 0.903 之间。从中可以了解到 4 种改性生物质炭的吸附量，200℃ PYC-MNT、350℃ PYC-MNT、500℃ PYC-MNT 和 700℃ PYC-MNT 的最大吸附量分别为 7.739 mg/g、8.163 mg/g、7.323 mg/g 和 5.743 mg/g。其中结合位点的亲和力用 k_l 来表示，k_l 的大小能够反映结合效果的优劣。

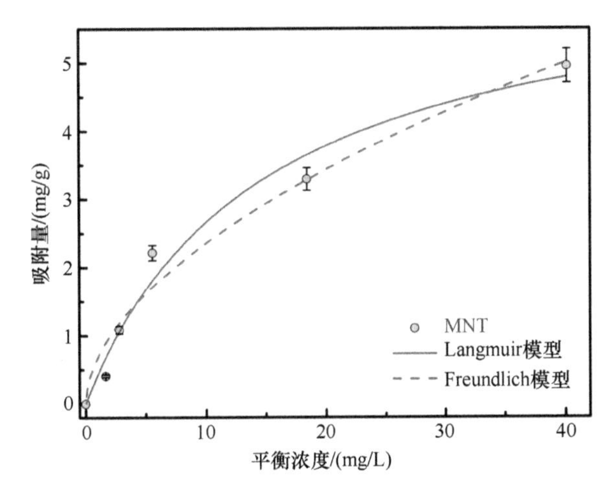

图 3-30　蒙脱石的 Langmuir 模型和 Freundlich 模型拟合曲线（宋景鹏，2020）

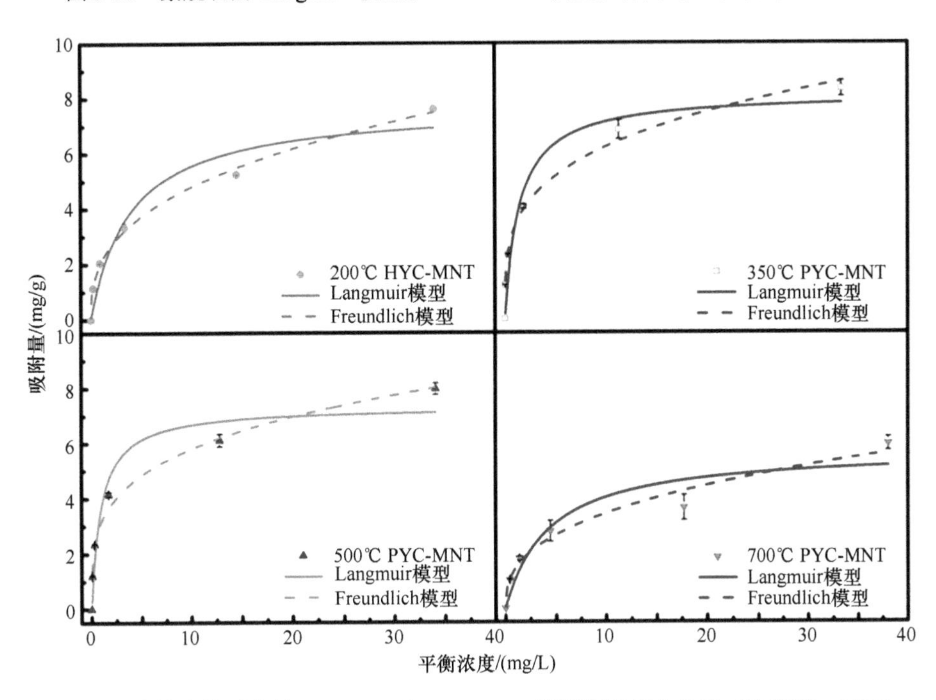

图 3-31　改性生物质炭的 Langmuir 和 Freundlich 等温模型拟合曲线（宋景鹏，2020）

从图 3-31 可以看出，对锌离子亲和性最高的材料为 500℃ PYC-MNT，其后依次为 350℃ PYC-MNT、200℃ HYC-MNT 及 700℃ PYC-MNT。根据结果我们发现，在众多吸附位点中，非均相占据了较大的比例，而且 n^{-1} 也容易在吸附过程中呈伯努利分布。表 3-7 为改性生物质炭吸附等温模型拟合参数表，改性生物质炭对锌离子热力学研究的趋势和吸附容量如图 3-32 所示。随着反应温度的升高，改性生物质炭对锌离子的吸附量也逐渐增高。其中 350℃ PYC-MNT 的变化趋势与 500℃和 200℃下制备的改性生物质炭相比更为明显；700℃ HYC-MNT 去除锌离子量很小，变化趋势也不明显。

表 3-7 改性生物质炭吸附等温模型拟合参数（宋景鹏，2020）

改性生物质炭	Langmuir			Freundlich		
	k_L	q_{max}	R^2	k_F	$1/n$	R^2
200℃ HYC-MNT	0.255	7.739	0.895	2.075	0.364	0.995
350℃ PYC-MNT	0.700	8.163	0.906	3.379	0.266	0.988
500℃ PYC-MNT	1.056	7.323	0.903	3.200	0.260	0.979
700℃ PYC-MNT	0.234	5.743	0.811	1.466	0.371	0.948

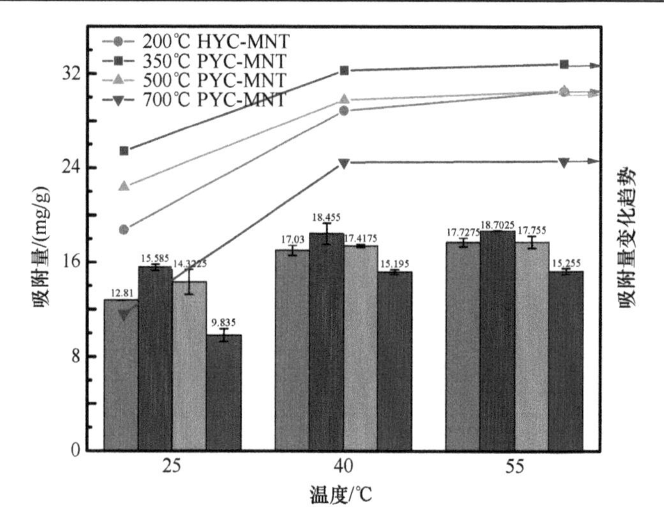

图 3-32 温度对改性生物质炭吸附锌离子影响（宋景鹏，2020）

表3-8为改性生物质炭吸附锌离子的热力学参数。在表中可以看到，PYC-MNT 和 HYC-MNT 的 ΔG^0 随着反应温度的不断升高而出现降低。而且，由于温度的升高，其对锌离子的吸附能力也逐渐增强。从表中可以看出该反应是一个吸热过程，反应中需要从外部吸收能够穿过扩散层并附着在改性生物质炭表面的能量。表中活化能的值均大于零，可见该反应为自发反应。此外，在 55℃以下时，随着反应温度的增加，改性生物质炭对锌离子的吸附量也在不断地增大。

3. 改性生物质炭对锌离子去除机制分析

使用 XPS 技术对改性生物质炭表面的元素组成和价态信息进行分析，进一步对所含原子的化学键种类进行分析，最后判断出改性生物质炭所属官能团类型。图 3-33 给出了 350℃ PYC-MNT 吸附锌离子前后的 XPS 全图谱，从图谱中可以清楚看到改性生物质炭在吸附锌离子前存在 C 1s、O 1s、Si 2p、Al 2p、Mg 1s 和 N 1s 等谱峰，而在吸附锌离子后出现微弱的 Zn 2p 谱峰，说明改性生物质炭对锌离子有吸附效果。图中黑色标记区域即为 Zn 2p 特征谱峰，分别为 Zn $2p_{1/2}$ 和 Zn $2p_{3/2}$ 两个特征峰。

表 3-8　改性生物质炭吸附锌离子的热力学参数（宋景鹏，2020）

吸附剂	温度/K	热力学参数		
		ΔG^0/（kJ/mol）	ΔH^0/（kJ/mol）	ΔS^0/［J/（mol·K）］
200℃ HYC-MNT	298	3.37	8.90	18.84
	313	2.80		
	328	2.83		
350℃ PYC-MNT	298	2.89	5.00	7.29
	313	2.59		
	328	2.68		
500℃ PYC-MNT	298	3.10	5.89	9.59
	313	2.74		
	328	2.82		
700℃ PYC-MNT	298	4.03	12.07	27.52
	313	3.10		
	328	3.24		

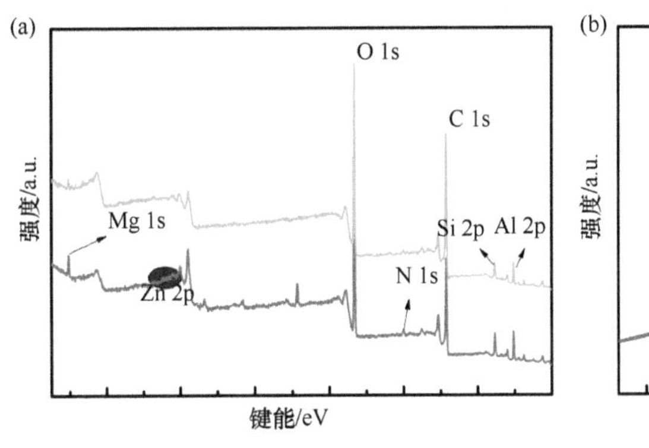

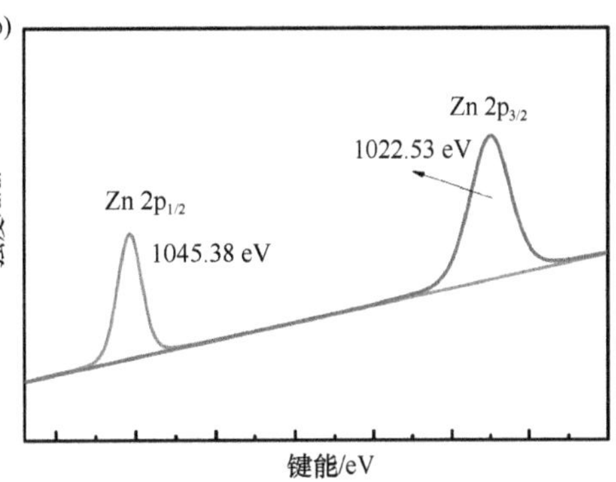

图 3-33　XPS 光谱图及 Zn $2p_{3/2}$ 和 Zn $2p_{1/2}$ 的光电子峰（宋景鹏，2020）

图 3-34 为蒙脱石改性生物质炭的能谱图和两个特征峰图。从 C 1s 和 O 1s 能谱图中可以看到两个光电子峰，分别是 Zn $2p_{1/2}$ 和 Zn $2p_{3/2}$，说明锌离子被蒙脱石改性生物质炭成功吸附。此外，在吸附前后，C 1s 谱图光电子峰被分为 C—H（284.2～284.2 eV）、C—C/C═C（284.7～284.9 eV）、C—O（285.7～286.0 eV）和 C═O（287.9～287.9 eV）。如表 3-9 所示，在吸附锌离子之前，改性生物质炭表层出现 4 个峰，分别为 C—O（531.7 eV）、C═O（533.8 eV）、Si—O（532.8 eV）

和 Al—O（530.7 eV）。当锌离子被吸附后，氧元素谱图中的光电子峰被划分为 5 种类型，分别是 C—O（532.1 eV）、C═O（533.9 eV）、Si—O（532.9 eV）、Al—O（531.1 eV）和 Zn—O（530.1 eV）。当进行特征峰峰面积拟合时，我们发现 O 1s 特征峰在 530.1 eV 附近会出现 Zn—O 峰。这里推测可能有 O═C—O 或—OH 官能团出现并与锌离子相互作用。通过红外光谱测验和 C 1s 特征峰数据分析并未发现 O═C—O 官能团。此外，通过傅里叶红外谱图发现蒙脱石改性生物质炭表层含有大量的羟基，这里推测锌离子可能会与生物质炭表层的羟基作用。还有研究发现，镉离子会与蒙脱石中 Si—OH 发生络合，这也间接地反映了蒙脱石改性生物质炭对去除水中锌离子的作用机制。

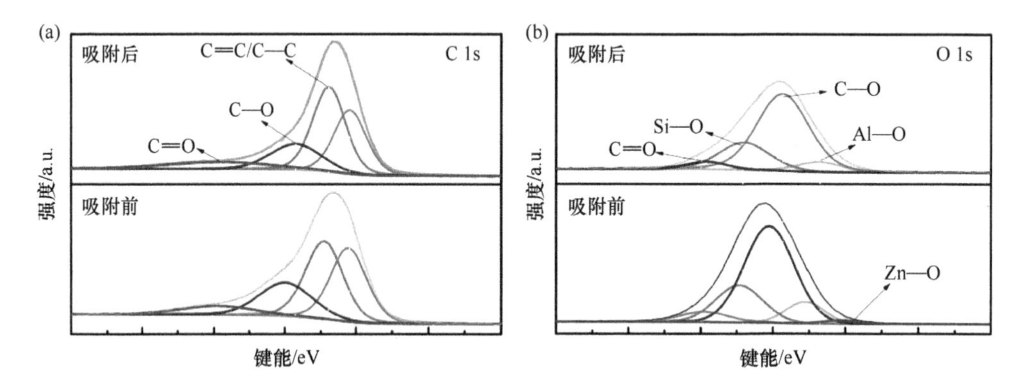

图 3-34　改性生物质炭的 C 1s 和 O 1s XPS 图谱（宋景鹏，2020）

表 3-9　改性生物质炭的 X 射线光电子能谱的结合能和官能团占比百分数（宋景鹏，2020）

官能团类型	吸附试验前		吸附试验后	
	结合能/eV	百分数/%	结合能/eV	百分数%
C—O	531.7	65.00	532.1	59.13
C═O	533.8	5.04	533.9	6.84
Si—O	532.8	22.59	532.9	21.93
Al—O	530.7	10.29	531.1	7.38
Zn—O	—	0	530.0	1.81

综合考虑吸附试验的结果和相关表征分析，可以了解到吸附性能受羟基和硅烷醇基团强度变化影响。同时，一些含氧官能团也与吸附容量呈正相关关系。从中我们可以得出，—OH 和 Si—OH 的脱氢及络合是一个重要的吸附机理。通过查阅大量文献发现，蒙脱石的硅氧官能团得到一个质子后形成硅醇基团并释放出 OH^-使 pH 增加，进而对金属离子的吸附产生影响。通过结合表征分析结果和吸附试验数据，可以发现 350℃ PYC-MNT 具有良好的吸附效果，同时，研究发现该结果可能还与制备改性生物质炭的温度和方法有关。

3.5.4 多孔生物质炭的制备及其强化吸附水体重金属

本节介绍利用熔融盐作为密封、活化及微波吸收体的功能介质，提出一种微波-熔融盐耦合的生物质炭制备新方法，实现生物质炭微观结构定向调控及同步表界面修饰，探明不同条件下得到的生物质炭对重金属污染物的影响规律，揭示生物质炭材料性能的提升机制，明确改性生物质炭实际应用过程中可能的影响因素，为生物质炭在环境领域的应用提供基础和技术支持。

（1）微波生物质炭（MBC）的制备：采用废弃的玉米秸秆（来自东北农业大学试验田）洗净、干燥 48 h，利用粉碎机对秸秆原料粉碎，100 目过筛，将生物质原料按照质量比 1∶17 与 $ZnCl_2$ 混合均匀，放置在石英烧杯中，随后转移到微波炉内，1000 W 微波 2 min、3 min、4 min，得到由 $ZnCl_2$ 为熔融盐制备的微波生物质炭，利用 0.1 mol/L 的 HCl 溶液通过抽滤清洗 2～3 次，再用纯水洗涤至中性备用。

（2）NaOH 浸泡预处理后微波生物质炭（A-MBC）的制备：首先将粉碎的玉米秸秆（过 100 目筛）混合于 1 mol/L 的 NaOH 溶液，磁力搅拌 2 h，静置 8 h。通过抽滤的方式将处理后的生物质用纯水洗涤至中性，干燥 12 h 备用。将生物质原料按照质量比 1∶17 与 $ZnCl_2$ 混合均匀，放置在石英烧杯中，随后转移到微波炉内，1000 W 微波 2 min、3 min、4 min，得到以 $ZnCl_2$ 为熔融盐体系、NaOH 预处理微波生物质炭——A-M 生物质炭，利用 0.1 mol/L 的 HCl 溶液通过抽滤清洗 2～3 次，再用纯水洗涤至中性备用。

（3）磁性金属负载生物质炭（F-Z-MBC）的制备方法：玉米秸秆粉末（过 100 目筛）和 $FeCl_3$ 按照不同的质量比（1∶9、1∶10、1∶11）混合在乙醇溶液中，室温下磁力搅拌 2 h，直至 $FeCl_3$ 与生物质混合均匀后，通过真空干燥箱 50℃蒸干。将干燥好的 $FeCl_3$、秸秆混合物与微波吸收剂 $ZnCl_2$ 混合（生物质与 $ZnCl_2$ 混合比为 1∶17），将混合物放置于石英烧杯内，再转移至微波炉内进行微波炭化，功率 1000 W，微波时间 2 min、3 min、4 min。炭化后得到的磁性生物质炭用无水乙醇冲洗几次后，再用去离子水洗涤至中性烘干。该改性方式为生物质前驱预处理，一步法得到磁性生物质炭。盐作为微波吸收剂，在微波所形成的高温条件下，生成具有磁性的 $ZnFe_2O_4$，以及具有活性金属纳米粒子 ZnO 的磁性生物质炭，标记该种生物质炭为 F-Z-MBC。

pH 是影响金属离子分布的一个重要因素。在不同的 pH 下，金属水解成不同的配合物，每个配合物对吸附剂的亲和力不同。为了研究 pH 对吸附容量的影响，在 100 mg/L 的 Pb(Ⅱ)溶液中进行了吸附试验。模拟结果表明，会发生沉淀的 $Pb(OH)_2$ 是在 pH 5 时生成的。pH＜5 时，Pb 离子几乎完全以 Pb^{2+}形式存在，而

$Pb(OH)_2$（s）和 Pb^{2+}在 pH 为 6 时共存。因此，为了研究 Pb(Ⅱ)的吸附，最好确保 pH 低于 6，避免来自 $Pb(OH)_2$（s）的干扰。为了探究 pH 对吸附量的影响，在 pH 2～5 区间内、100 mg/L 铅离子浓度下进行了吸附摇瓶试验，测定了不同 pH 下 MBC 与 A-MBC 吸附前后的 pH 变化量、MBC 与 A-MBC 的吸附量及平衡时的 pH（图 3-35b）。

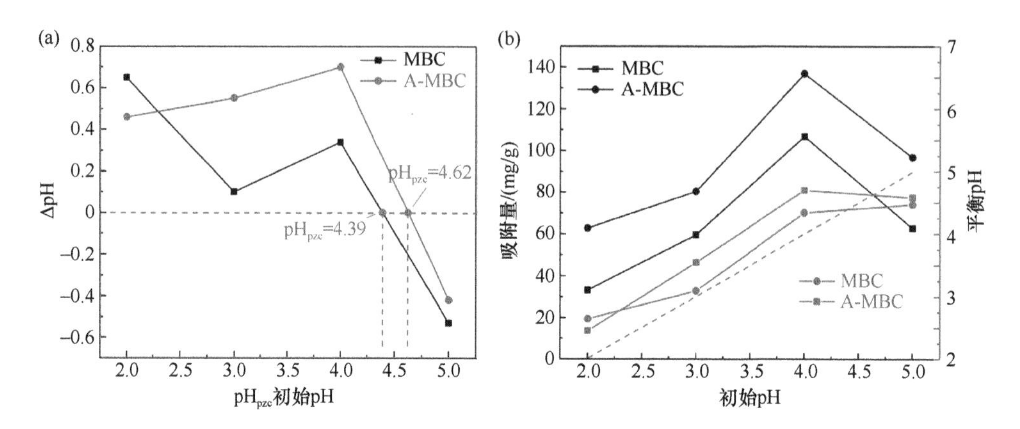

图 3-35　不同 pH 下 MBC 与 A-MBC 吸附 Pb^{2+}后 pH 变化量（a）及不同 pH 下 MBC 与 A-MBC 的吸附量及平衡时的 pH（b）（彭景东，2022）

依据图 3-35（a），通过在吸附过程中 pH 的变化量，得到 A-MBC 与 MBC 的 pH_{pzc}分别为 4.62 与 4.39，均高于初始 pH（4），这说明两种材料表面的官能团主要涉及碱性官能团，这与官能团滴定的结果相符合。

从图 3-35（b）中可以明显看出，A-MBC 对 Pb(Ⅱ)的去除率高于 MBC。虽然 MBC 在 pH 4 时对 Pb(Ⅱ)表现出良好的吸附性能，但其吸附容量为 106.8 mg/g，该值明显低于 A-MBC 的吸附量（137.0 mg/g）。两种生物质炭的吸附效果在 pH 2～4 时显著上升，并在 pH 4 时达到最高值。在 pH 2 时，两种材料对 Pb(Ⅱ)吸附量相较于最大吸附量下降了一半以上。这种现象可以解释为，随着 pH 的降低，H^+与 Pb(Ⅱ)吸附竞争，即 H^+浓度的增加质子化了生物质炭的碱性官能团，导致有效吸附位点上的配体亲和力降低。

从图 3-36 可以明显看出，A-MBC 对水体 Pb(Ⅱ)的吸附量随着三种阳离子的离子浓度上升而逐渐下降。分析其原因，溶液中的 Na^+、K^+、Ca^{2+}会阻碍生物质炭表面固有的离子释放，减少了 Pb(Ⅱ)的吸附位点。另外，当特定的吸附位点饱和时，离子交换反应占据吸附的主导地位，而溶液中过高浓度的 Na^+、K^+、Ca^{2+}将与 Pb(Ⅱ)竞争占据生物质炭表面的吸附位点和离子交换点。从静电吸引的角度来说，带正电荷的金属阳离子被带负电荷的材料表面吸引到 A-MBC 上，被吸附的阳离子提高了表面的负电荷，从而增加了静电斥力，抑制了生物质炭的静电吸引。这也印证了之前讨论 pH_{zpc} 的实验所得出的结论，即静电作用在吸附过程中起到的重要作用。

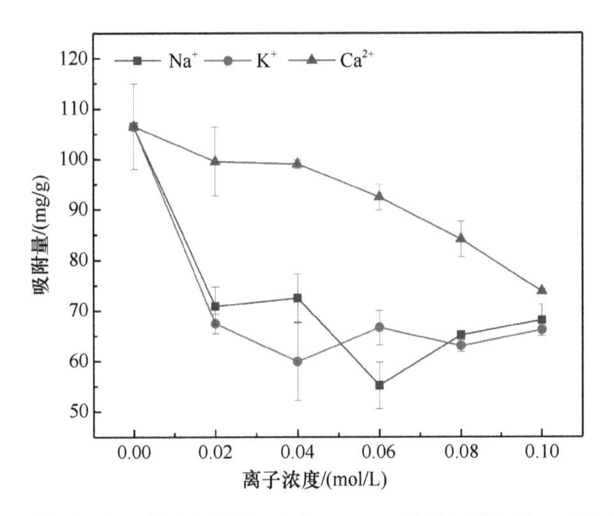

图 3-36　钾、钠、钙离子作为背景离子对 A-MBC 吸附量的影响（彭景东，2022）

MBC 与 A-MBC 均在 10 min 左右达到平衡，两者对于 Pb(Ⅱ)的吸附速率较快。相比较而言，经过 NaOH 前处理的生物质原料所制备的生物质炭可以显著增强生物质炭对 Pb(Ⅱ)的吸附能力，使生物质炭具有更大的吸附容量。如图 3-37 所示，两种材料所采用的拟合方式并不相同，对于未改性的 MBC 来说，伪一阶动力学模型能更好地描述吸附过程，具有较高的相关系数（R^2=0.994），且计算和实验结果的平衡吸附量更为接近；而对于碱改性的生物质炭来说，Elovich 动力学

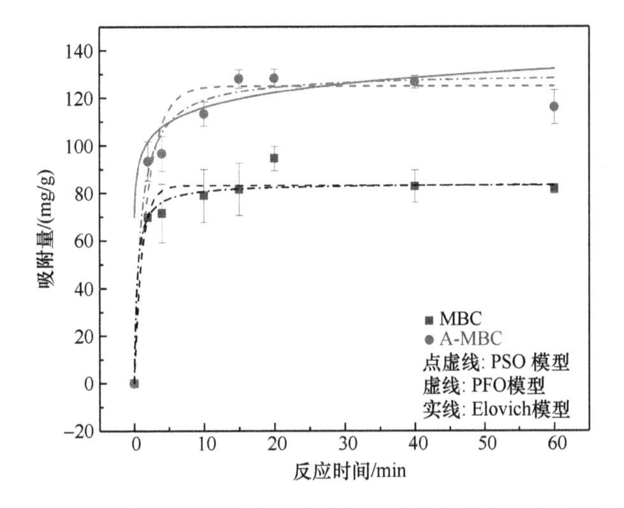

图 3-37　MBC 与 A-MBC 的吸附动力学拟合曲线（彭景东，2022）

模型能更好地描述吸附过程，相关系数较高（R^2=0.995）。由此说明，两者的吸附过程都是一个多步骤过程，颗粒内扩散更适用于未经碱改性的 MBC 生物质炭，而碱改性后的 A-MBC 更受化学吸附的控制。结合 FTIR 和 XPS 表征发现，NaOH 预处理的 A-MBC 相较 MBC，表面的羧基和甲氧基的含量大大增加，并且在吸附后其含量有所下降。由此得出结论，A-MBC 对于水体 Pb(Ⅱ)的吸附主要是依赖表面含氧官能团的化学吸附。

通过图 3-38（a）得知，Redlich-Prterson 型等温吸附拟合曲线能更好地描述 A-MBC 对 Pb(Ⅱ)的吸附（R^2=0.993）。其他几种模型的相关系数较低（Sips：R^2=0.992；Temkin：R^2=0.988；Langmuir：R^2=0.987；Freundich：R^2=0.943）。A-MBC 生物质炭更加符合 Redlich-Prterson 型等温吸附拟合曲线，说明 A-MBC 的吸附反应初期，生物质炭中的吸附位点较多、吸附较快，但是随着反应的进行，吸附位点逐渐减少、吸附逐渐减慢，最终达到吸附平衡。这说明 Pb(Ⅱ)在 A-MBC 上的吸附行为是均相表面的单分子层吸附，而非多相表面的多层吸附。

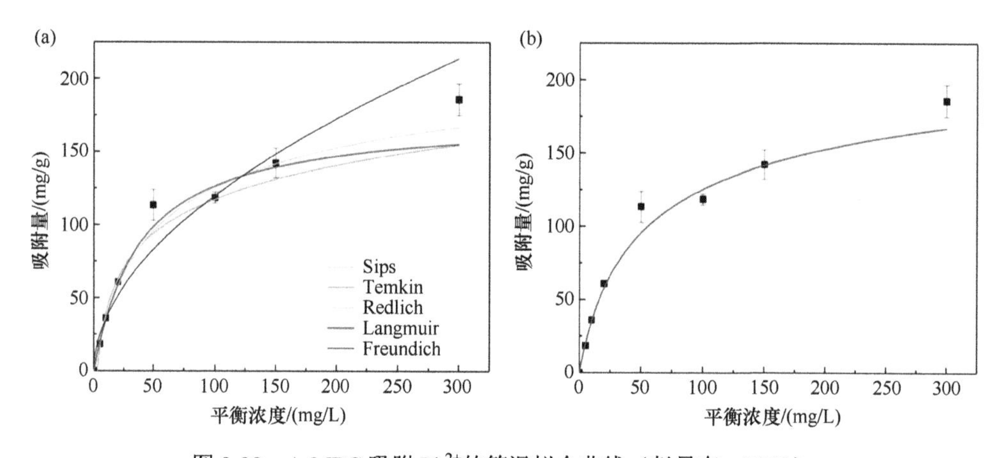

图 3-38　A-MBC 吸附 Pb^{2+}的等温拟合曲线（彭景东，2022）

A-MBC 吸附热力学参数如图 3-39 所示。ΔG^0 为负值，表明 A-MBC 对水体铅离子的吸附过程是自发的，具有良好的热力学性能。此外，ΔG^0 值随温度的升高而下降较快，说明温度越高，吸附过程越有利。ΔH^0 为正值，表明 A-MBC 对水体铅离子的吸附反应为吸热过程。ΔS^0 为正值，说明 A-MBC 的吸附反应过程中，Pb(Ⅱ)与生物质炭官能团存在相互作用。从图 3-40（a）可以看出，随着温度的升高，A-MBC 对 Pb(Ⅱ)吸附量逐渐上升。

对于磁性金属负载生物质炭（F-Z-MBC），为了确定最佳炭化时间，制备了三种不同炭化时间的材料：F-Z-MBC，2 min；F-Z-MBC，3 min；F-Z-MBC，4 min。在 25℃的温度条件下，对三种材料进行了不同 Pb(Ⅱ)初始浓度的吸附试验，Pb(Ⅱ)的初始浓度为 50～200 mg/L，试验进行 60 min 后，测定上清液中 Pb(Ⅱ)的浓度。

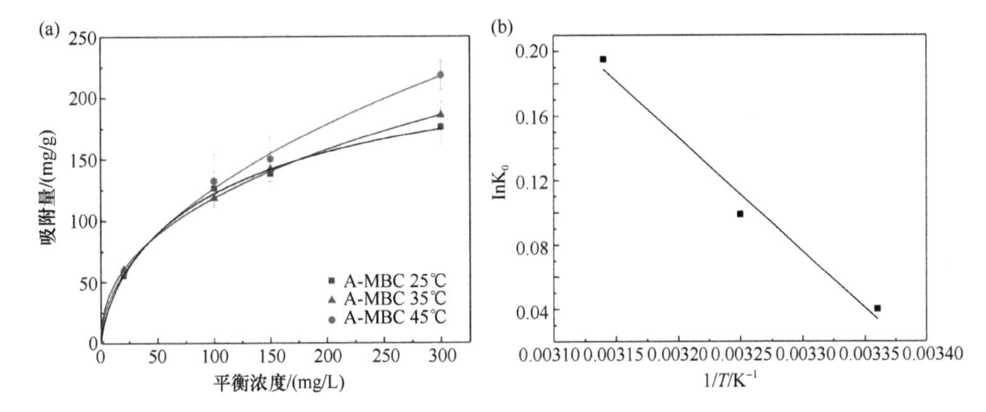

图 3-39　三种温度下 A-MBC 等温吸附拟合曲线（a）和熵变直线拟合曲线（b）（彭景东，2022）

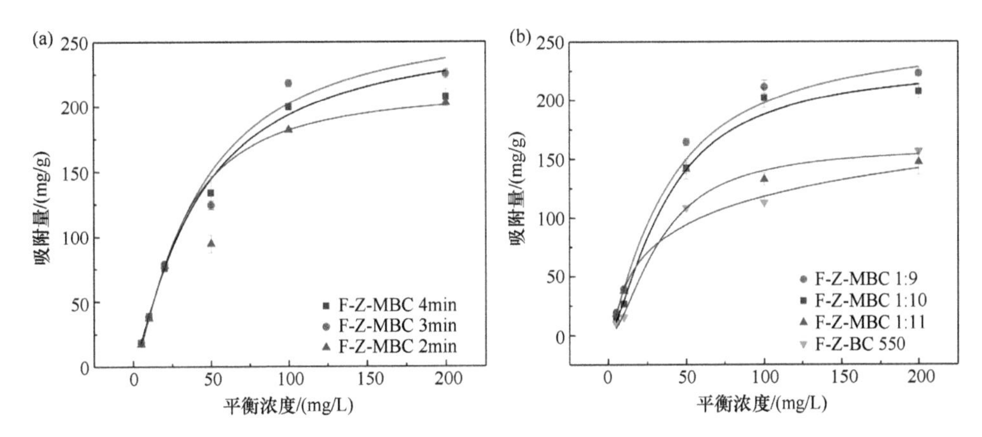

图 3-40　F-Z-MBC 时间优化（a）与 F-Z-MBC 铁离子比例优化（b）的等温拟合曲线（彭景东，2022）

从图 3-40（a）可以看出，Pb(Ⅱ)的吸附量随着平衡浓度的增大而增大，并且逐渐达到材料的最大吸附容量。不同炭化时间下制备的 F-Z-MBC 均符合 Langmuir 模型，从表 3-10 中可以看出，不同炭化时间下制备的 F-Z-MBC 利用

表 3-10　F-Z-MBC 不同制备条件下 Langmuir 等温吸附曲线拟合数据（彭景东，2022）

改性生物质炭	Langmuir 模型		
	q_{max}/（mg/g）	K_L/（L/mg）	R^2
F-Z-MBC 4 min	262.171	0.010	0.999
F-Z-MBC 3 min	271.623	0.009	0.991
F-Z-MBC 2 min	215.287	0.008	0.998
F-Z-MBC 1：11	154.631	0.001	0.939
F-Z-MBC 1：10	231.485	0.004	0.992
F-Z-MBC 1：9	257.077	0.010	0.994
F-Z-BC 550	160.915	0.002	0.995

Langmuir 等温线方程进行拟合都得到了较大的 R^2，其数值均达到了 0.99 以上。F-Z-MBC 3 min 具有最好的吸附效果，其最大吸附量达到了 271.62 mg/g，高于 F-Z-MBC 4 min 的 262.17 mg/g 与 F-Z-MBC 2 min 的 215.28 mg/g。结合 N_2 吸/脱附表征，推测产生这种现象的原因主要是 F-Z-MBC 3 min 具有更多的微观结构，可以为过渡金属氧化物纳米颗粒提供更多的负载位点以强化吸附效果。

在选定上述最佳炭化时间后，为进一步探究不同生物质与 $FeCl_3$ 质量比对吸附造成的影响，在 3 min 炭化时间，以及 $FeCl_3$ 与生物质的质量比分别为 1∶9、1∶10、1∶11 的条件下制备了 F-Z-MBC 1∶9、F-Z-MBC 1∶10、F-Z-MBC 1∶11，进行不同 Pb(Ⅱ)初始浓度吸附试验，测定 60 min 时上清液中 Pb(Ⅱ)浓度。

从图 3-40（b）中可以看出，Pb(Ⅱ)的吸附量随着平衡浓度的增大而增大，并且逐渐达到材料的最大吸附容量。在 $FeCl_3$ 与生物质的质量比为 1∶9 时所制备的生物质炭具有最好的吸附效果，最大吸附量达到了 257.07 mg/g。从表 3-10 中可以看出，F-Z-MBC 1∶11、F-Z-MBC 1∶10 与 F-Z-MBC 1∶9 生物质炭均符合 Langmuir 模型，相关系数分别达到了 R^2=0.939、R^2=0.992 与 R^2=0.994，说明这三种材料的吸附行为属于均相表面的单分子层吸附。当铁离子添加量过大时，会严重阻塞生物质炭表面的微孔，大幅降低生物质炭比表面积，占用吸附位点，即随着铁离子添加量的上升，生物质炭对 Pb(Ⅱ)的最大吸附量不断下降。

为了体现微波-熔融盐法一步制备磁性生物质炭的优越性，利用管式炉在 550℃的温度下，添加同样比例的 $ZnCl_2$ 与 $FeCl_3$ 热解 12 h，得到生物质炭 F-Z-BC550，以上述条件进行吸附试验。普通热解方式制备的生物质炭孔结构较差，相比微波-熔融盐法制备的生物质炭，能够负载的活性金属更少，其中 F-Z-BC550 的最大吸附量仅为 160.91 mg/g，远远低于以微波-熔融盐法制备的生物质炭。

为了研究磁性金属负载生物质炭（F-Z-MBC）对铅离子的吸附行为，图 3-41 展示了伪一级动力学模型的拟合曲线及相关系数（吸附剂添加量固定为 10 mg，铅溶液的浓度为 100 mg/L，溶液总体积为 40 mL）。铅离子吸附可以在 60 min 内达到平衡，伪一级动力学的线性相关系数 R^2 分别为 0.926（F-Z-MBC 2 min）、0.963（F-Z-MBC 3 min）、0.991（F-Z-MBC 4 min），表明 F-Z-MBC 的吸附方式为化学吸附，受多种因素共同影响。

F-Z-MBC 吸附热力学参数如表 3-11 所示。ΔG^0 为负值，表明 F-Z-M 生物质炭对水体铅离子的吸附过程是自发的，具有良好的热力学性能。此外，ΔG^0 随温度的升高而下降越快，说明温度越高，吸附过程越有利。ΔH^0 为正值，表明 F-Z-MBC 对水体铅离子的吸附反应为吸热过程。ΔS^0 为正值，说明 F-Z-MBC 的吸附反应过程中 Pb(Ⅱ)与生物质炭表面官能团存在相互作用。从图 3-42 可以看出，随着温度的升高，F-Z-MBC 对 Pb(Ⅱ)吸附量逐渐上升。

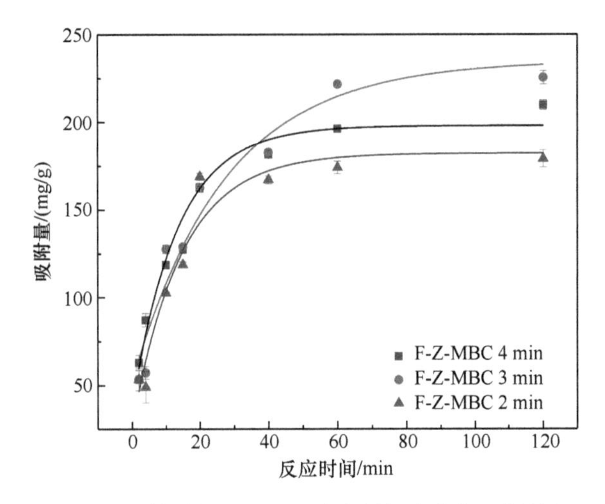

图 3-41　不同反应时间的 F-Z-MBC 动力学拟合曲线（彭景东，2022）

表 3-11　F-Z-MBC 的吸附热力学参数（彭景东，2020）

T/K	ΔG^0/（kJ/mol）	ΔH^0/（kJ/mol）	ΔS^0/［J/(mol·K)］	R^2
298	−0.32460	10.65432	63.62	0.926
308	−0.46670			0.993
318	−0.83212			0.961

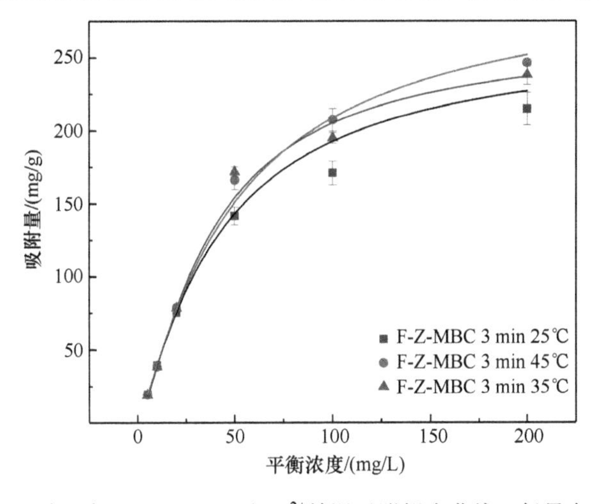

图 3-42　三种温度下 F-Z-MBC 对 Pb^{2+}等温吸附拟合曲线（彭景东，2022）

为了探究不同酸碱环境下，F-Z-MBC 对水体铅离子的吸附规律，分别测定了在 pH 2～5 时 F-Z-MBC 对水体铅离子的吸附量，以及吸附前后溶液 pH 的变化量。如图 3-43（a）所示，在 pH 4 的条件下，生物质炭达到了最大吸附量。同时，对比图 3-43（b）可以发现，F-Z-MBC 的 pH_{pzc} 为 4.915，这说明在 pH 接近 5 时生物质炭表面产生了负电荷，这对于重金属离子的吸附是有利的，但是从 pH 5 时的吸附量来看，相较于 pH 4 时的吸附量没有明显上升，反而有下降的趋势，这说明静电吸引在吸引过程中占比不大，F-Z-MBC 的主要吸附方式为负载的活性金属 ZnO 在吸附过程中活化苯环上官能团所形成的化学吸附（共沉淀、离子交换等）。

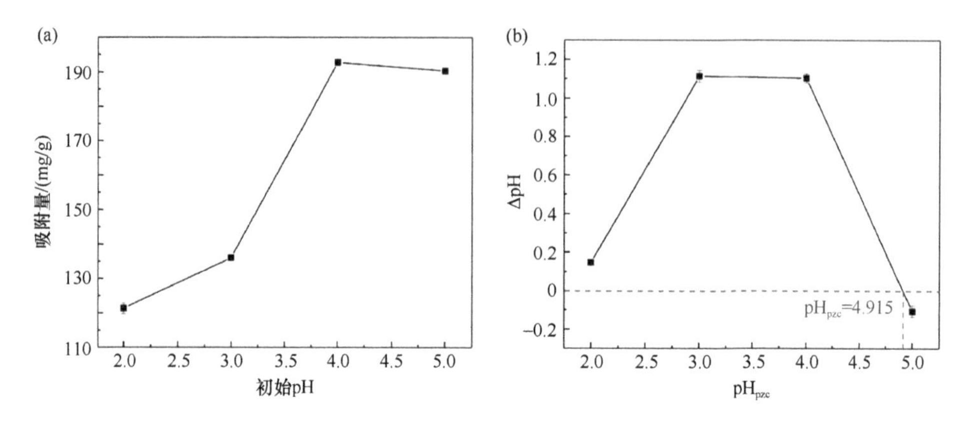

图 3-43　F-Z-MBC 在不同 pH 下的吸附量（a）和吸附前后的 pH 变化（b）（彭景东，2022）

为了探究背景阳离子对 F-Z-MBC 吸附水体铅离子的影响，以 K^+、Na^+、Ca^{2+}、Mg^{2+}为背景离子，测定了不同阳离子浓度（0.02～0.1 mol/L）下 F-Z-MBC 对水体铅离子的吸附量。由图 3-44 可以看出，四种金属阳离子对磁性生物质炭的吸附效果均有抑制作用，对比 pH 的影响试验，可以看出静电吸引并不是 F-Z-MBC 吸附铅离子的方式，且一价阳离子与二价阳离子对吸附效果的抑制作用差别不大。结合 FTIR 表征，生物质炭表面丰富的羟基、C—N 基团与 C—H 芳香基团等官能团强化了 F-Z-MBC 对水体铅离子的吸附效果，而背景溶液中的金属阳离子会与这些基团反应，占用生物质炭的吸附位点，从而抑制了生物质炭对重金属离子的吸附。

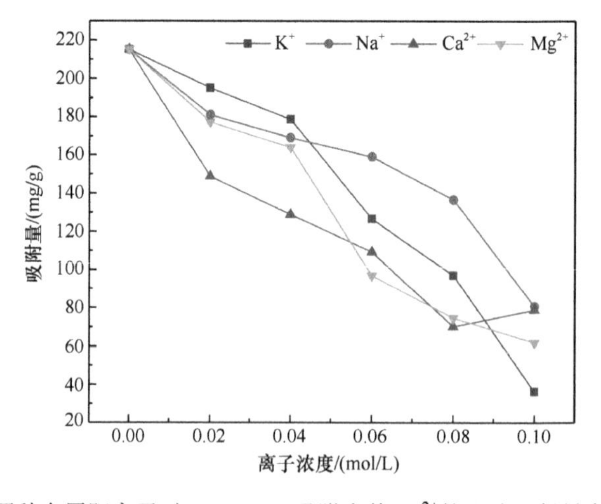

图 3-44　四种金属阳离子对 F-Z-MBC 吸附水体 Pb^{2+}的影响（彭景东，2022）

总体来说，生物质炭及其改性材料的制备方法和物理化学性质已经有了一定的研究，其在环境污染物去除方面的作用也有了比较全面的认识。未来，开发成本低、效率高、适用范围广的新型高效生物质炭及其改性材料，以及明晰生物质炭对新兴污染物的去除机制将是研究趋势。

参 考 文 献

曹健华, 刘凌沁, 黄亚继, 等. 2019. 原料种类和热解温度对生物炭吸附 Cd^{2+}的影响. 化工进展, 38(9): 4183-4190.

楚颖超, 李建宏, 吴蔚东. 2015. 椰纤维生物炭对 Cd(Ⅱ)、As(III)、Cr(III)和 Cr(VI)的吸附. 环境工程学报, 9(5): 2165-2170.

陈广世, 石炎, 薛聪, 等. 2018. 应用探针分子研究骨炭和木炭吸附诺氟沙星的机理. 农业环境科学学报, 37(3): 471-477.

常帅帅, 张学杨, 王洪波, 等. 2020. 木屑生物炭的制备及其对 Pb^{2+}的吸附特性研究. 生物质化学工程, 54(3): 37-44.

杜庆. 2021. 新型人工炭基材料对水中 Pb(Ⅱ)、Cd(Ⅱ)的去除性能及机制研究. 哈尔滨: 东北农业大学硕士学位论文.

杜铮. 2020. 不同制备条件生物炭对 NH_4^+、NO_3^-、PO_4^{3-}的吸附能力初筛. 栽培育种, 2: 6.

郭素华, 许中坚, 李方文, 等. 2015. 生物炭对水中 Pb(Ⅱ)和 Zn(Ⅱ)的吸附特征. 环境工程学报, 9(7): 3215-3222.

李瑞月, 陈德, 李恋卿, 等. 2015. 不同作物秸秆生物炭对溶液中 Pb^{2+}、Cd^{2+}的吸附. 农业环境科学学报, 34(5): 1001-1008.

李旭, 季宏兵, 张言, 等. 2019. 不同制备温度下水生植物生物炭吸附 Cd^{2+}研究. 水处理技术, 45(9): 68-73, 77.

刘杰, 施胜利, 贾月慧, 等. 2018. 不同热解温度生物炭对 Pb^{2+}的吸附研究. 农业环境科学学报, 37(11): 2586-2593.

马洁晨, 汪新亮, 张学胜, 等. 2019. 不同热解温度龙虾壳生物炭特征及对 Zn^{2+}的吸附机制. 生态与农村环境学报, 35(7): 900-908.

马锋锋, 赵保卫. 2017. 玉米芯生物炭吸附水中对硝基苯酚的特性. 环境化学, 36(4): 898-906.

娜扎发提•穆罕麦提江, 陈颢明, 闵芳芳, 等. 2021. 不同类型生物炭对水体中微塑料的吸附性能. 环境化学, 40: 3368-3378.

申磊, 荆延德, 孙小银, 等. 2018. 动植物来源生物炭对水体中 Cd^{2+}的吸附特性. 生态与农村环境学报, 34(4): 363-370.

彭景东. 2022. 微波-熔融盐法快速制备多孔生物炭及其强化吸附水体重金属. 哈尔滨: 东北农业大学硕士学位论文.

商苓尧, 顾若婷, 张强, 等. 2022. 秸秆生物炭吸附对乙酰氨基酚的机制及其位能分布特征. 环境科学, 43: 15840.

宋景鹏. 2020. 玉米秸秆基生物炭对水中锌离子的去除效果及机制研究. 哈尔滨: 东北农业大学硕士学位论文.

索桂芳, 吕豪豪, 汪玉瑛, 等. 2018. 不同生物炭对氮的吸附性能. 农业环境科学学报, 37(6):

1193-1202.

宋新山，宋锦，曹新，等. 2019. 改性稻秆阴离子吸附剂的制备及对硝酸根吸附研究. 安全与环境学报, 19(2): 658-665.

孙达，汪华，孔燕，等. 2020. 水稻秸秆生物质炭和猪粪生物炭对镉的吸附性能. 浙江农业科学, 61(2): 308-313.

王开峰，彭娜，曾令泽，等. 2016. 水葫芦生物炭对水溶液中 Cu^{2+}的吸附研究. 嘉应学院学报, 34(11): 35-41.

韦思业，宋建中，彭平安，等. 2019. 不同温度制备生物炭的热解产物特征. 地球化学, 48: 511-520.

魏忠平，朱永乐，赵楚峒，等 2020. 生物炭吸附重金属机理及其应用技术研究进展. 土壤通报, 51: 741-747.

谢伟雪，刘孝敏，李小东，等. 2018. 废毛发生物炭的特性及其对Ni(Ⅱ)和Zn(Ⅱ)的吸附研究. 环境工程技术学报, 8(6): 656-661.

张双杰，邢宝林，黄光许，等. 2016. 核桃壳水热炭对六价铬的吸附特性. 化工进展, 35(3): 950-956.

张双杰，邢宝林，黄光许，等. 2017. 柚子皮水热炭对六价铬的吸附. 环境工程学报, 11(5): 2731-2737.

张苏明，张建强，周凯，等. 2021. 铁基改性椰壳生物炭对砷的吸附效果及机制研究. 生态环境学报, 30(7): 1506-1512.

张帅帅. 2020. 铁基生物炭复合材料的制备及其对水中Pb(Ⅱ)去除机制研究. 哈尔滨：东北农业大学硕士学位论文.

Abollino G A, Giacomino A, Malandrino M, et al. 2008. Interaction of metal ions with montmorillonite and vermiculite. Applied Clay Science, 38(3-4): 227-236.

Amin M T, Alazba A A, Shafiq M. 2018. Removal of copper and lead using banana biochar in batch adsorption systems: Isotherms and kinetic studies. Arabian Journal for Science and Engineering, 43(11): 5711-5722.

Baharum N A, Nasir H M, Ishak M Y, et al. 2022. Highly efficient removal of diazinon pesticide from aqueous solutions by using coconut shell-modified biochar. Arabian Journal of Chemistry, 13(7): 6106-6121.

Cao L, Ouyang Z, Chen T, et al. 2022. Phosphate removal from aqueous solution using calcium-rich biochar prepared by the pyrolysis of crab shells. Environmental Science and Pollution Research, 29, 89570-89584.

Chen Y D, Lin Y C, Ho S H, et al. 2018. Highly efficient adsorption of dyes by biochar derived from pigments-extracted macroalgae pyrolyzed at different temperature. Bioresource Technology, 259: 104-110.

Chen Z L, Zhang J Q, Huang, Y, et al. 2019. Removal of Cd and Pb with biochar made from dairy manure at low temperature. Journal of Integrative Agriculture, 18(1): 201-210.

Hyder A, Begum S A, Egiebor N O. 2014. Sorption studies of Cr(VI)from aqueous solution using bio-char as an adsorbent. Water Science and Technology, 69(11): 2265-2271.

Jiang S S, Huang L B, Nguyen T A, et al. 2016. Copper and zinc adsorption by softwood and hardwood biochars under elevated sulphate-induced salinity and acidic pH conditions. Chemosphere, 142: 64-71.

Jung K W, Hwang M J, Ahn K H, et al. 2015. Kinetic study on phosphate removal from aqueous solution by biochar derived from peanut shell as renewable adsorptive media. International

Journal of Environmental Science and Technology, 12(10): 3363-3372.

Jung K W, Kim K, Jeong T U, et al. 2016. Influence of pyrolysis temperature on characteristics and phosphate adsorption capability of biochar derived from waste-marine macroalgae(*Undaria pinnatifida* roots). Bioresource Technology, 200: 1024-1028.

Kalderis D, Kayan B, Akay S, et al. 2017. Adsorption of 2, 4-dichlorophenol on paper sludge/wheat husk biochar: Process optimization and comparison with biochars prepared from wood chips, sewage sludge and hog fuel/demolition waste. Journal of Environmental Chemical Engineering, 5(3): 2222-2231.

Karunanithi R, Ok Y S, Dharmarajan R, et al. 2017. Sorption, kinetics and thermodynamics of phosphate sorption onto soybean stover derived biochar. Environmental Technology and Innovation, 8: 113-125.

Khalil U, Shakoor M B, Ali S, et al. 2020. Adsorption-reduction performance of tea waste and rice husk biochars for Cr(VI)elimination from wastewater. Journal of Saudi Chemical Society, 24(11): 1.

Kizito S, Wu S, Kirui W K, et al. 2015. Evaluation of slow pyrolyzed wood and rice husks biochar for adsorption of ammonium nitrogen from piggery manure anaerobic digestate slurry. Science of the Total Environment, 505: 102-112.

Lan Y B, Gai S, Cheng K, et al. 2022a. Advances in biomass thermochemical conversion on phosphorus recovery: Water eutrophication prevention and remediation. Environmental Science Water Research & Technology, 8: 1173-1187.

Lan Y B, Gai S, Cheng K, et al. 2022b. Lanthanum carbonate hydroxide/magnetite nanoparticles functionalized porous biochar for phosphate adsorption and recovery: Advanced capacity and mechanisms study. Environmental Research, 214: 113783.

Lee M E, Park J H, Chung J W. 2019. Comparison of the lead and copper adsorption capacities of plant source materials and their biochars. Journal of Environmental Management, 236(15): 118-124.

Liu B, Gai S, Lan Y B, et al. 2022. Metal-based adsorbents for water eutrophication remediation: A review of performances and mechanisms. Environmental Research, 202: 113353.

Mei Y, Li B, Fan S. 2020. Biochar from rice straw for Cu^{2+} removal from aqueous solutions: Mechanism and contribution made by acid-soluble minerals. Water Air and Soil Pollution, 231(8): 420.

Moyo M, Lindiwe S T, Sebata E, et al. 2016. Equilibrium, kinetic, and thermodynamic studies on biosorption of Cd(II)from aqueous solution by biochar. Research on Chemical Intermediates, 42(2): 1349-1362.

Qiao K L, Tian W J, Bai J, et al. 2018. Preparation of biochar from *Enteromorpha prolifera* and its use for the removal of polycyclic aromatic hydrocarbons(PAHs)from aqueous solution. Ecotoxicology and Environmental Safety, 149: 80-87.

Rajapaksha A U, Ok Y S, El-Naggar A, et al. 2019. Dissolved organic matter characterization of biochars produced from different feedstock materials. Journal of Environmental Management, 233: 393-399.

Sarkhot D V, Ghezzehei T A, Berhe A A. 2013. Effectiveness of biochar for sorption of ammonium and phosphate from dairy effluent. Journal of Environmental Quality, 42(5): 1545-1554.

Shakya A, Agarwal T. 2019. Removal of Cr(VI)from water using pineapple peel derived biochars: Adsorption potential and re-usability assessment. Journal of Molecular Liquids, 293: 111497.

Song J P, Zhang S S, Li G X, et al. 2020. Preparation of montmorillonite modified biochar with various temperatures and their mechanism for Zn ion removal. Journal of Hazardous Materials, 391: 121692.

Sumalinog D A , Capareda S C, Lunamdg D. 2018. Evaluation of the effectiveness and mechanisms of acetaminophen and methylene blue dye adsorption on activated biochar derived from municipal solid wastes. Journal of Environmental Management, 210: 255-262.

Sun C, Cao H, Huang C, et al. 2022. Eggshell based biochar for highly efficient adsorption and recovery of phosphorus from aqueous solution: Kinetics, mechanism and potential as phosphorus fertilizer. Bioresource Technology, 362: 127851.

Tito G A, Ribeiro S, Souza R S, et al. 2008. Isotermas de adsorção de cobre por bentonita. Revista Caatinga, 21(3): 16-21.

Wei W, Yan Y L, Shao X S, et al. 2017. Facile pyrolysis of fishbone charcoal with remarkable adsorption performance towards aqueous Pb(Ⅱ). Journal of Environmental Chemical Engineering, 232: 204-210.

Xiao X, Chen B, Chen Z, et al., 2018. Insight into multiple and multilevel structures of biochars and their potential environmental applications: A critical review. Environmental Science and Technology, 52: 5027-5047.

Yang F, Zhang S S, Li H P et al. 2018a. Corn straw-derived biochar impregnated with α-FeOOH nanorods for highly effective copper removal. Chemical Engineering Journal, 348: 191-201.

Yang F, Zhang S S, Sun Y Q, et al.2018b. Fabrication and characterization of hydrophilic corn stalk biochar-supported nanoscale zero-valent iron composites for efficient metal removal. Bioresource Technology, 265: 490-497.

Yang F, Zhang S S, Cho D W, et al.2019. Porous biochar composite assembled with ternary needle-like iron-manganese-sulphur hybrids for high-efficiency lead removal. Bioresource Technology, 272: 415-420.

Yin Q, Liu M, Ren H. 2019. Biochar produced from the co-pyrolysis of sewage sludge and walnut shell for ammonium and phosphate adsorption from water. Journal of Environmental Management, 249: 109410.

Yin Q, Wang R, Zhao Z. 2018. Application of Mg-Al-modified biochar for simultaneous removal of ammonium, nitrate, and phosphate from eutrophic water. Journal of Cleaner Production, 176: 230-240.

Yin Q, Zhang B, Wang R, et al. 2017. Biochar as an adsorbent for inorganic nitrogen and phosphorus removal from water: A review. Environmental Science and Pollution Research, 24, 26297-26309.

Yu Y L, Wan Y, Shang H R, et al. 2018. Corncob-to-xylose residue(CCXR)derived porous biochar as an excellent adsorbent to remove organic dyes from wastewater. Surface and Interface Analysis, 51(2): 234-245.

Zhang X, Fu W J, Yin Y X, et al. 2018. Adsorption-reduction removal of Cr(VI)by tobacco petiole pyrolytic biochar: Batch experiment, kinetic and mechanism studies. Bioresource Technology, 268: 149-157.

Zhang Y, Fan R M, Zhang Q K, et al. 2019. Synthesis of $CaWO_4$-biochar nanocomposites for organic dye removal. Materials Research Bulletin, 110: 169-173.

Zhao S, Na T, Wang X. 2020. Absorption of Cu(II)and Zn(II)from aqueous solutions onto biochars derived from apple tree branches. Energies, 12(13): 3498.

Zhou N, Chen H G, Xi J T, et al. 2017. Biochars with excellent Pb(Ⅱ)absorption property produced from fresh and dehydrated banana peels via hydrothermal carbonization. Bioresource Technology, 232: 204-210.

第 4 章　生物质炭改善土壤理化性质

土壤是生物圈的重要组成部分，是农业和自然生态系统的基础，由于土壤对农业可持续发展的重要作用，土壤质量在世界范围内正受到各方面的广泛关注。近年来，随着各种极端天气的出现及人为因素的干扰，土壤酸化、盐碱化和沙漠化等问题日益突出，土壤矿物质和有机质流失严重，造成了大面积的土壤退化。因此，改善退化土壤的物理化学性质、提升土壤质量意义重大。相关研究证明，生物质炭添加到土壤中可以提升土壤的一系列理化性能，包括增加土壤中的团聚体和微生物数量、改善土壤团聚体的稳定性与矿物颗粒的相互作用、避免土壤侵蚀、调节土壤 pH、增加土壤阳离子交换容量、提升土壤有机质含量，从而有利于增产增收，促进可持续农业的发展。本章将着重分析添加生物质炭对土壤理化性质的影响机制。

4.1　生物质炭改善土壤物理性质

4.1.1　生物质炭对土壤容重的影响

土壤容重应称为土壤干容重，又称为土壤假比重，是土壤理化性质的重要指标之一，它与土壤紧实度密切相关，能够反映土壤质量。生物质炭作为一种稳定的土壤改良剂，添加到土壤中对降低土壤容重具有重要作用。生物质炭降低土壤容重主要有两方面原因：一方面，生物质炭具有多孔、疏松的结构，容重较低，凭借其极大的比表面积和表面电荷，施入土壤后能够增强团聚性，降低土壤容重；另一方面，生物质炭可以增加土壤微生物量和生物活性，从而改善土壤结构。通常情况下，较高有机质含量的低容重土壤更有利于土壤养分的保留及降低土壤板结程度，有利于种子的萌发、节约种植成本。因此，生物质炭的施用可以降低土壤容重，从而有利于土壤生产力的提高。生物质炭对土壤容重的影响还与稀释作用和摩擦力有关。生物质炭施入压实的土壤后不会随着生物质炭的添加而得到有效恢复，这是由于生物质炭的弹性较低，导致土壤的恢复能力也受到影响。为此，可通过一些直接或间接影响来提高土壤紧实度。一些研究表明，在加入生物质炭后的土壤中，真菌会使土壤紧实度提高，同时导致植物生产力提高，被生物质炭影响的根系和菌丝的生长也会对土壤容重产生影响。生物质炭较高的孔隙度使得它在降低土壤容重方面有很好的作用。容重的变化是由于良好孔隙结构的生物质炭掺入土壤表层后改变了原本质地黏重的盐碱土壤，有效地改善了土壤结构。

葛顺峰等（2014）在研究生物质炭对苹果园土壤容重和阳离子交换量的影响时发现，添加生物质炭可显著降低土壤容重，并且对 0～5 cm 和 5～10 cm 两个土层的土壤容重影响趋势基本一致。尤俊坚（2019）通过向砂壤土中添加不同质量浓度生物质炭的盆栽试验发现，生物质炭具有显著降低砂壤土土壤容重的作用。但是，不同原材料制备的生物质炭密度相差较大，机械强度不同，生物质炭可能发生机械破碎或由于其他物理化学作用的影响变成更小的颗粒，从而进入土壤孔隙中增加土壤容重。将生物质炭作为土壤改良剂来增加土壤容重的研究目前已有报道，但仍需进一步关注其对土壤的长期效应。

4.1.2 生物质炭对土壤孔隙结构的影响

土壤孔隙是指土壤固体颗粒间的空隙，土壤孔隙的大小、形状及其稳定性与土壤结构密切相关。土壤孔隙是容纳水分和空气的空间，也是植物根系生长、土壤动物和微生物活动的场所。良好的土壤孔隙结构在土壤通气性、保水和养分释放方面都起着重要作用。生物质炭的孔隙分布、连接性、颗粒大小和机械强度，以及它在土壤中的移动，都会影响土壤孔隙结构，对土壤微生物群落及土壤整体吸附能力都有很大益处。

Verheijen 等（2010）发现，当生物质炭添加到土壤时，土壤孔隙网络受到多种方式影响，例如，生物质炭的固有孔隙度、生物质炭颗粒的孔径分布及其连通性、生物质炭颗粒的机械强度，以及生物质炭颗粒在土壤中的转移和相互作用，这些都是导致土壤总孔隙度变化的原因。Omondi 等（2016）总结分析了近些年发表的不同条件下施用生物质炭的试验结果，认为施用生物质炭可使土壤总孔隙度平均增加 2%～41%。此外，随着生物质炭施用量的增加，土壤孔隙度呈现出线性上升。生物质炭能够增加土壤总孔隙度，主要是由于生物质炭疏松多孔，有大量的微孔，促进了土壤团聚体的形成。虽然在大多数情况下，施用生物质炭可以减少土壤容重、增加土壤总孔隙度，但减少或增加的程度也与土壤类型、生物质炭的来源、裂解温度、施用率和施用方法等有关。Zhou 等（2019）的研究结果表明，把玉米芯在 360℃下热解 24 h 制成的生物质炭施用至砂壤土后，砂壤土的大孔隙率明显提高。另外也有一些研究认为，施用生物质炭会大孔隙逐渐转向小孔隙使土壤降低土壤大孔隙率。Petersen 等（2016）的一项室内试验表明，应用小麦秸秆在 525℃下快速裂解产生的生物质炭可将砂壤土中 60～300 μm 孔径的可排水孔隙转变为 0.2～60 μm 的孔隙；Fan 等（2019）通过连续多年的稻–麦轮作定位试验发现，每年施用由秸秆裂解制成的生物质炭显著降低了土壤孔隙度和孔隙数量，该现象可能是由于小粒径的生物质炭进入土壤大孔，使土壤大孔的孔径逐渐变小，转化为相对较小的孔隙，进而降低土壤大孔隙率。因此，生物质炭的应用可以改变土壤大孔径分布，但土壤大孔径结构改变的实际程度需要综合具体的生物质炭来源、裂解温度、土壤类型和应用年限来考虑。

4.1.3　生物质炭对土壤水分的影响

土壤水分对植物和其他土壤生物的新陈代谢至关重要，溶解在土壤中的各种元素是植物生长发育所需的有效营养物质的重要来源，也是土壤形成发育的重要因素。土壤水分通常包括饱和含水量、毛管持水量、毛管断裂含水量、田间持水量、凋萎系数等，它们是反映土壤持水保水能力的重要指标，对改善土壤水分特性有重要指导意义。水分的吸收和释放对于土壤养分物质循环及保持等均具有明显作用，但过度开垦及农业活动造成了严重的水土流失现象。因此，研究如何减少土壤中的水分流失对于土壤养分的固持具有重要意义。土壤的保水能力取决于土壤孔隙的分布和连通性，这在很大程度上受到土壤颗粒大小、结构特征和土壤有机质含量的限制。生物质炭加入土壤后，由于其具有较高的比表面积，可以使得土壤持水能力和保水性能显著提高。Glaser 等（2002）指出，生物质炭含量丰富的亚马孙河流域耕作土持水率比未含生物质炭的土壤高 18%左右。Liang 等（2014）通过三年的试验证明，添加一定量的生物质炭可以明显改善土壤的持水量，增加量可以达到 9%以上。张皓钰等（2022）研究发现施加生物质炭后，土壤容重显著降低、总孔隙度增加，进而导致土壤在低吸水力条件下的持水能力增强。在中高吸水力条件下，生物质炭添加对持水能力的改变与土壤性质密切相关。在生物质炭添加后，砂质土壤的持水能力提高，但提高效应随吸水力值增加而减弱。而壤质、黏质土壤的持水能力在中高吸力条件下有明显的降低，且降低效应随吸力值和生物质炭添加量的增加变得更为明显。这主要是由于添加生物质炭后，砂质土壤中小孔隙的数量和体积占比均增加，这与王丹丹等（2013）的结论基本一致。此外，生物质炭比壤质和黏质土的持水能力弱，导致壤质、黏质土壤在添加生物质炭后更容易排水。

生物质炭与各土壤的持水能力存在差异，导致生物质炭添加影响了土壤的田间持水量、凋萎系数和最大有效含水量等水分常数，且这种影响与土壤类型和生物质炭添加量有关。生物质炭持水能力比砂质土壤强，且生物质炭的细小孔隙结构可以增加毛管孔隙度，导致风砂土、黄绵土和砂质潮土的田间持水量在添加生物质炭后明显提高。生物质炭对土壤持水能力的影响可能与生物质炭本身的性质有关，此外还有影响土壤结构和性质等间接因素。微孔受热膨胀会形成许多孔径不同的孔隙，而孔隙的表面部分会被烧蚀，导致结构不完整，再加上灰分的存在，往往会形成丰富的含氧官能团。含氧官能团的存在使生物质炭具有一定亲水性，从而增强其保持土壤水分的能力。随着土壤中生物质炭的表面氧化，含氧官能团的数量也逐渐增加。同时，生物质炭本身通常含有疏水官能团，存在一定的疏水作用。然而，生物质炭中疏水官能团的数量及其存在与否也与制备原料和制备生物质炭的温度密切相关。一般来说，在 400～600℃下制备的生物质炭具有较高的持水能力和较低的疏水性。生物质炭的疏水性往往会促进土壤表面径流的发生，加速农田中施用肥料的流失，从而增加农田面源污染的风险。因此，在农田土壤中具体应用生物质炭时，需要特别注意疏水性对田间土壤持水能力的影响。

4.1.4 生物质炭对土壤团聚体的影响

土壤团聚体是土壤的重要组成成分，由土壤颗粒凝聚而成，是土壤的基本结构单位，也是土壤肥沃程度的重要标志。土壤团聚体的直径大于 0.25 mm 时称为大团聚体（MAA），直径小于 0.25 mm 时称为微团聚体（MIA）。土壤团聚体的形成有助于保持水分，增强土壤的通气性，并提高对集约耕作造成退化的复原力。土壤团聚体的形成大体上可以分为两个阶段。第一阶段是矿物质和次生黏土矿物颗粒通过各种外力或植物根系挤压相互胶结，凝聚成复粒或团聚体。第二阶段是通过胶结作用、根毛和菌丝的固定作用，由复杂的颗粒形成团块。土壤中的动物群、微生物和一些环境属性等会促使土壤形成团聚体并保持其稳定性。土壤中的团聚体可以减少水土流失，因此针对土壤团聚体的研究越来越多。近些年来，人为影响导致可耕地结构遭到大规模破坏，全球气候变化也对土壤团聚和团聚体稳定性产生负面影响，这导致许多可耕地面临着结构不良和肥力大幅下降的问题（Ding et al.，2011）。土壤团聚体结构的变化会引起水分的大幅波动，以及酶种类、水解能力、保水性和抗腐蚀性的显著变化。一般来说，土壤团聚体与土壤微生物数量、有机组成以及生物活性密切相关。与大团聚体相比，微团聚体可以更好地保护土壤有机质免受微生物攻击（Haynes and Naidu，1998）。土壤团聚体形状、大小和稳定性直接影响土壤的肥力、营养储存等方面，与土壤理化性质、生物学特性及作物生长关系密切。团聚体对有机碳的物理性保护被认为是稳定农田土壤有机碳的重要机制（Mikha and Rice，2004）。土壤团聚体与土壤有机碳密切相关，二者之间相互作用、相互影响。土壤有机碳为促进土壤团聚体形成和稳定提供必需的胶结物质，与此同时，土壤团聚体有利于土壤有机碳的固存，可为有机碳提供物理保护和存储场所（Lützow et al.，2007）。因此，土壤团聚过程决定了土壤有机碳被保护的程度，甚至土壤团聚体有机碳组分的微小变化都能在一定程度上反映土壤总有机碳的潜在演变趋势。由此可见，进一步开展两者关系的研究，对深入探讨土壤有机碳动力学变化及其循环与转化过程具有重要且深远的意义。目前的研究一般都认为生物质炭的输入可以促进土壤团聚体的稳定性。由于物理保护，土壤团聚体的生物和有机物空间组成是土壤有机物的稳定机制之一。土壤团聚体的分布和稳定性不仅决定了土壤的物理性质，如孔隙度、含水量和抗侵蚀性，而且对土壤的碳氮循环也有重要影响。通过添加外源性有机物提高土壤有机碳含量被认为是改善土壤结构的有效手段。生物质炭有利于通过整合土壤微团聚体的结构来稳定土壤微团聚体，这是由于生物质炭可以在一定程度上促进丛枝菌根真菌的生长与繁殖，并且随着真菌菌丝数量的增多，土壤团聚体的作用也会随之增强。Warnock 等（2007）认为生物质炭促进真菌的生长与繁殖有 4 个方面的机制：首先，改变土壤的物理化学性质；其次，作用于其他土壤微生物，从而间接影响丛枝菌根真菌；再者，生物质炭能够干扰植物真菌信号；最后，生物质炭可以给真菌提供“避难场所”，免受真菌捕食者影响。真菌根的增多与团聚体的丰富程度和稳定性直接相关，这已经被一系列的研究所证实。

生物质炭主要通过以下 4 种方式影响土壤团聚体的稳定性：①高 pH 的生物质炭可能导致土壤中的氢氧化物、磷酸盐和碳酸盐沉淀，从而作为团聚体中的黏合剂，提高团聚体的稳定性；②生物质炭可以增加微生物的生长和活性，微生物残留物可以用作黏合剂，与土壤颗粒结合形成团聚体；③生物质炭添加会导致有机碳增加，进而可以通过增加矿物颗粒与碳的结合力来提高内部凝聚力，显著提高骨料的抗崩解性和抗膨胀性；④随着时间的推移和改性，生物质炭表面形成的缺陷和褶皱可以增加其吸附能力，进而促进土壤聚集。Zhang 等（2020）利用生物质炭改良剂进行了为期 6 年的水稻和小麦轮作试验，结果表明，长期施用生物质炭将增强土壤结构的稳定性，特别是宏观和微观团聚体的形成，促进这些团聚体中养分的积累。生物质炭施用后，土壤大团聚体含量增加，土壤团聚体的稳定性得到了提升。生物质炭施入土壤中以后，土壤总孔隙度增加，有机碳含量升高，土壤微生物活性升高，进而促进了胶结物质的分泌，最终使土壤大团聚体含量增大、稳定性增加。Jien 和 Wang（2013）研究表明，生物质炭增加了土壤的平均重量直径，大团聚物的增加是提高土壤抗侵蚀潜力的关键因素。

4.2　生物质炭提升土壤化学性质

4.2.1　土壤化学特性与土壤质量

土壤 pH、土壤阳离子交换能力（CEC）、土壤有机质含量等均属于土壤的化学特性，它们与土壤质量息息相关。土壤酸碱性是土壤的重要指标之一，直接或间接影响污染物在土壤中的迁移和转化。土壤酸碱性能够影响污染物氧化还原体系的电位、重金属离子的溶解度，以及土壤对重金属离子的吸附等。适宜的酸碱性条件不但有利于改善土壤结构，还可以提高土壤中多种微生物的活性，实现增产增收。土壤阳离子交换量是指土壤胶体所能吸附的各种阳离子的总量，是反映土壤缓冲能力的一项重要指标，并且与其他各项指标息息相关。土壤矿物质和有机质被称为土壤的“骨骼”和“肌肉”，它们的含量与土壤肥力水平密切相关，是作物营养的主要来源，具有改善土壤质量和促进作物生长发育的作用，对于微生物活性也有显著影响。近年来，随着各种极端天气的出现及人为因素的干扰，土壤酸化、盐碱化和沙漠化等问题日益突出，土壤矿物质和有机质流失严重，造成了大面积的土壤退化。因此，改善退化土壤的化学性质对提升土壤质量意义重大。

4.2.2 生物质炭对土壤 pH 的影响

土壤 pH 是影响土壤质量的一项重要指标，良好的土壤酸碱性是作物高产的前提。土壤的酸度由酸性物质和碱性物质间的化学平衡所决定。土壤酸度的表示方法有强度和容量两种指标，根据土壤中 H^+的形态，可分为活性酸度和潜性酸度。土壤酸碱性对于植物根系的呼吸和生长，以及根系的吸收功能具有重要影响。我国的酸性土壤面积巨大，土壤酸化问题已经成为土壤退化的一个重要原因，是全球性重大环境问题。生物质炭的添加可显著提高土壤 pH，改善土壤酸化问题。李月雷（2022）研究了生物质炭添加条件下寒区土壤 pH 的变化情况，结果表明，冻融作用与生物质炭的双重作用会显著改变土壤的持水能力，而土壤的含水率直接影响土壤 pH 的变化，其中不同冻融循环周期内 L1 层土壤（1～2 cm）在三种生物质炭施用比例下的土壤 pH 变化情况如图 4-1 所示。由图可知，在三种不同的生物质炭施用比例下，生物质炭均显著改变了土壤的 pH。在组间比较时，施用生物质炭之前，土壤初始 pH 为 6.08；随着冻融循环时间的增长，在经过 7 天、15 天、30 天、60 天后，相较于土壤初始 pH 分别增大了 3.8%、3.3%、1.6%、4.1%；在第 7 天后，土壤 pH 发生了显著的变化。当施用生物质炭的比例为 1%时，土壤初始 pH 为 6.12，在经过 7 天、15 天、30 天、60 天冻融循环后，相较于土壤初始 pH 分别增大了 3.6%、3.7%、3.9%、4.5%；同样，在第 7 天时发生显著性提高，但在后续的冻融天数内并未产生明显变化。而当生物质炭施用比例为 2%时，土壤初始 pH 为 6.32，在经过 7 天、15 天、30 天、60 天冻融循环后，相较于土壤初始 pH 分别增大了 3.3%、4.4%、5.4%、5.6%；与上述不同的是，土壤 pH 在第 7 天与第 30 天均有了显著的提高。这种现象表明，土壤

pH 与冻融循环有着积极的响应关系，且随着生物质炭施用量的增加，土壤 pH 的增加程度变大。在组内对比时，施用 2%的生物质炭后土壤 pH 相较于未施用生物质炭的土壤增加了约 6.3%，而经历过 60 天冻融循环后，这种差值增加 7.8%。这说明冻融循环现象加剧了不同生物质炭施用比例土壤 pH 的差值。导致这种差异的原因主要体现在两个方面：一方面，生物质炭中的碱性灰分物质会逐步向土壤中释放；另一方面，生物质炭中的阴离子也会与土壤发生离子交换，使得土壤 pH 增加。

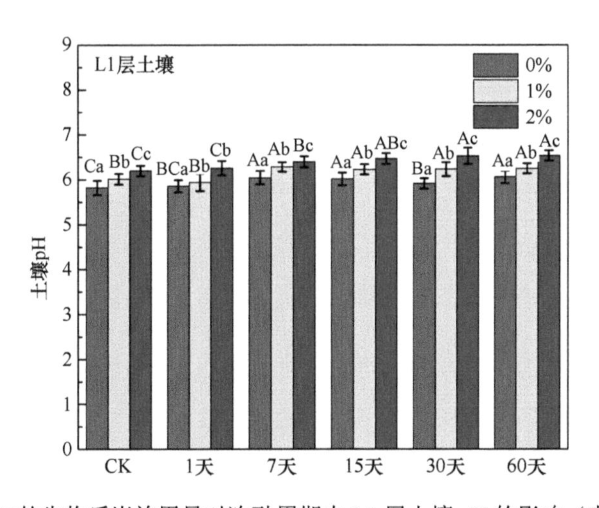

图 4-1　0%～2%的生物质炭施用量对冻融周期内 L1 层土壤 pH 的影响（李月雷，2022）

不同冻融循环周期内 L2 层土壤（9～10 cm）在三种生物质炭比例施用下土壤 pH 变化情况如图 4-2 所示。由图可知，在组间比较时，施用生物质炭之前，在经过 7 天、15 天、30 天、60 天的冻融循环后，相较于初始值（pH 5.94），土壤 pH 分别提高了 3.22%、3.19%、3.36%、4.54%；在经历 7 天的冻融循环后出现明显提高，在第 15 天到第 30 天的冻融期内比较平稳，在冻融第 60 天后 pH 再次出现升高的现象。将 1%生物质炭施入土壤后，经历 4 次不同的冻融循环周期，土壤 pH 分别较初始值（pH 6.15）分别提高了 1.73%、2.09%、2.34%和 4.76%；经历 60 天的冻融循环后土壤 pH 要明显高于 7 天、15 天及 30 天的 pH。在施用 2%的生物质炭后，相较于初始值（pH 6.19），经历了 7 天、15 天、30 天、60 天的冻融循环后，土壤 pH 分别提高了 3.55%、4.09%、5%、6.03%，在第 7 天出现了明显的提升，在第 60 天时提升更加明显。在组内比较时，土壤 pH 呈现出和 L1 层土壤相同的趋势，即随着生物质炭施用量的增大，土壤 pH 也随之增长，相比之下，在经历 60 次冻融循环周期后，未施用生物质炭与施用 2%生物质炭的土壤 pH 差值由 4.2%增加至 5.6%。

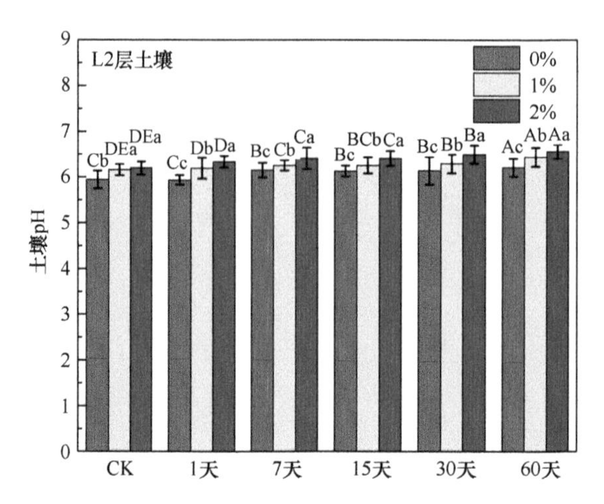

图 4-2 0%～2%的生物质炭施用量对冻融周期内 L2 层土壤 pH 的影响（李月雷，2022）

不同冻融循环周期内 L3 层土壤（19～20 cm）在三种生物质炭比例施用下土壤 pH 变化情况如图 4-3 所示。由图可知，在组间比较时，施用生物质炭之前，土壤 pH 为 6.08，在经过 7 天、15 天、30 天、60 天的冻融循环后，土壤 pH 分别提高了 2.1%、2.7%、2.8%、4.6%，呈现出与 L2 层土壤 0%施用量时相同的趋势，即在第 7 天开始出现显著性变化，在第 15 天、30 天变化幅度并不明显，而在第 60 天出现明显的提升。当生物质炭施用量为 1%时，土壤 pH 分别提高了 3.48%、5.28%、5.88%、5.99%，而 2%生物质炭施用量的土壤 pH 分别提高了 7.40%、8.66%、8.82%、10.69%。对于 1%生物质炭施用量的土壤，pH 在冻融 7 天与 15 天均发生明显提高，而在冻融 30 天与 60 天时趋于平缓；对于 2%生物质炭施用量的土壤来说，pH 在冻融 7 天后增长速度较为明显，而在冻融 15 天与 30 天的周期内变化不大，但在冻融第 60 天时发生明显的提高。在组内对比时，三种不同施用比例的生物质炭使土壤 pH 均发生显著性变化，0%的生物质炭相比 2%的生物质炭施用量在冻融 0 天的差值为 3.9%，而在经历 60 天的冻融循环后，差值增长至 6.8%。

对比三种不同生物质炭施用量条件下不同深度土壤 pH 间的差异可以发现，在冻融期刚刚开始时，三种不同比例生物质炭施入土壤后在垂直方向上虽有差异，但并不明显；在施用生物质炭之前，冻融期初始 L3 层与 L1 层间土壤 pH 的差值约为 2.7%，经历 60 天的冻融循环周期后，L3 层土壤 pH 相较于 L1 层土壤增加至 3.5%，施用 1%的生物质炭时，这种差值由 1.8%增加至 3.6%，而当生物质炭施用量为 2%时，差值由 2.1%增加至 3.8%。由此可见，冻融循环周期对不同深度土壤的 pH 均有一定的影响。除上述灰分等碱性物质释放及阴离子交换两种因素外，在冻融周期内，土壤水分不断经历运移、再分布等过程，影响了不同深度土壤的持水率，从而引起土壤 pH 的变化。

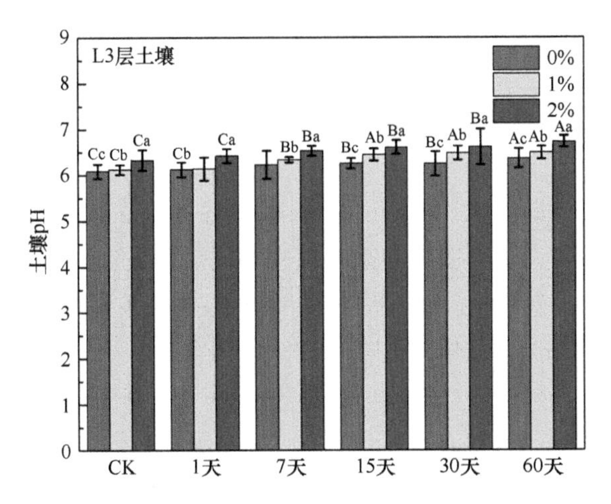

图 4-3　0%～2%的生物质炭施用量对冻融周期内 L3 层土壤 pH 的影响（李月雷，2022）

Granatstein 等（2009）研究表明，以草木灰为原料生产的生物质炭添加到土壤中，土壤 pH 从 7.1 增加到 8.1。Steiner 等（2007）报道，输入生物质炭后，土壤 pH 从 6.0 提高到 9.6。当然，生物质炭对土壤 pH 的影响也与土壤本身的性质相关。刘振杰等（2020）采用小麦、糜子连续盆栽种植试验的方法研究了生物质炭添加对盐碱土改良的效果，结果发现随着生物质炭施用量的提升，土壤 pH 不增加，反而略有降低。由此可以看出，生物质炭对土壤 pH 的影响受其自身理化特性、添加量及土壤本身理化性质等综合因素的影响。

4.2.3　生物质炭对土壤阳离子交换量的影响

土壤中阳离子交换量是指土壤胶体吸附的各种交换性阳离子的总量（指钙、镁、钾和钠等阳离子），它是土壤缓冲能力的主要来源，同时也是指示土壤肥力的重要参数之一。一般来说，不同土壤中阳离子交换量由不同的胶体结构数量决定，如矿物的比表面积和化学性质等。土壤阳离子交换量的大小，可以直接反映出土壤的保肥、供肥能力，也是土壤改良、合理施肥、土壤分类等的重要指标。高阳离子交换量的土壤具有更大的将植物营养阳离子结合到生物质炭颗粒表面的能力，从而将这些阳离子保留在根区供植物吸收，并防止它们在根区以下淋滤。土壤阳离子交换量主要来源于土壤中的各种矿物质，不同粒径矿物的交换量不同，土壤质地越细，其阳离子交换量越高。土壤胶体表面的可变电荷受土壤 pH 的影响很大，因为土壤胶体微粒表面羟基的解离受介质 pH 的影响，当介质 pH 降低时，土壤胶体微粒表面所带负电荷也减少，其阳离子交换量随之降低，反之就增大。土壤有机质特别是其中的腐殖质具有特别高的阳离子交换量，因此土壤阳离子交换量随着土壤有机质含量的升高而上升。

生物质炭作为一种优良的土壤改良剂，添加到土壤中之后对于土壤阳离子交换量的改善效果极为显著，这是因为生物质炭具有较高的比表面积、负电荷量，以及由于有机基团的存在而产生的电荷密度（Jaafar et al.，2015）。生物质炭改善土壤阳离子交换量的能力使其成为一种独特的碳化合物，有助于增强植物对养分的吸收、减少环境污染并提高作物产量（Nguyen et al.，2017）。但是，特殊情况下生物质炭对土壤阳离子交换量的影响也有不同。隋龙（2022）研究了冻融条件下施用生物质炭对土壤中阳离子交换量的影响，结果如图 4-4 所示，可以发现施用生物质炭和冻融循环作用对土壤阳离子交换量没有显著影响（$P < 0.05$）。

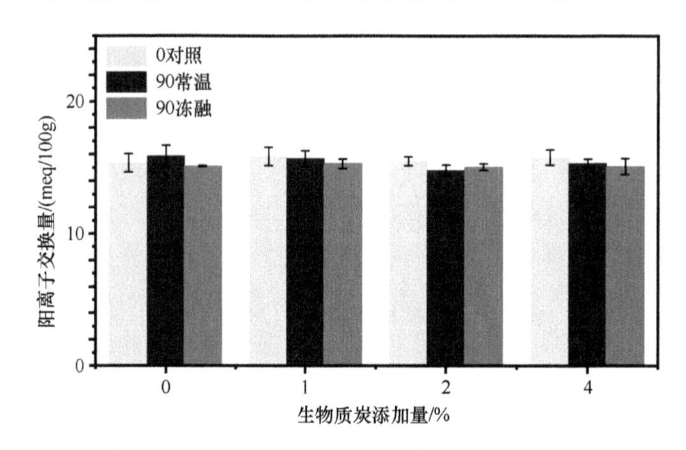

图 4-4　生物质炭添加量对土壤阳离子交换量的影响（隋龙，2022）
图例中的数字表示处理天数

目前的研究发现生物质炭对于土壤阳离子交换量的影响在很大程度上依赖于生物质炭自身的性质。因此，掌握好生物质炭的炭化时间和炭化温度显得极为重要。相关研究指出，生物质炭对土壤阳离子交换量的改善作用还与生物质炭掺入土壤的时间密切相关。生物质炭在土壤中存在时间越长，其表面就会形成更多的含氧官能团，从而增加其表面电荷量，导致土壤阳离子交换量增高。此外，施用的生物质炭本身阳离子交换量也是关键的影响因素，一般来说，如果生物质炭本身的阳离子交换量较高，那么添加到土壤中就会发挥更明显的作用；反之，则作用会有所降低（李秋霞等，2015）。此外，生物质炭对低阳离子交换量的酸性土壤影响较大，而对高阳离子交换量的土壤影响较小。但是，生物质炭施用对土壤阳离子交换量影响的长期田间试验研究较少，需要进一步研究与推进。

4.2.4　生物质炭对土壤养分元素的影响

土壤中的矿物养分可被植物根系直接吸收或转化后吸收，是土壤肥力的物质基础，也是评价土壤质量的重要指标之一。土壤养分的丰缺程度直接关系到作物的生长、发育和产量。土壤养分含量因土壤类型和地区而异，主要取决于成土母质类型、有机质含量和人为因素的影响。它们的有效性取决于它们的存在形态。土壤养分的形态并不固定，其形态转化包括化学转化、物理化学转化和生物化学转化等。在天然土壤中，土壤养分主要来源于土壤矿物质和土壤有机质，其次是大气降水、坡面渗流、地表径流和地下水等，在耕作土壤中还来源于施肥和灌溉。土壤养分是作物摄取养分的重要来源之一，占作物吸收养分总量的比例很高。养分的分类为大量元素、中量元素和微量元素，包括氮、磷、钾、钙、镁、硫、铁、硼、钼、锌、锰、铜和氯 13 种元素。但是植物对土壤中的养分元素利用性与元素存在的形式密切相关，根据植物对土壤养分元素吸收利用的难易程度，土壤中的养分元素可以分为速效性养分、迟效性养分和无效养分三大类。速效性养分占比很低，但对植物生长发育影响重大。近年来，由于农田土壤长期的不合理开发和利用，造成了农业生态系统养分循环调控的严重失衡，导致土壤肥力衰退明显。目前，我国农田生态系统中的大量碳损失为实现土壤碳中和带来了巨大的挑战。以东北黑土区域为例，黑土作为我国最肥沃的土壤之一，被称为耕地中的“大熊猫”，因其表层土壤含有大量的有机质，从而使其具有优越的性质和功能，对我国的农业生产及粮食安全都至关重要。据统计，东北黑土区域占地约 1.09×10^8 hm^2，其中约 1.85×10^7 hm^2 已建成耕地，占黑土区面积的 16.97%。此外，黑土区域生产作物占全国作物总产量的 14%，而大豆产量更是达到了全国总产量的 40%。然而，我国东北地区黑土耕层土壤目前正面临着大量碳损失的问题。自 20 世纪 50 年代大规模垦殖以来，由于过度开垦、滥施肥料、土壤环境污染等问题，致使土壤养分流失、土壤结构遭到破坏、水土流失严重，从而导致黑土肥力迅速退化，黑土层逐渐变薄（李发鹏等，2006），土壤生态结构日益脆弱。

绝大部分生物质炭是通过植物热解产生，因而生物质炭几乎保留了植物所需的大部分营养元素，并且由于浓缩效应，热解产生的生物质炭营养元素含量较高，特别是植物生长必需的大量元素如 N、P、K、Ca、Mg 等。另外，生物质炭还可以通过缓解土壤养分的流失来稳定土壤中的元素含量。由于生物质炭具有巨大的比表面积和很高的阳离子交换量，因此生物质炭具有很强的吸附能力，将生物质炭输入到土壤中可以减少土壤养分的流失，增强土壤养分的持留。此外，由于生物质炭的输入可以提高土壤 pH，因此部分金属元素的有效性降低，由此增强了土壤对有益元素的吸收，有助于作物生长和产量提升。

1. 生物质炭对土壤氮元素的影响

氮作为土壤中最重要营养元素之一，对促进植物的生长发育有重要意义。任何植物的生长都离不开氮元素，它是多种维生素、生物激素、生物碱及多种酶的重要组成成分，并且是叶绿素的组成元素，对于植物光合作用意义重大。生物质炭输入对土壤氮素的影响体现在其给土壤带入了大量的氮素（Schulz et al.，2013）。由于生物质炭本身氮元素含量就比较高，因此生物质炭输入土壤之后可以明显提高土壤中的氮元素含量。此外，生物质炭还具有一定的固氮作用。有学者通过淋滤实验研究了生物质炭输入对土壤中氮素淋失的影响，结果表明生物质炭的施用可以大幅度降低土壤氮素的淋失作用（高德才等，2014）。此外，李文娟等（2013）用人工模拟实验研究了土壤中添加生物质炭对硝态氮迁移的影响，结果表明生物质炭对硝态氮迁移的影响与土壤质地密切相关，对于质地较粗的黄绵土和风沙土，生物质炭的输入可以显著降低硝态氮的淋失；但是对于质地较为黏细的壤土，生物质炭的添加反而促进了硝态氮的淋失。生物质炭输入对土壤氮素的影响还表现在其可以有效减少含氮气的排放，提高植物对土壤氮素的利用率。

以上研究结果表明，生物质炭输入到土壤后可以有效提高土壤中的氮素水平，不仅仅因为其本身就携带一定量的氮素，还可能由于生物质炭输入到土壤中可以通过改变土壤物理、化学和生物特性，减少土壤氮素淋滤流失，抑制土壤含氮气体物质的排放，从而增强土壤的固氮能力等。

2. 生物质炭对土壤磷元素的影响

磷作为生命体的必需营养元素，对生态环境安全和农业可持续发展至关重要。磷是所有植物生长发育所必需的物质基础，土壤磷素含量是决定土壤肥力及土壤微生物生长的重要因素之一。土壤磷素包含无机磷和有机磷两种类型（陈利军等，2020）。土壤磷素的无机磷含量较高，占土壤总磷含量的60%～80%，可直接被植物根系吸收利用，是土壤肥力中最活跃的因素之一。此外，磷是植物中众多有机化合物结构的组成成分，如核酸、核蛋白和磷脂等。这些物质都是细胞核和细胞膜的组成成分，影响着作物的生长发育、繁殖、遗传变异和物质流动。作物缺磷时会导致植物生长缓慢、叶片小且易脱落、根系发育不良、成熟期推迟、产量和品质降低。生物质炭中含有丰富的磷素，当生物质炭施用到土壤后，可以影响土壤对磷素的固持能力，改变土壤磷素的有效性，并且对磷素的运移行为产生影响，可以显著提高土壤中的磷元素含量（Yang et al.，2021；Sui et al.，2022）。

隋龙（2022）研究了冻融条件下施用生物质炭对土壤有效磷含量的影响。图4-5和表4-1显示了在常温培养和冻融循环条件下，不同培养天数和冻融循环次数的土壤有效磷含量的动态变化情况。在常温培养和冻融循环条件下，施用生物质炭均可显著增加土壤有效磷含量（$P<0.05$）。常温培养下 0%、1%、2%、4%生物质炭施用量土壤的有效磷含量平均值分别为20.01mg/kg、46.54mg/kg、83.10mg/kg、159.14mg/kg。冻融循环处理下 0%、1%、2%、4%生物质炭施用量土壤的有效磷含量平均值分别为 22.61mg/kg、53.94mg/kg、88.48mg/kg、161.88mg/kg，在施用 4%的生物质炭时土壤有效磷含量最高。与未施用生物质炭土壤相比，常温培

养和冻融循环处理下土壤有效磷含量分别增长 132.59%、315.29%、695.30%和 138.57%、291.33%和 615.97%。图 4-5 和表 4-1 还表明，在未施用生物质炭的土壤中，有效磷含量先快速上升，经过 15 次冻融循环后达到峰值，然后缓慢下降。

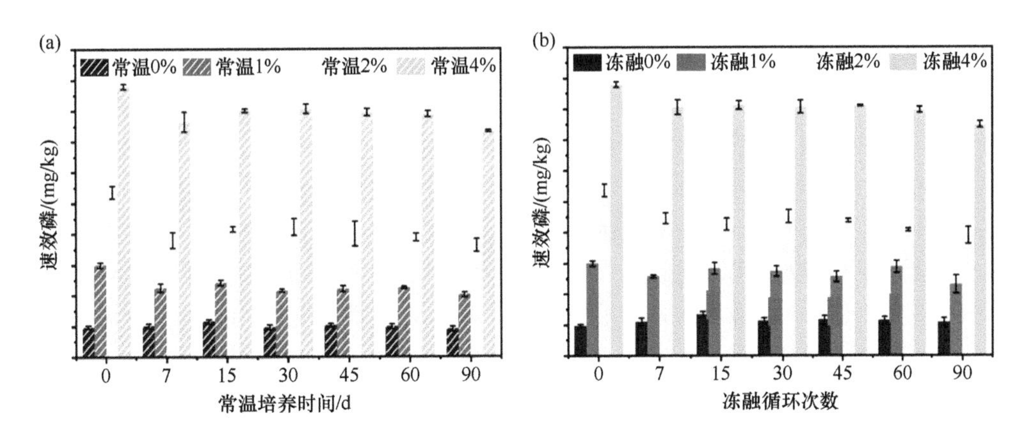

图 4-5　常温培养和冻融循环条件下不同生物质炭施用量的土壤有效磷含量变化情况（隋龙，2022）

表 4-1　不同生物质炭施用量下土壤有效磷含量随培养天数/冻融循环次数的变化情况（单位：mg/kg）（隋龙，2022）

处理	培养天数/循环次数	生物质炭施加量				总计
		0%	1%	2%	4%	
常温培养	0	19.51±0.97bA	60.04±1.77aB	107.35±4.19aC	175.88±1.74aD	272.09
	7	20.01±1.49bA	44.94±2.63cB	76.13±5.00bcC	152.75±6.60cD	220.36
	15	23.00±1.56aA	48.23±1.80bB	83.19±1.88bC	160.31±1.18bD	236.04
	30	19.39±1.53bA	43.07±0.96cdB	84.51±5.50bC	161.43±3.07bD	231.30
	45	20.35±1.17bA	44.24±1.95cB	80.23±8.00bcC	159.13±2.53bD	227.97
	60	19.67±1.66bA	44.97±0.74cB	77.80±2.43bcC	157.75±1.97bcD	225.26
	90	18.16±1.63bA	40.31±1.55dB	72.45±4.22cC	146.57±0.74dD	208.12
	平均值	20.01±1.86	46.54± 6.25	83.10±11.60	159.14±8.94	—
冻融循环	0	19.51±0.97bA	60.04±1.77aB	107.35±4.19aC	175.88±1.74aD	272.09
	7	22.09±2.29bA	51.39±1.05bcB	89.26±3.46bC	161.32±4.79bD	243.04
	15	26.60±2.15aA	56.52±3.99abB	85.27±3.79bcC	162.58±2.82bD	248.23
	30	22.52±1.95abA	54.72±3.38abB	90.33±4.37bC	161.43±4.36bD	246.76
	45	23.05±2.71abA	51.22±3.38bcB	87.65±1.06bcC	162.33±0.43bD	241.16
	60	22.79±2.20abA	57.73±4.07abB	81.57±1.05cdC	159.57±2.00bD	201.05
	90	21.70±2.51bA	45.99±5.74cB	77.95±5.33dC	150.01±2.10cD	221.74
	平均值	22.61±2.71	53.94±5.44	88.48±9.43	161.88±7.59	—

注：表中不同小写字母表示不同培养时间/冻融循环次数有效磷含量有显著差异（$P < 0.05$）；表中不同大写字母表示不同生物质炭施用量下有效磷含量有显著差异（$P < 0.05$）。

当生物质炭施入土壤后，土壤有效磷含量前期迅速下降，后缓慢上升，15～30 天达到高峰，然后缓慢下降。这是由于在施用生物质炭的初始阶段，生物质炭中一小部分不稳定的磷被土壤迅速固定。而随着培养天数/冻融循环次数的增加，土壤和生物质炭中的磷逐渐释放出来。在相同生物质炭施用量下，冻融循环处理组中土壤有效磷含量始终高于常温培养组。这可能是因为频繁的冻融作用会导致土壤中的团聚体被破坏及生物质炭的老化破裂，磷从团聚体和生物质炭中释放出来，但冻融循环发生次数增加会逐渐削弱这种影响。

隋龙（2022）进一步研究了施用生物质炭对磷组分的影响，常温培养和冻融循环条件下不同培养天数和冻融循环次数处理土壤的 H_2O-P 含量变化情况如图 4-6 所示。从图 4-6 可以看出，土壤 H_2O-P 含量随着时间呈现动态变化，总体呈下降趋势。未施用生物质炭时，0 天对照组中 H_2O-P 含量为 6.77 mg/kg，常温培养 90 天和冻融循环 90 次后土壤 H_2O-P 含量分别为 5.64 mg/kg 和 5.50 mg/kg，分别降低了 16.69%和 18.76%，可见冻融循环作用会使 H_2O-P 含量降低。生物质炭施用对土壤 H_2O-P 含量有显著影响($P<0.05$)，常温培养和冻融循环条件下土壤 H_2O-P 含量均随着生物质炭施用量的增加而显著增加。对照组 1%、2%、4%生物质炭施用量土壤中 H_2O-P 含量分别为 32.52 mg/kg、68.39 mg/kg、142.99 mg/kg。常温培养 90 天后，1%、2%、4%生物质炭施用处理组土壤的 H_2O-P 含量分别为 18.68 mg/kg、42.22 mg/kg、101.54 mg/kg。常温培养 90 天后各处理组较对照组土壤 H_2O-P 含量分别降低了 42.56%、38.27%、28.99%。冻融循环 90 次后，1%、2%、4%生物质炭施用处理组土壤的 H_2O-P 含量分别为 17.60 mg/kg、36.90 mg/kg、90.40 mg/kg。冻融循环 90 次后，各处理组较对照组土壤中 H_2O-P 含量分别降低了 45.88%、46.04%、36.78%。向土壤中施用生物质炭后，无论是常温培养还是冻融循环培养

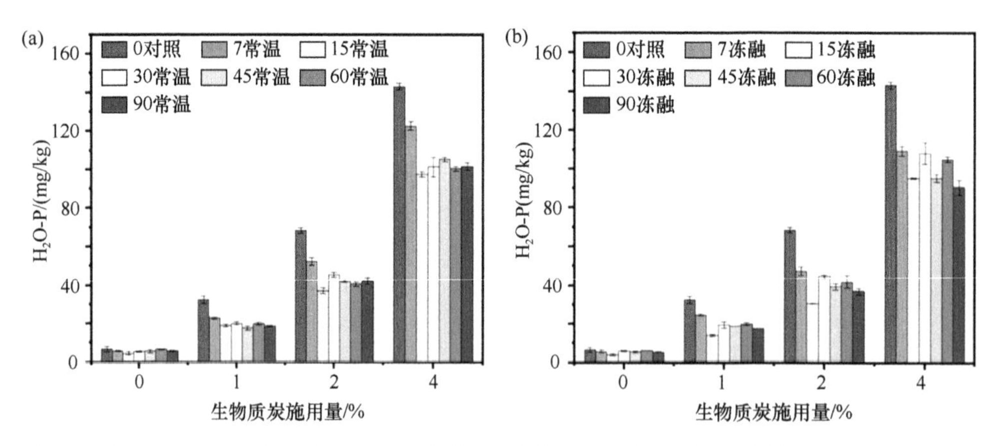

图 4-6　常温培养（a）和冻融循环（b）条件下不同培养天数和冻融循环次数处理组土壤 H_2O-P 含量变化情况（隋龙，2022）

图例中的数字表示常温培养天数（a）和冻融循环次数（b）

土壤中 H_2O-P 含量均随着生物质炭施用量的增加而显著提高。相同生物质炭施用量情况下，冻融循环处理组土壤中 H_2O-P 含量均低于常温培养处理组。

常温培养和冻融循环条件下不同培养天数和冻融循环次数土壤 $NaHCO_3$-Pi 含量如图 4-7 所示。由图 4-7 可知，未施用生物质炭时，0 天对照组土壤中 $NaHCO_3$-Pi 含量为 30.67 mg/kg，常温培养 90 天和冻融循环 90 次后土壤 $NaHCO_3$-Pi 含量分别为 34.97 mg/kg 和 35.24 mg/kg，分别提高 14.02%和 14.90%，说明冻融循环作用提高了土壤 $NaHCO_3$-Pi 含量。常温培养和冻融循环条件下土壤中 $NaHCO_3$-Pi 含量均随着生物质炭的增加而显著增加（$P < 0.05$）。在培养 0 天时，对照组 1%、2%、4%生物质炭施用量土壤的 $NaHCO_3$-Pi 含量分别为 47.93 mg/kg、70.08 mg/kg、105.28 mg/kg。常温培养 90 天后，1%、2%、4%生物质炭施用量处理土壤的 $NaHCO_3$-Pi 含量分别为 62.08 mg/kg、89.00 mg/kg、136.86 mg/kg。各处理组较对照组土壤的 $NaHCO_3$-Pi 含量分别提高 29.52%、26.99%、29.99%。冻融循环 90 次

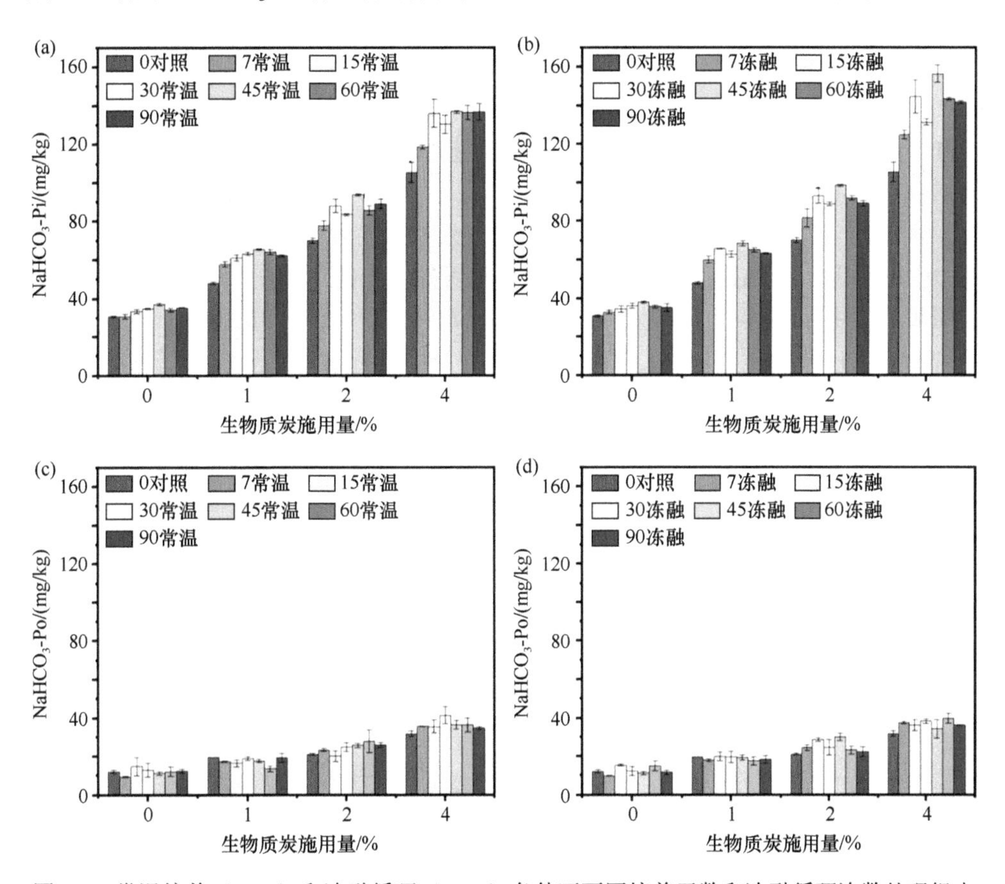

图 4-7　常温培养（a，c）和冻融循环（b，d）条件下不同培养天数和冻融循环次数处理组土壤 $NaHCO_3$-Pi/Po 含量变化情况（隋龙，2022）

后，1%、2%、4%生物质炭施用量处理组土壤的 $NaHCO_3$-Pi 含量分别为 63.10 mg/kg、89.08 mg/kg、141.55 mg/kg。各处理组较对照组土壤 $NaHCO_3$-Pi 含量分别提高 31.65%、27.11%、34.45%。在相同生物质炭施用量情况下，冻融循环处理组土壤 $NaHCO_3$-Pi 含量均高于常温培养处理组。

由图 4-7 可知，未施用生物质炭时，0 天对照组土壤中 $NaHCO_3$-Po 含量为 12.13 mg/kg，常温培养 90 天和冻融循环 90 次后土壤的 $NaHCO_3$-Po 含量分别为 12.30 mg/kg 和 11.60 mg/kg，分别提高 1.40%和降低 4.37%，说明冻融循环作用会降低土壤 $NaHCO_3$-Po 含量。常温培养和冻融循环条件下土壤中 $NaHCO_3$-Po 含量均随着生物质炭的增加而显著增加（$P < 0.05$）。在培养 0 天，对照组 1%、2%、4%生物质炭施用量土壤中 $NaHCO_3$-Po 含量分别为 19.58 mg/kg、21.02 mg/kg、31.58 mg/kg。常温培养 90 天后，1%、2%、4%生物质炭施用量处理组土壤的 $NaHCO_3$-Po 含量分别为 19.26 mg/kg、25.76 mg/kg、35.89 mg/kg。各处理组较对照组土壤的 $NaHCO_3$-Po 含量分别提高–1.63%、22.54%、12.66%。冻融循环 90 次后，1%、2%、4%生物质炭施用量处理组土壤的 $NaHCO_3$-Po 含量分别为 18.13 mg/kg、22.25 mg/kg、34.67 mg/kg。各处理组较对照组土壤 $NaHCO_3$-Po 含量分别提高 –7.41%、5.85%、9.78%。在相同生物质炭施用量情况下，冻融循环处理组土壤的 $NaHCO_3$-Po 含量均低于常温培养处理组。

常温培养和冻融循环条件下不同培养天数及冻融循环次数处理组土壤的 NaOH-Pi 含量变化情况如图 4-8 所示。由图可知，未施用生物质炭时，培养 0 天对照组土壤中 NaOH-Pi 含量为 74.22 mg/kg，常温培养 90 天和冻融循环 90 次后土壤 NaOH-Pi 含量分别为 63.64 mg/kg 和 62.07 mg/kg，即分别降低 14.25%和 16.17%，说明冻融循环作用会使 NaOH-Pi 含量降低。常温培养和冻融循环条件下土壤中 NaOH-Pi 含量均随着生物质炭的增加而增加。培养 0 天时，对照组 1%、2%、4%生物质炭施用量土壤的 NaOH-Pi 含量分别为 84.78 mg/kg、85.14 mg/kg、95.49 mg/kg。常温培养 90 天后，1%、2%、4%生物质炭施用量处理组土壤的 NaOH-Pi 含量分别为 71.68 mg/kg、84.23 mg/kg、90.36 mg/kg。各处理组较对照组土壤的 NaOH-Pi 含量分别降低 15.45%、1.07%、5.37%。冻融循环 90 次后，1%、2%、4%生物质炭施用量处理组土壤的 NaOH-Pi 含量分别为 68.83mg/kg、80.63mg/kg、86.40mg/kg。各处理组较对照组土壤的 NaOH-Pi 含量分别降低 18.81%、5.29%、9.52%。两种培养方式下，土壤 NaOH-Pi 含量均随着生物质炭施用量的增加而增加。常温培养和冻融循环 90 天后，在相同生物质炭施用量情况下，冻融循环处理组土壤 NaOH-Pi 含量均低于常温培养处理组。

由图 4-8 可知，未施用生物质炭时，培养 0 天对照组土壤中 NaOH-Po 含量为 17.93 mg/kg，常温培养90天和冻融循环90次后土壤NaOH-Po含量分别为15.73 mg/kg 和 13.37 mg/kg，分别降低 12.27%和 25.43%。冻融循环作用会使 NaOH-Po 含量降

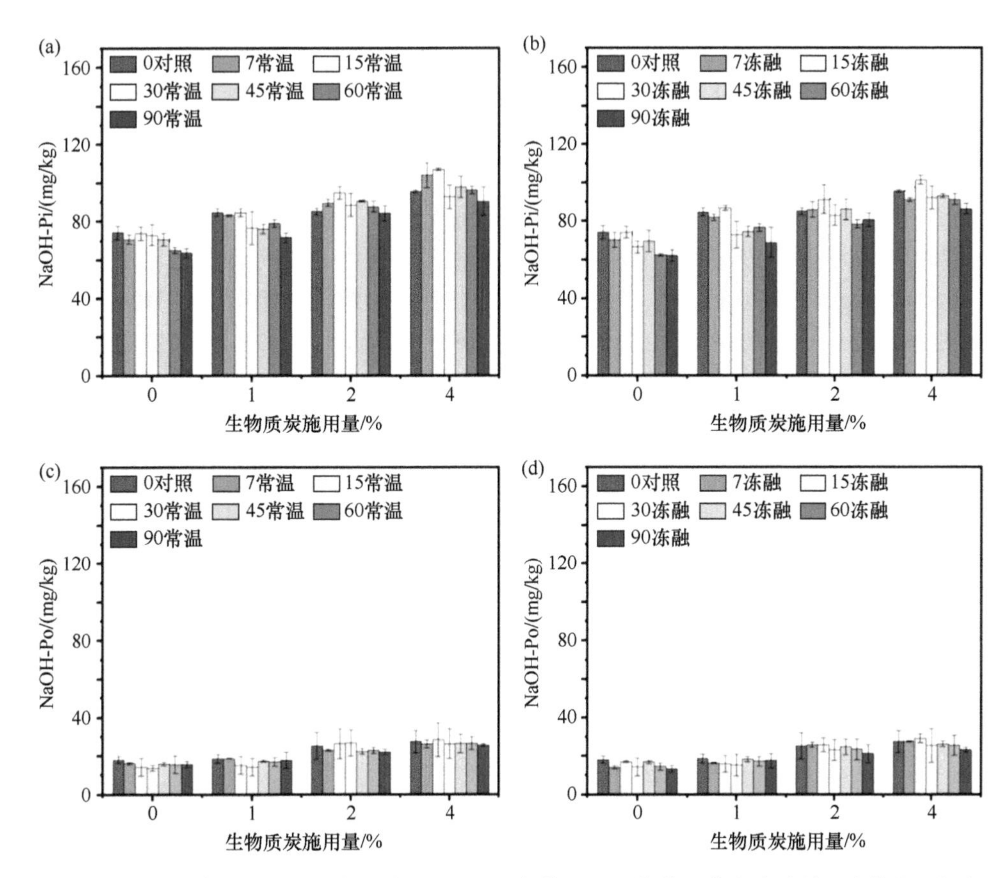

图 4-8　常温培养（a，c）和冻融循环（b，d）条件下不同培养天数和冻融循环次数处理组土壤 NaOH-Pi/Po 含量变化情况（隋龙，2022）

低。常温培养和冻融循环条件下，土壤中 NaOH-Po 含量均随着生物质炭的增加而增加。培养 0 天时，对照组 1%、2%、4%生物质炭施用量土壤的 NaOH-Po 含量分别为 18.50 mg/kg、25.21 mg/kg、27.41 mg/kg。常温培养 90 天后，1%、2%、4%生物质炭施用量处理土壤的 NaOH-Po 含量分别为 17.57 mg/kg、22.04 mg/kg、25.63 mg/kg。各处理组较对照组土壤 NaOH-Po 含量分别降低 5.03%、12.57%、6.49%。冻融循环 90 次后，1%、2%、4%生物质炭施用量处理组土壤的 NaOH-Po 含量分别为 17.49 mg/kg、21.06 mg/kg、23.14 mg/kg，各处理组较对照组土壤 NaOH-Po 含量分别降低了 5.46%、16.46%、15.58%。两种培养方式下，土壤 NaOH-Po 含量均随着生物质炭施用量的增加而增加。常温培养和冻融循环 90 天后，在相同生物质炭施用量情况下，冻融循环处理组土壤 NaOH-Po 含量均低于常温培养处理组。

常温培养和冻融循环条件下不同培养天数/冻融循环次数处理组土壤的 HCl-P 含量变化情况如图 4-9 所示。由图可知，未施用生物质炭时，培养 0 天对照组土壤中 HCl-P 含量为 144.88 mg/kg，常温培养 90 天和冻融循环 90 次后土壤 HCl-P 含量分别为 154.92 mg/kg 和 156.32 mg/kg，即分别提高了 6.93%和 5.00%，说明冻融循环作用会使 HCl-P 含量降低。常温培养和冻融循环条件下，土壤中 HCl-P 含量均随着生物质炭的增加而增加。培养 0 天时，对照组 1%、2%、4%生物质炭施用量土壤的 HCl-P 含量分别为 153.57 mg/kg、178.52 mg/kg、207.22 mg/kg。常温培养 90 天后，1%、2%、4%生物质炭施用量处理组土壤的 HCl-P 含量分别为 174.52 mg/kg、193.70 mg/kg、233.53 mg/kg，各处理组较对照组土壤 HCl-P 含量分别提高 12.01%、8.50%、12.70%。冻融循环 90 次后，1%、2%、4%生物质炭施用量处理组土壤的 HCl-P 含量分别为 170.98 mg/kg、182.04 mg/kg、206.66 mg/kg。各处理组较对照组土壤的 HCl-P 含量分别提高 11.34%、1.97%、–0.52%。两种培养方式下，土壤 HCl-P 含量均随着生物质炭施用量的增加而显著增加（$P < 0.05$）。常温培养和冻融循环 90 天后，土壤的 HCl-P 含量均显著增加（$P < 0.05$）。在相同生物质炭施用量情况下，冻融循环处理后土壤 HCl-P 含量均低于常温培养处理组。

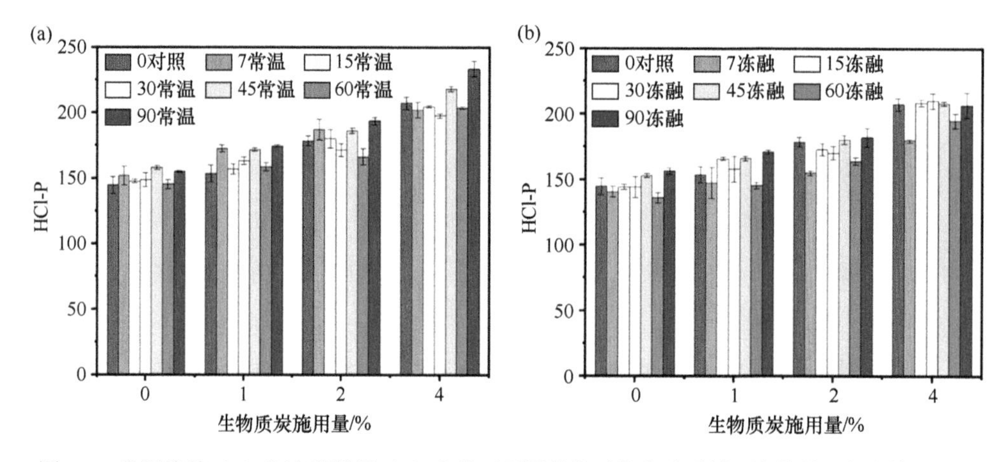

图 4-9　常温培养（a）和冻融循环（b）条件下不同培养天数和冻融循环次数处理组土壤 HCl-P 含量变化情况（隋龙，2022）

常温培养和冻融循环条件下不同培养天数/冻融循环次数处理组土壤 Res-P 含量变化情况如图 4-10 所示。由图 4-10 可知，未施用生物质炭时，培养 0 天对照组土壤中 Res-P 含量为 144.33 mg/kg，常温培养 90 天和冻融循环 90 次后土壤 Res-P 含量分别为 127.33 mg/kg 和 132.67 mg/kg，分别降低 11.78%和 8.08%，说明与常温培养相比，冻融循环作用提高了土壤的 Res-P 含量。常温培养和冻融循环条件下土壤中 Res-P 含量均随着生物质炭的增加而略有增加。培养 0 天时，对照组 1%、2%、4%生物质炭施用量土壤的 Res-P 含量分别为 161.67 mg/kg、176 mg/kg、

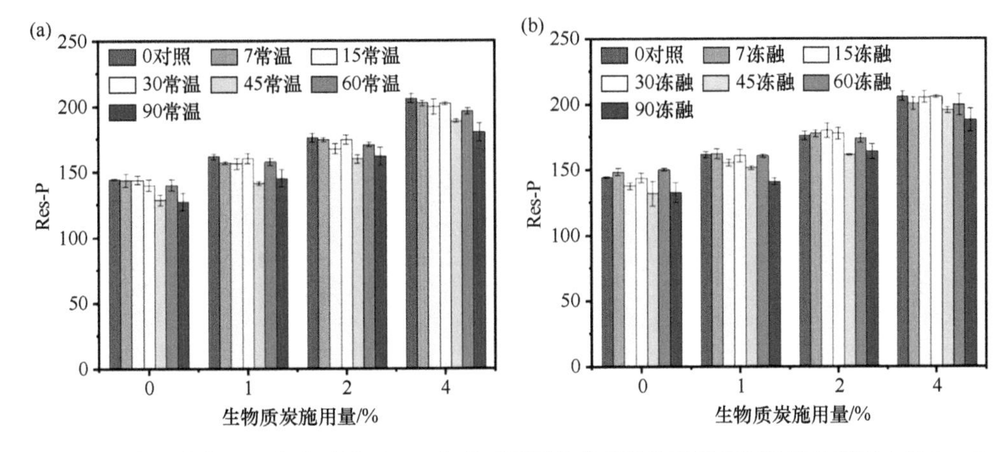

图 4-10　常温培养（a）和冻融循环（b）条件下不同培养天数和冻融循环次数处理组土壤 Res-P 含量变化情况（隋龙，2022）

206 mg/kg。常温培养 90 天后，1%、2%、4%生物质炭施用量处理组土壤的 Res-P 含量分别为 145 mg/kg、161.67 mg/kg、180 mg/kg，各处理组较对照组土壤 Res-P 含量分别降低 10.31%、8.14%、12.62%。冻融循环 90 次后，1%、2%、4%生物质炭施用量处理组土壤的 Res-P 含量分别为 141 mg/kg、163.67 mg/kg、188 mg/kg，各处理组较对照组土壤的 Res-P 含量分别降低 12.79%、7.01%、8.74%。两种培养方式下，土壤 Res-P 含量均随着生物质炭施用量的增加而显著增加（$P < 0.05$）。随着培养时间的增加，土壤 Res-P 含量呈现降低的趋势。

图 4-11 为培养 0 天对照组土壤、常温培养 90 天处理组土壤和冻融循环 90 次处理组土壤中各形态磷素含量占总磷含量的变化情况。在培养 0 天未施用生物质炭的土壤中，各形态磷占总磷的百分比顺序为 HCl-P＞Res-P＞NaOH-Pi＞$NaHCO_3$-Pi＞NaOH-Po＞$NaHCO_3$-Po＞H_2O-P。土壤稳定态磷组分（Res-P、HCl-P）占总磷比例超过 60%；其次是中稳性磷（NaOH-Pi、NaOH-Po），含量约为 21.38%；不稳定性磷（H_2O-P、$NaHCO_3$-Pi、$NaHCO_3$-Po）占比含量最低，约为 11.51%。可以发现，施用生物质炭显著改变了土壤各组分磷含量，生物质炭施用对 H_2O-P 和 $NaHCO_3$-Pi 的影响最大。施用生物质炭后，土壤水磷的比例逐渐增大，生物质炭施用量越多，土壤 H_2O-P 和 $NaHCO_3$-Pi 占总磷的比例越高。加入生物质炭后，土壤 NaOH-Pi、HCl-P 和 Res-P 占总磷的百分比明显减少，这可能是因为生物质炭的加入导致其他磷组分显著增加而这些磷组分增加量不明显导致的。在相同生物质炭施用量下，常温培养 90 天处理组和冻融循环 90 天处理组土壤的 H_2O-P、Res-P、NaOH-P 占总量的百分比相对于对照组土壤明显减少，而 $NaHCO_3$-Pi、HCl-P 占总量的百分比明显增加，说明不同磷组分之间发生了转化。

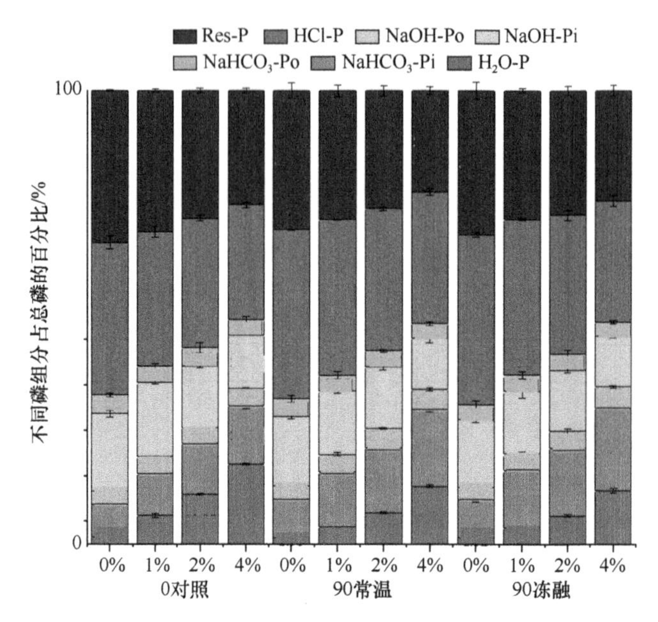

图 4-11　对照组土壤、常温培养 90 天处理组、冻融循环 90 次处理组土壤中各组分磷含量占总磷含量的百分比（隋龙，2022）

Soinne 等（2014）通过分析施用生物质炭后土壤性质的变化情况指出，生物质炭可以改变土壤对磷的吸附作用，有利于减少土壤中颗粒磷的流失。研究还发现，施用 15 g/kg 山毛榉生物质炭足以减少砂土中磷的淋失，并增加磷的滞留量（Borchard et al.，2012）。然而，一些研究也得出相反的结果，即生物质炭导致土壤中磷素淋失的显著变化（Xie et al.，2021；Zhou et al.，2018），例如，与无生物质炭对照组相比，土壤中添加稻壳生物质炭使磷素淋失率增加了 72%（Pratiwi et al.，2016）。从上述的实验结果来看，生物质炭对土壤中磷迁移和转化的影响较为复杂，值得进一步研究。

3. 生物质炭对土壤钾元素的影响

钾是植物最主要的营养元素之一，同时也是影响植物生长和农产品品质的要素之一。生产实践早已表明，钾元素是植物生长发育不可缺少的一种营养元素；在许多高产作物中，钾元素含量甚至超过了氮元素。施用钾肥能够促进植物叶片的光合作用等。此外，施加适量的钾肥还可以提高植物叶绿素含量、气孔导度、根系活力和光合速率，并且能够促进二氧化碳的同化作用。

生物质炭中含有丰富的钾元素，因此，生物质炭输入到土壤中可以显著提高土壤中的钾元素含量。有学者发现水洗生物质炭对潮土和砂土水分淋失的影响受到其施用量的影响（岳小松等，2021），表现为低量促进、高量抑制的趋势，添加

1%水洗生物质炭显著增加了两种类型土壤水分淋失总量。生物质炭对两种类型土壤钾素淋失的影响各异，添加 2%和 4%水洗生物质炭对砂土钾素淋失表现出显著的阻控效应（$P<0.05$），钾素淋失量分别较不添加生物质炭处理组降低了 21.2%和 28.3%，而添加 1%水洗生物质炭却增加了潮土钾素淋失量（$P<0.05$）。土壤中的钾元素根据植物吸收的难易程度可以分为速效钾、缓释性钾和无效钾三种。速效钾含量极低，仅占土壤全钾含量的 0.3%～5.0%，但其作用巨大。研究表明，生物质炭输入对于土壤钾元素的影响主要体现在土壤钾的可利用性上。生物质炭可以提高土壤可利用态钾的含量，主要有以下几个方面的原因：①生物质炭本身具有较高含量的钾元素，输入到土壤中之后可以提高土壤的可利用态钾含量；②生物质炭添加到土壤中之后可以提升土壤 pH，促进土壤钾的解吸；③生物质炭添加到土壤中可以提高土壤阳离子交换量，减少钾元素的流失。因此，生物质炭的输入可以明显提高土壤钾元素含量，保障植物的高效生长。

4. 生物质炭对土壤钙、镁和硅等中量元素的影响

钙是细胞某些结构的组分，可以增强细胞之间的黏结作用，使植物的器官和个体具有一定的机械强度。在植物的生命活动，如细胞膜结构和功能维持、细胞的伸长和分裂、酶活性的调节和代谢等过程中都起着十分重要的作用。同时，钙作为磷脂中磷酸与蛋白质羧基连接的桥梁，可以提高膜结构的稳定性。植物缺钙时有发生，不仅影响产量，而且果实品质变差，且不耐储藏。作物缺钙时，新叶叶尖会发生叶缘黄化、窄小畸形等，形成粘连状展开受阻，叶脉皱缩，并且叶肉组织残缺不全并伴有焦边；顶芽黄化甚至枯死，根尖坏死，根系细弱，根毛发育停滞，伸展不良，果实顶端易出现凹陷，黑褐色坏死。虽然植物体内的镁含量大大低于钙含量，但是对植物生长发育的影响却不容忽视。

镁是叶绿素分子中重要的金属元素，叶绿体蛋白的合成也需要镁；此外，镁是植物酶的重要组成部分，是植物体内多种酶（磷酸化酶和磷酸激酶）的活化剂和细胞内能量转换的必需因子。在生产上，作物缺镁的情况较为普遍。作物缺镁时通常表现为中、下位叶肉退绿黄化，大多发生在生育中后期，尤以果实形成后多见。生物质炭中含有丰富的钙和镁，添加到土壤中可以有效提高土壤中的钙和镁含量。谢国雄等（2014）发现，添加生物质炭可以提高退化蔬菜地土壤的有效钙和有效镁含量；进一步分析植株的元素含量发现，生物质炭的添加还可以显著提高水稻和小麦总的钙和镁吸收量；另外，由于生物质炭在土壤中的氧化作用，阳离子交换量显著提高，可以抑制钙和镁元素的流失。

硅是自然界中分布最为广泛的元素之一，在地壳中占总质量的 25.7%，其丰度仅次于氧而居第二位；硅是植物体组成的重要营养元素，被国际土壤界认为是继氮、磷、钾之后的第四元素。土壤中的硅元素对于植物具有多重效果。硅肥是

一种很好的品质肥料、保健肥料和植物调节性肥料，是其他化学肥料无法比拟的一种新型多功能肥料。充足的硅肥可以促进植物的光合作用和细胞分裂，增强花粉的活力。硅肥还能促进植物相关器官的生长，调节植物对其他重要元素的吸收，减轻重金属对于植物的毒害作用。此外，硅肥既可作肥料提供养分，又可用作土壤调理剂改良土壤，还兼有防病、防虫和减毒的作用。硅以其无毒、无味、不变质、不流失、无公害等突出优点，将成为发展绿色生态农业的高效优质肥料。但是，自然界中绝大多数硅存在于硅酸盐结晶和沉淀中，难以被植物所吸收利用，能被植物吸收利用的只是其中的活性部分或者可溶性部分，也就是土壤中的有效硅。近年来，由于环境及其他人为因素，土壤中的硅元素流失严重。而生物质炭作为一种富含硅元素的材料，添加到土壤中会提升土壤中硅元素含量。研究表明，生物质炭中的全硅含量会随着制备温度的上升而增高，700℃制备的秸秆生物质炭中全硅含量高达 20%左右。但是，生物质炭输入对农田硅含量及其有效性等的影响还处于起步阶段，相关问题还需要进一步研究。

5. 生物质炭对土壤微量元素的影响

土壤微量元素是指土壤中含量很低的化学元素，与大量元素相对应，有些微量元素是动植物生长和生活必需的，主要的微量元素有 B、Zn、Mn、Cu、Fe、Al、Ni 等，以及 17 种稀土元素，土壤中微量元素的供给水平受成土母质、土壤类型、土壤物化性状、水分动态等共同影响。这些微量元素虽然在土壤中的含量极少，但对植物的生命活动却是不可或缺的，作用至关重要。微量元素多是组成酶、维生素和生长激素的成分，直接参与有机体的代谢活动。例如，硼元素与植物细胞壁的稳定性紧密相关，可以促进碳水化合物的运输和代谢；锌则是多种酶的重要组分和活化剂，并且参与生长素的代谢；钼元素参与植物的光合作用和呼吸作用，对植物固氮具有重要影响；锰元素是多种酶的活化剂，参与植物光合作用；铁元素可以参与植物呼吸作用，以及植物体内氧化还原反应及电子传递。微量元素的缺少会对植物的生长发育造成极大的影响。

关于生物质炭的输入对土壤微量元素含量影响的研究较多。为明确生物质炭对东北粳稻苗期生长发育和育苗基质矿物质元素含量的影响、探明生物质炭在东北地区水稻育苗生产上的应用潜力，周劲松等（2016）以东北稻田土壤为基础、生物质炭为外源添加物（5.0%～20.0%，*m*/*m*），研究了生物质炭对东北地区水稻秧苗株高、干物质积累量、微量元素的吸收及育苗基质中矿物质元素含量变化的影响。结果表明，生物质炭输入到土壤之后，土壤中微量元素含量明显增加。然而，生物质炭添加对土壤微量金属元素的影响也存在着一定的不确定性。Zhao 等（2019）研究指出，生物质炭的添加会导致土壤中锰元素含量的降低，可能对一些锰敏感性植物造成负面影响。另外，唐慧娟等（2022）研究发现，生物质炭的添加会显著降低豆类植株（高固氮植株和非高固氮植株）中铁元素和铝元素的含量，但是对锰元素的含量没有显著性影响。张翔等（2015）研究表明，生物质炭的添加对土壤有效锰和有效锌含量影响不显著。但是，目前仍有许多问题有待考证。尽管生物质炭的输入可以带给土壤大量的微量元素，但是由于生物质炭输入会显著提升土壤 pH，而土壤 pH 的升高可能反过来降低金属微量元素的有效性。此外，由于污泥和垃圾含有较高金属含量，用这些材料制备的生物质炭中重金属含量可能会严重超标，对环境造成污染。因此，在生物质炭实际应用过程中一定要关注其对土壤重金属含量的影响，避免土壤污染，以及由于摄入过多重金属造成的作物减产和粮食安全问题。

4.2.5　生物质炭对土壤有机质的影响

1. 生物质炭输入对土壤有机质分解与转化作用的影响

土壤有机质是指以各种形态存在于土壤中的各种含碳有机化合物，是土壤的重要组成部分，具体来说，包括土壤中的动物、植物及微生物残体的不同分解或合成阶段的各种产物。有机质在土壤肥力、环境保护及农业可持续发展方面有着重要的作用，可以与土壤养分结合并作为载体运输土壤养分，还可以作为植物生长和微生物繁殖发育的原料。生物质炭由于其高 pH、多孔性、较大的比表面积、丰富的表面负电荷等特性，输入后会改变土壤的物理化学特性，影响土壤中微生物的种类及含量，进而影响土壤有机质的矿化过程（Qian et al.，2015；Lehmann，2007）。生物质炭输入对土壤有机质分解与转化的抑制作用已有大量报道。俞花美等（2014）研究发现，不同温度条件下制备的木质生物质炭添加可以有效抑制外源有机质（甘蔗渣）的矿化。另外，刘皓和王海龙（2022）通过实验发现，在淹水条件下，生物质炭的输入对土壤甲烷排放具有显著的抑制作用。由于生物质炭具有较大的比表面积和孔隙结构，能将有机质保存在其孔隙内，从而有效地隔离微生物及其产生的胞外酶与有机质本身的接触，降低有机质被微生物利用的可能。另外，生物质炭对土壤有机质具有很强的吸附能力，两者均被证实具有抑制土壤有机质矿化的作用。

2. 生物质炭迁移转化对土壤有机质的影响

生物质炭除了以固体颗粒的形式存在于土壤中外，还能以可溶解态的形式在土壤中发生迁移。尽管这部分生物质炭所占的比例很小，但是其对土壤有机碳库周转也有着一定的影响。通过对面积占全球陆地 8%的热带雨林森林土壤有机质的分析表明，森林火灾消失多年以后，仍有大量的可溶性生物质炭可以在土壤中有效迁移，表现为极强的物理迁移作用和化学迁移作用。其中有部分生物质炭会以迁移转化的方式在土壤中保持，对固持草地土壤有机碳库发挥了重要作用。根据以上研究可以推测，生物质炭输入土壤后不仅能够以固态形式存储于土壤中，还能够以溶解态的形式在土壤溶液中进行迁移，对丰富其他地带土壤有机质含量可能具有重要作用。然而，关于生物质炭输入土壤后的迁移运动，还需要更多的实验研究来探索和证明。

3. 生物质炭输入对土壤有机质含量的影响

生物质炭输入对土壤有机质矿化的抑制作用和对土壤腐殖化进程的促进作用将有助于增加土壤有机质的含量。隋龙（2022）研究了施用生物质炭条件下土壤有机质含量的变化趋势。土壤有机质可以与土壤养分结合并作为载体起到运输土壤养分的作用，还可以作为微生物繁殖发育的原料。图 4-12 为不同生物质炭施用量条件下土壤有机质含量变化趋势，由图可知，施用生物质炭显著提高了土壤有机质含量（$P < 0.05$），培养 0 天对照组土壤在施用 1%、2%、4%生物质炭后土壤有机质含量分别为 41.17g/kg、48.74g/kg、54.68g/kg、69.59g/kg。在经历常温培养 90 天和冻融循环 90 次处理后，土壤有机质含量均较对照组土壤呈下降趋势，在施用 1%、2%、4%生物质炭后常温培养 90 天处理组土壤有机质含量分别为 40.81g/kg、47.12g/kg、53.84g/kg、69.41g/kg，而施用 1%、2%、4%生物质炭后冻融循环处理组土壤有机质含量分别为 37.53g/kg、46.07g/kg、53.41g/kg、66.08g/kg，说明冻融循环可以降低土壤有机质含量，可能是冻融循环改变了土壤微生物群落结构，使得土壤微生物丰富度增加，进而消耗更多的土壤有机质。

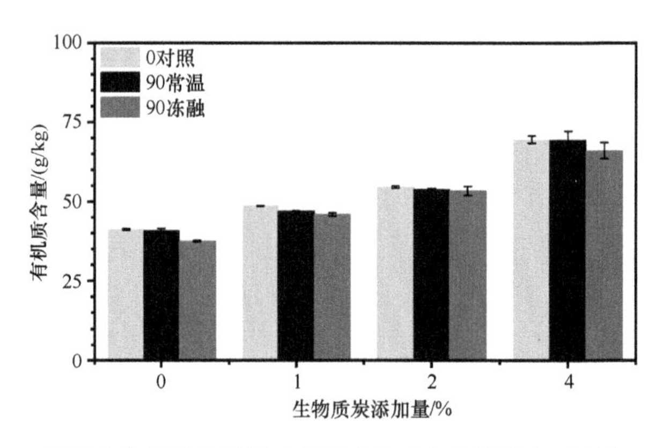

图 4-12　不同生物质炭施用量对土壤有机质含量的影响（隋龙，2022）

匡崇婷等（2012）通过室内培养实验研究生物质炭添加对红壤水稻土有机碳矿化及微生物量碳和氮的影响，结果表明生物质炭的添加可以有效降低土壤有机碳的矿化速率和累积矿化量，并且显著提高土壤微生物量。张庆忠等（2006）研究生物质炭输入对土壤碳截留的作用，发现生物质炭输入可以显著提高土壤有机碳的含量，增加土壤有机碳固存，有利于土壤活性有机碳的产生和累积。水稻秸秆生物质炭的添加可以提高稻田土壤可溶性有机碳和土壤有机质的含量，并且土壤可溶性有机碳和土壤有机质的含量会随着添加量的增加而增加。

4.3　生物质炭对典型养分运移行为的影响

4.3.1　不同生物质炭掺杂比例对磷素运移行为的影响

李月雷（2022）研究了不同生物质炭掺杂比例对于磷素在饱和多孔介质中运移行为的影响，结果如图 4-13 所示。图 4-13 分别展示了磷素在不同生物质炭掺杂比例（0.4%、1.0%、1.6%）下的穿透曲线和滞留曲线。穿透曲线的横坐标为孔隙体积，纵坐标为归一化的出流液浓度（C/C_0）；滞留曲线的横坐标为单位质量的砂所包含的磷含量，纵坐标为离柱入口的距离（cm）。磷素的出流液回收率、滞留液回收率及总的质量回收率见表 4-2。

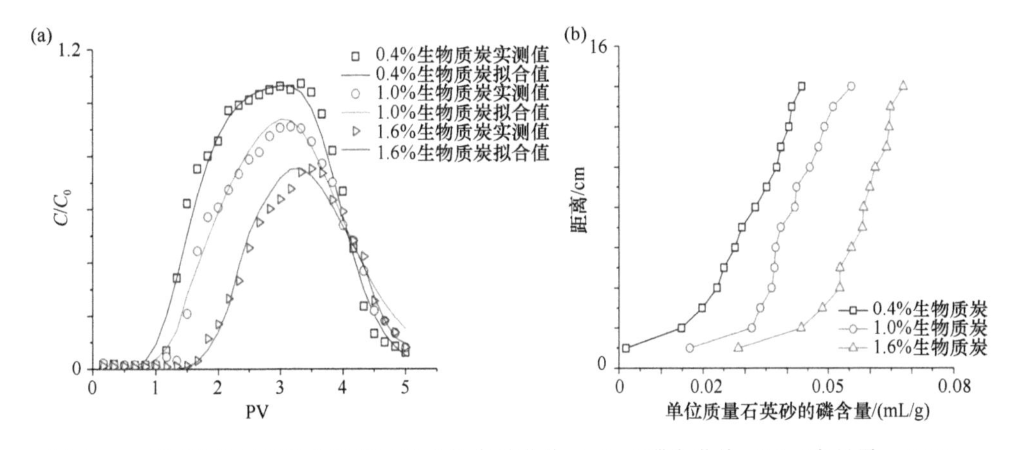

图 4-13　不同生物质炭掺杂比例下磷素的穿越曲线（a）和滞留曲线（b）（李月雷，2022）

从穿透曲线中可以发现，三种掺杂比例下磷素均有穿透现象发生。当生物质炭的掺杂比为 0.4%时，磷素在 0.88 PV 左右出现穿透现象；当生物质炭的掺杂比例为 1.0%时，磷素在大约 1.0 PV 时发生穿透现象；而当生物质炭掺杂比例为 1.6%时，磷素则在 1.5 PV 时发生穿透现象。随着生物质炭比例的增加，磷素的穿透时间也随之增加，并且呈现出一定程度的滞后现象。三种生物质炭掺杂比例下的穿透峰值也表现出显著差异。在生物质炭掺杂比例为 0.4%时，可以发现穿透峰值大于 1，这是由于生物质炭自身含有一定量的磷，这种磷素随着水流的运移被释放出来。三种生物质炭掺杂比例下穿透曲线的尾部并无明显差异，说明没有拖尾现象的发

表 4-2　柱实验的实验条件及质量平衡百分数（李月雷，2022）

	粒径/目	离子强度/（mmol/L）	pH	掺杂比例/%	离子种类	出流液回收率/%	滞留液回收率/%	总回收率/%
1	80～120	10	7	0.4	Ca^{2+}	93.84	2.76	96.60

1	80～120	10	7	1.0	Ca^{2+}	88.79	3.82	92.66
1	80～120	10	7	1.6	Ca^{2+}	77.73	5.32	83.05
2	80～120	1	7	0.4	Ca^{2+}	91.82	2.00	93.82
2	80～120	50	7	0.4	Ca^{2+}	87.46	7.78	95.24
3	80～120	10	5	0.4	Ca^{2+}	89.85	3.13	92.98
3	80～120	10	9	0.4	Ca^{2+}	4.25	0.85	5.10
4	80～120	10	7	0.4	Mg^{2+}	95.33	3.76	99.10
4	80～120	10	7	0.4	Na^{+}	94.76	4.15	98.91
5	40～80	10	7	0.4	Ca^{2+}	95.63	2.78	98.41
5	20～40	10	7	0.4	Ca^{2+}	94.53	4.02	98.56

生。出流液中的质量回收率数据表明，随着生物质炭掺杂比例的增加，质量回收率逐渐降低。当生物质炭的掺杂比例为 0.4%时，出流液的质量回收率为 93.84%；当掺杂比例为 1%时，质量回收率为 88.79%；当生物质炭掺杂比例为 1.6%时，质量回收率则下降至 77.73%。产生这种现象的原因是生物质炭表面会对 Ca^{2+}进行吸附，而 Ca^{2+}又以阳离子桥的形式固定了磷素。因此，当磷溶液刚被注入石英砂柱时，会被生物质炭表面的阳离子桥所固定。此外，生物质炭的高掺杂比为 Ca^{2+}提供了更多的吸附位点，因此延长了磷素在石英砂柱内的穿透时间。对于石英砂柱的滞留现象，在 0.4%的生物质炭掺杂比时，被滞留在石英砂柱中的磷素含量为 2.76%；在 1%的生物质炭掺杂比时，磷素滞留量为 3.82%；而当掺杂比例为 1.6%时，滞留在石英砂柱中的磷素含量升高至 5.32%。三种生物质炭掺杂比例下磷素的滞留量差异约为 3%。随着生物质炭掺杂比例的增加，更多的磷素被保留在石英砂柱中，这是可以预期的，因为生物质炭吸附位点的增加导致更多的磷素被固定在表面。在图 4-13（a）中还可以观察到，更多的磷素被滞留在离砂柱入口更远的地方。这种现象的原因是在水流的不断运移过程中，一些粒径较小的生物质炭被输运至石英砂柱顶端，使得石英砂柱顶端的生物质炭浓度要高于砂柱底部，因此更多的磷素被固定在砂柱出口处。

4.3.2 不同离子强度条件下施用生物质炭对磷素运移行为的影响

李月雷（2022）探究了不同离子强度对于磷素在饱和多孔介质中运移的影响，结果如图 4-14 所示。图 4-14（a）、（b）分别展示了磷素在不同离子强度条件下（1 mmol/L、10 mmol/L、50 mmol/L）的突破与滞留曲线，相关质量回收率如表 4-2 所示。磷素在离子强度为 1 mmol/L 与 10 mmol/L 条件下的突破时间没有明显差异，突破时间均 1 PV 左右，但当离子强度上升至 50 mmol/L 时，磷素的首次突破时间为 0.2 PV，显然快于离子强度为 1 mmol/L 和 10 mmol/L 时。这可能是由于氯化钙溶液中的钙离子与石英砂表面的作用力增大，加快了磷素在石英砂柱中的突破速度。当离子强度为 1 mmol/L 时，磷素的突破峰值大约为 1.15；当离子强度为 10 mmol/L 时，磷素的突破峰值为 1.09；当离子强度增加至 50 mmol/L 时，磷素的突破峰值下降至 1.03。在这三种离子强度条件下，磷素的突破峰值均有不同程度的减弱，说明随着钙离子强度的增加，生物质炭表面桥接固定的磷酸盐含量也随之增加。出流液中的质量回收率也证明了这一点，当离子强度从 1 mmol/L 增加至 50 mmol/L 时，出流液中的质量回收率从 91.82%下降至 87.46%。从图 4-14（b）中可以看出，磷素在石英砂中的滞留量变化幅度很大，当离子强度为 1 mmol/L 与 10 mmol/L 时，磷素在石英砂柱中的滞留量分别为 2.00%和 2.76%，这是由于 Ca^{2+}的浓度较低，生物质炭和石英砂几乎不能将磷素固定，但当离子强度增加到 50 mmol/L 时，磷素在石英砂柱中的固定量明显增加，滞留量约为 7.78%。这是由于随着钙离子浓度的增加，生物质炭表面对于钙离子的吸附量加大，导致了大量磷酸盐聚集在生物质炭与钙离子的离子桥中，使得磷素的固定量增大。

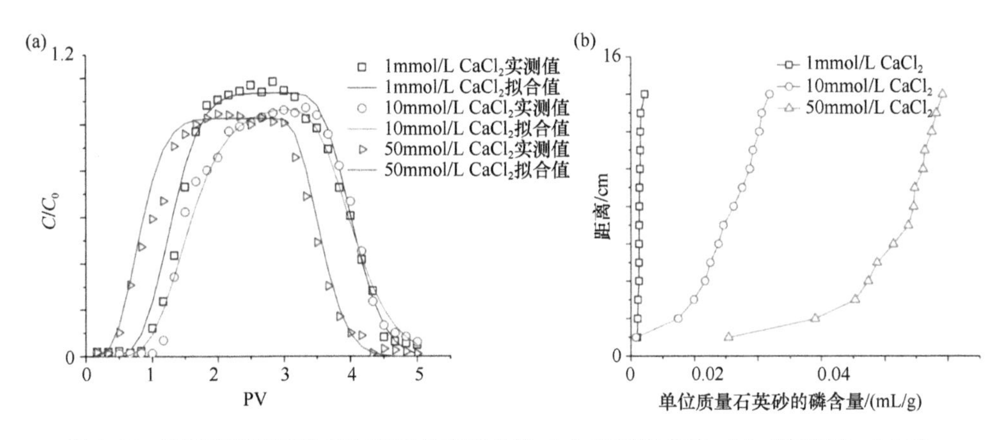

图 4-14　不同离子强度条件下磷素的突破曲线（a）和滞留曲线（b）（李月雷，2022）

4.3.3　不同 pH 条件下施用生物质炭对磷素运移行为的影响

如图 4-15 所示，李月雷（2022）探究了不同 pH 对于磷素在饱和多孔介质中运移行为的影响。图 4-16（a）、（b）分别展示了不同 pH 条件下（pH 5、7、9）磷素的突破与滞留曲线，关于此部分流出液、滞留液及总质量的回收率展示在表 4-2 中。当 pH 为 5 和 7 时，磷素的首次突破现象均出现在 0.9 PV 左右；当 pH 为 5 时，磷素的峰值大约为 1.01；当 pH 为 7 时，峰值为 1.06。为了验证不同 pH 条件下生物质炭表面官能团的差异性，将试验后的生物质炭与石英砂小心分离，分离后的生物质炭用于表面官能团的分析，如图 4-15 所示。红外光谱显示，在不同 pH 条件下生物质炭表面的官能团存在一定的变化，当 pH 为 7 时，在 1115 cm^{-1}、1612 cm^{-1} 和 1615 cm^{-1}

处的峰要明显高于 pH 5 和 pH 9。在 1115 cm^{-1} 附近的峰值发生变化则是因为 C═C 和 C═O 键的拉伸，在 1613 cm^{-1} 和 1616 cm^{-1} 之间的吸收峰为芳香碳结构上的 C═C 和 C═O 振动吸收峰，羧基、醛、酮和酯基上的 C═O 振动导致在 1729～1731 cm^{-1} 处的吸收峰发生改变。在 pH 5 和 pH 7 的条件下，二者出流液的质量回收率并无明显差异，分别为 89.85%和 93.84%。总质量回收率中也呈现相似的结果，磷素的总回收率分别为 92.98%和 96.60%，而在 pH 9 时，磷素在出流液中的浓度极低。在图 4-16（b）中，磷素的滞留曲线表现出与上述研究结果相似的趋势。在 pH 5 和 pH 7 时，磷素的滞留量与之前的条件相似，即进口处磷素的滞留量低，出口处磷素的滞留量高。

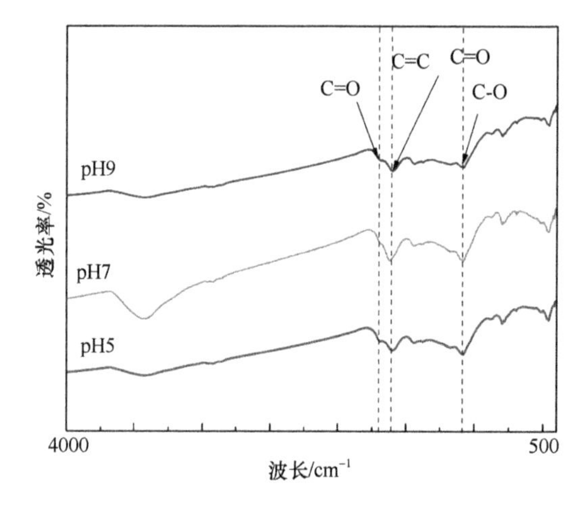

图 4-15　不同 pH 下生物质炭的红外光谱图（李月雷，2022）

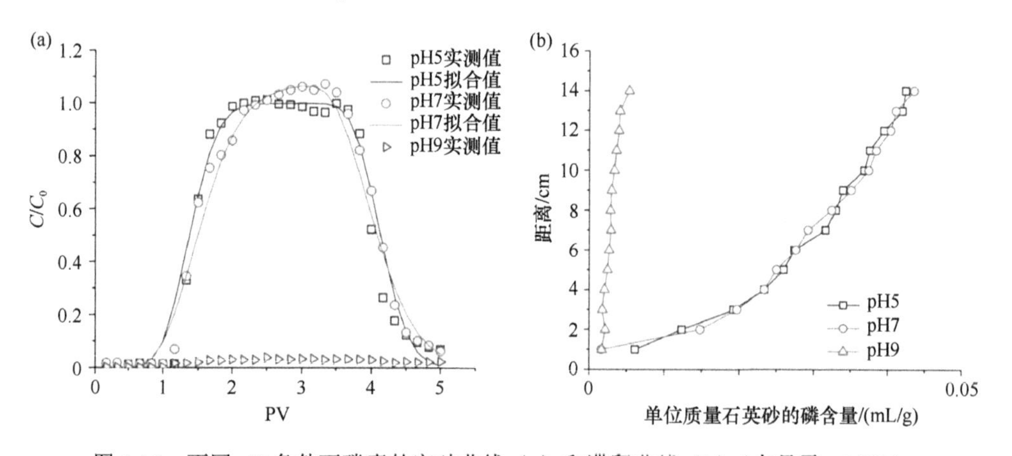

图 4-16　不同 pH 条件下磷素的突破曲线（a）和滞留曲线（b）（李月雷，2022）

4.3.4 不同阳离子类型条件下施用生物质炭对磷素运移行为的影响

李月雷（2022）探究了不同阳离子类型（Ca^{2+}、Mg^{2+}、Na^{+}）对于磷素在饱和多孔介质中运移行为的影响，结果如图 4-17 所示。可以发现，在三种阳离子种类的穿透曲线中，磷素在多孔介质中的穿透均发生在 1 PV 左右，并且三种条件下的峰值相似，约为 1.08。但 Na^{+}条件下磷素的输运速率略快于其他两种离子。在穿透曲线尾部，三种离子均未出现拖尾现象。出流液的质量回收率表明，Ca^{2+}与 Mg^{2+}的回收率相似，均在 98%以上，而当 Na^{+}为背景溶液时，回收率为 97.2%。根据滞留曲线可以发现，Na^{+}在多孔介质中对磷素的保留大于 Mg^{2+}和 Ca^{2+}。因此，将三种不同离子类型条件下的生物质炭与石英砂小心分离，并储存于 10mL 离心管中，用于 Zeta 电位的分析。从表 4-3 中可以看出，生物质炭在 Na^{+}溶液中的表面电性为–46.93 mV，在 Ca^{2+}溶液中的表面电性为–11.18mV，而在 Mg^{2+}溶液中的电性为–9.90mV。对于石英砂表面电性，Na^{+}溶液中的表面电性为–36.73mV，Ca^{2+}溶液中的表面电性为–0.59mV，而 Mg^{2+}溶液中的表面电性为–0.56mV。由此可得，生物质炭和石英砂在 Na^{+}溶液中的表面电学性能均低于 Mg^{2+}和 Ca^{2+}溶液。为了验证三种元素在生物质炭表面附着的情况，采用 SEM-EDS 表征进行进一步分析。从图 4-18～图 4-20 中可以看出，Mg^{2+}和 Ca^{2+}的亮度要明显高于 Na^{+}，说明 Mg^{2+}和 Ca^{2+}更容易被生物质炭表面固定化，而 Na^{+}几乎没有被生物质炭表面固定化，说明生物质炭在 Na^{+}溶液中对磷素的固定是通过生物

表 4-3　生物质炭和石英砂在不同离子类型条件下的 Zeta 电位（李月雷，2022）

阳离子类型	Zeta 生物质炭/mV	Zeta 石英砂/mV
Ca^{2+}	–11.18	–0.59
Mg^{2+}	–9.90	–0.56
Na^{+}	–46.93	–36.73

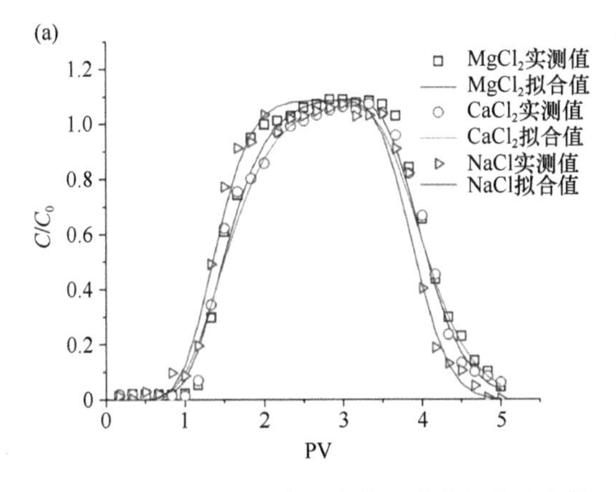

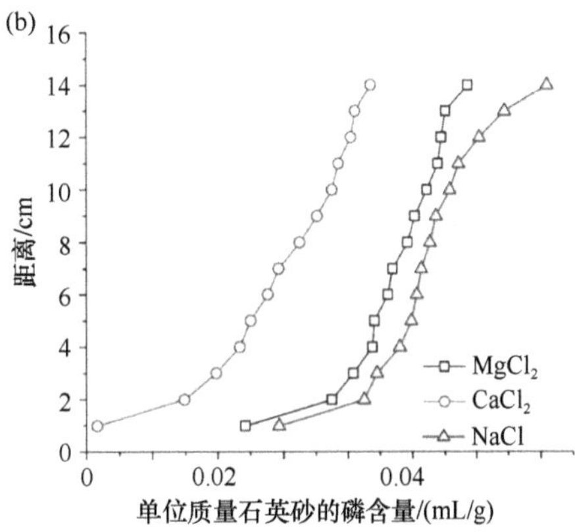

图 4-17　不同阳离子条件下磷素的穿透曲线（a）和滞留曲线（b）（李月雷，2022）

质炭与磷素的直接作用产生的。而在 $CaCl_2$ 和 $MgCl_2$ 溶液中，生物质炭通过与 Mg^{2+} 和 Ca^{2+} 的桥接作用来固定磷素。随着 Cl^- 浓度的增加，两种阴离子在生物质炭表面的竞争吸附增强，导致固定的磷素含量减少。

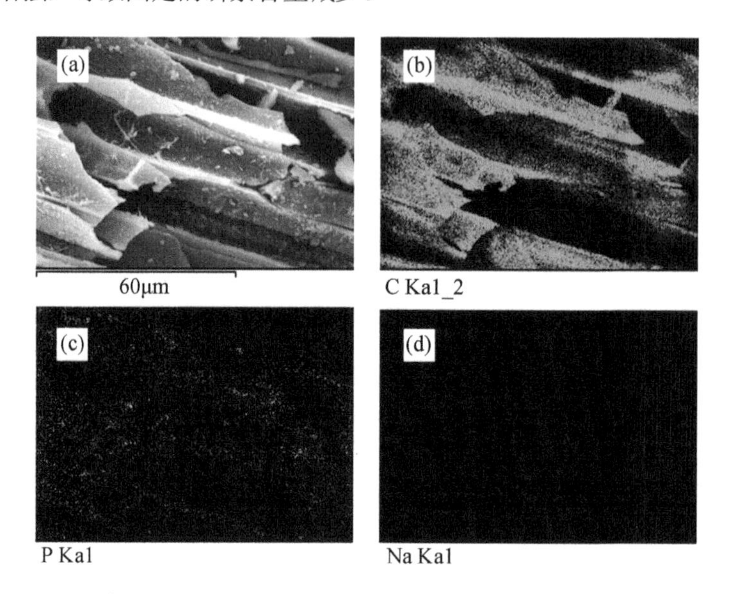

图 4-18 Na^+ 条件下生物质炭的扫描电镜图及元素面扫图（李月雷，2022）

（a）扫描电镜图像；（b）～（d）C、P 和 Na 元素分布

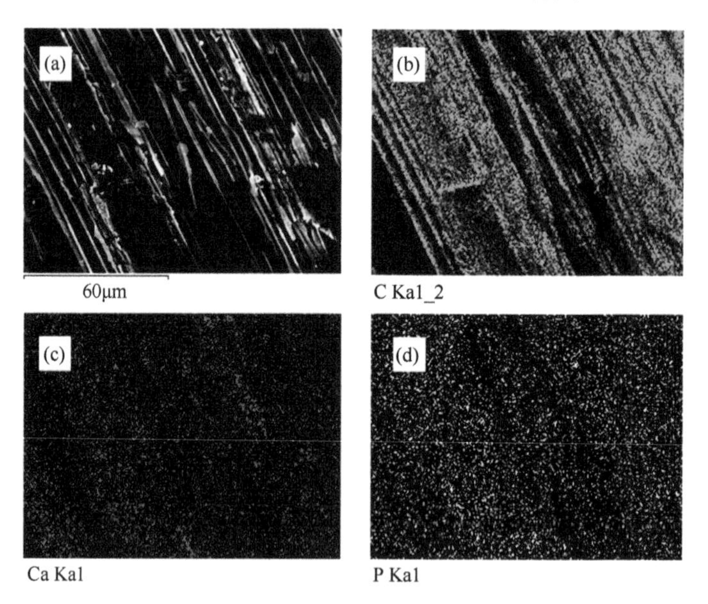

图 4-19 Ca^{2+} 条件下生物质炭的扫描电镜图及元素面扫图（李月雷，2022）

（a）扫描电镜图像；（b）～（d）C、P 和 Ca 元素分布

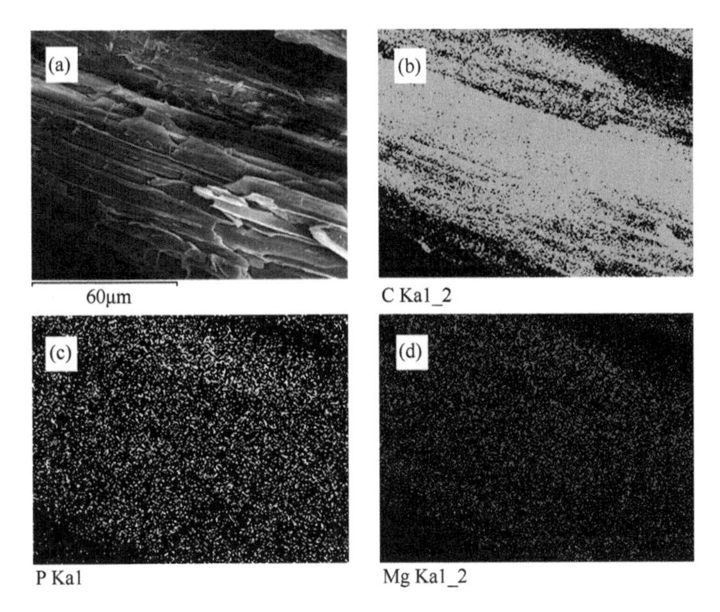

图 4-20　Mg^{2+}条件下生物质炭的扫描电镜图及元素面扫图（李月雷，2022）
（a）扫描电镜图像；（b）～（d）C、P 和 Mg 元素分布

4.3.5　不同石英砂粒径条件下施用生物质炭对磷素运移行为的影响

李月雷（2022）探究了不同石英砂粒径（粗砂、中砂、细砂）对于磷素在饱和多孔介质中运移行为的影响，结果如图 4-21 所示。图 4-21 显示了磷素在不同石英砂粒径的饱和多孔介质中运移和滞留的情况。由图 4-21（a）可以看出，三种石英砂粒径条件下，磷素的穿透值约为 1PV，峰值 1.04，并且三条穿透曲线中无拖尾现象的发生。三条穿透曲线几乎重合，呈对称的“几”字结构。当多孔介质

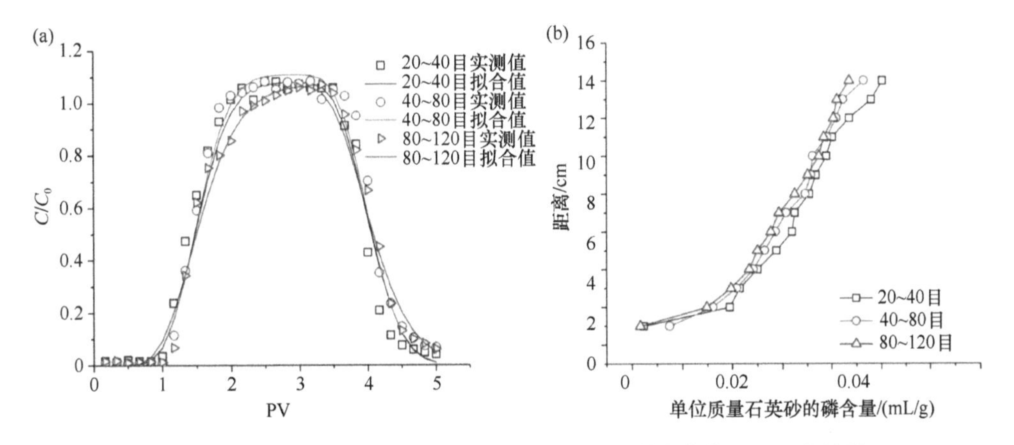

图 4-21　不同石英砂粒径条件下磷素的突破曲线（a）和滞留曲线（b）（李月雷，2022）

为中砂和粗砂时，磷素出流液的质量回收率高达 94%；当多孔介质为细砂时，出流液的质量回收率为 93.84%，三者差异并不显著。这种现象的产生与背景溶液及磷溶液呈现出流动快、阻力小的特点有关。石英砂表面不易固定磷素，这一点可由滞留曲线［图 4-21（b）］进行验证。对于不同石英砂粒径的滞留曲线，磷素在多孔介质中的滞留也表现出一致的趋势，三者并无显著的差异且滞留量极低。

本研究结果表明，除石英砂粒径外，生物质炭的掺杂比例、pH、离子强度和阳离子类型均影响着磷素在饱和多孔介质中的运移行为。生物质炭掺杂比（0.4%～1.6%）和离子强度（1～50 mmol/L）的变化对磷素在饱和多孔介质中的运移有显著影响，当生物质炭施用量为 1.6%时，生物质炭表面通过与磷酸盐的直接相互作用以及通过金属离子的桥接作用，使磷素在多孔介质中的固定率提高了约 37%。随着离子强度的增加，其对磷素的固定作用进一步增强。与 NaCl 溶液中磷素和生物质炭的直接相互作用相比，$CaCl_2$ 和 $MgCl_2$ 溶液更容易通过吸附在生物质炭表面的阳离子进一步吸附磷。在不同的 pH 条件下，磷素的形态也随之发生变化，部分磷素以沉淀的形式被固定。石英砂粒径对磷素的运移影响并不显著，这可能还与溶液本身的性质有关。

参考文献

陈利军, 蒋瑀霁, 王浩田, 等. 2020. 长期施用有机物料对旱地红壤磷组分及磷素有效性的影响. 土壤, 52(3): 451-457.

高德才, 张蕾, 刘强, 等. 2014. 旱地土壤施用生物质炭减少土壤氮损失及提高氮素利用率. 农业工程学报, 30(6): 54-61.

葛顺峰, 彭玲, 任饴华, 等. 2014. 秸秆和生物质炭对苹果园土壤容重、阳离子交换量和氮素利用的影响. 中国农业科学, 47(2): 366-373.

李发鹏, 李景玉, 徐宗学. 2006. 东北黑土区土壤退化及水土流失研究现状. 水土保持研究, 13(3): 50-54.

李文娟, 颜文毫, 郑纪勇, 等. 2013. 生物炭对黄土高原不同质地土壤中 NO_3-N 运移特征的影响. 水土保持研究, 20(5): 60-63.

李秋霞, 陈效民, 靳泽文, 等. 2015. 生物质炭对旱地红壤理化性状和作物产量的持续效应. 水土保持学报, 29(3): 208-213.

李月雷. 2022. 施用生物炭对磷素在寒区土壤及饱和多孔介质中运移行为影响研究. 哈尔滨: 东北农业大学硕士学位论文.

刘皓, 王海龙. 2006. 生物质炭对菜地土壤甲烷和氧化亚氮及二氧化碳排放的影响. 安阳工学院学报, 13(2): 18-22.

刘振杰, 李鹏飞, 黄世威, 等. 2020. 小麦秸秆生物炭施用对不同耕作措施土壤碳含量变化的影响. 环境科学, 42(6): 3000-3009.

隋龙. 2022. 施用生物炭对寒区黑土磷素迁移转化行为影响及机制研究. 哈尔滨: 东北农业大学硕士学位论文.

匡崇婷, 江春玉, 李忠佩, 等. 2012. 添加生物质炭对红壤水稻土有机碳矿化和微生物量的影响. 环境科学, 44(4): 570-575.

唐惠娟, 江红樱, 李霞, 等. 2022. HNO_3 改性荔枝木生物炭对大豆累积 Cu、Ca、As、Cd 的影响. 生态毒理学报, 17(3): 501-512.

王丹丹, 郑纪勇, 颜永毫, 等. 2013. 生物质炭对宁南山区土壤持水性能影响的定位研究. 水土保持学报, 27: 101-104.

谢国雄, 王道泽, 吴耀, 等. 2014. 生物质炭对退化蔬菜地土壤的改良效果. 南方农业学报, 45(1): 67-71.

尤俊坚. 2019. 污泥生物质炭对豫东黄泛区风沙土质量影响及评价研究. 南京: 南京林业大学博士学位论文.

杨学明, 张晓平, 方华军, 等. 2004. 20 年来部分黑土耕层有机质和全氮含量的变化. 地理科学, 24(6): 710-714.

俞花美, 陈淼, 邓惠, 等. 2014. 蔗渣基生物质炭的制备、表征及吸附性能. 热带作物学报, 35(3): 595-602.

岳小松, 张影, 刘星, 等. 2021. 水洗生物质炭对 2 种类型土壤钾素淋失的影响. 水土保持学报, 35(5): 108-113.

张皓钰, 刘竞, 易军, 等. 2022. 生物质炭短期添加对不同类型土壤水力性质的影响. 土壤, 54(2): 396-405.

张庆忠, 吴文良, 林光辉. 2006. 小麦秸秆还田对华北高产粮区碳截留的作用. 辽宁工程技术大学学报, 5: 773-776.

周劲松, 闫平, 张伟明, 等. 2016. 生物质炭对水稻苗期生长、养分吸收及土壤矿质元素含量的影响. 水土保持学报, 35(11): 2952-2959.

张翔, 余真, 张耿崚, 等. 2015. 污泥生物炭基堆肥对锰污染土壤性质及其修复的影响. 农业环境科学学报, 34(7): 1277-1286.

Borchard N, Wolf A, Laabs V, et al. 2012. Physical activation of biochar and its meaning for soil fertility and nutrient leaching- A greenhouse experiment. Soil Use and Management, 28(2): 177-184.

Ding Z, Wang Q, Hu X. 2011. Fractionation of Zn and Pb in bulk soil and size fractions of water-stable micro-aggregates of lead/zinc tailing soil under simulated acid rain. Procedia Environmental Sciences, 10: 325-330.

Fan R, Zhang B, Li J, et al. 2019. Straw-derived biochar mitigates CO_2 emission through changes in soil pore structure in a wheat-rice rotation system. Chemosphere, 243: 125329.

Glaser B, Lehmann J, Zech W. 2002. Ameliorating physical and chemical properties of highly weathered soils in the tropics with charcoal-A review. Biology and Fertility of Soils, 35: 219-230.

Granatstein D, Kruger C, Collins H, et al. 2009. Use of biochar from the pyrolysis of waste organic material as a soil amendment. https://rex.libraries.wsu.edu/esploro/outputs/report/Use-of-biochar-from-the-pyrolysis/99900502477501842.[2024-6-25]

Haynes R J, Naidu R. 1998. Influence of lime, fertilizer and manure applications on soil organic matter content and soil physical conditions: A review. Nutrient Cycling in Agroecosystems, 51: 123-137.

Jaafar N M, Clode P L, Abbott L K. 2015. Biochar-soil interactions in four agricultural soils. Pedosphere, 25(5): 729-736.

Jien S, Wang C. 2013. Effects of biochar on soil properties and erosion potential in a highly weathered soil. Catena, 110: 225-233.

Lehmann J. 2007. Bio-energy in the black. Frontiers in Ecology and the Environment, 5(7): 381-387.

Liang F, Li G T, Lin Q M, et al. 2014. Crop yield and soil properties in the first 3 years after biochar application to a calcareous soil. Journal of Intergrative Agriculture, 13: 525-532.

Lützow M V, Kögel-Knabner I, Ekschmitt K, et al. 2007. SOM fractionation methods: Relevance to functional pools and to stabilization mechanisms. Soil Biology and Biochemistry, 39(9): 2183-2207.

Mikha M M, Rice C W. 2004. Tillage and manure effects on soil and aggregate-associated carbon and nitroge. Soil Science Society of America Journal, 68(3): 809-816.

Nguyen T, Xu C, Tahmasbian I, et al. 2017. Effects of biochar on soil available inorganic nitrogen: A review and meta-analysis. Geoderma, 288: 79-96.

Omondi M, Xia X, Nahayo A, et al. 2016. Quantification of biochar effects on soil hydrological properties using meta-analysis of Literature data. Geoderma, 274: 28-34.

Petersen C, Hansen E, Larsen H. 2016. Pore-size distribution and compressibility of coarse sandy subsoil with added biochar. European Journal of Soil Science, 67: 726-736.

Pratiwi E P , Hillary A K, Fukuda T, et al. 2016. The effects of rice husk char on ammonium, nitrate and phosphate retention and leaching in loamy soil. Geoderma, 277: 61-68.

Qian K, Kumar A, Zhang H, et al. 2015. Recent advances in utilization of biochar. Renewable and Sustainable Energy Reviews, 42(1): 1055-1064.

Qu J, Akindolie M S, Feng Y, et al. 2020. One-pot hydrothermal synthesis of $NaLa(CO_3)_2$ decorated magnetic biochar for efficient phosphate removal from water: Kinetics, isotherms, thermodynamics, mechanisms and reusability exploration. Chemical Engineering Journal, 394: 124915.

Schulz H, Dunst G, Glaser B. 2013. Positive effects of composted biochar on plant growth and soil fertility. Agronomy for sustainable development, 33(4): 817-827.

Soinne H, Hovi J, Tammeorg P, et al. 2014. Effect of biochar on phosphorus sorption and clay soil aggregate stability. Geoderma, 219: 162-167.

Steiner C, Teixeira W G, Lehmann J, et al. 2007. Long term effects of manure, charcoal and mineral fertilization on crop production and fertility on a highly weathered Central Amazonian upland soil. Plant and Soil, 291(1): 275-290.

Sui L, Tang C, Cheng K, et al. 2022. Biochar addition regulates soil phosphorus fraction and improves release of available phosphorus under freezing-thawing cycles. Science of the Total Environment, 848(20): 157748.

Verheijen F, Jeffery S, Bastos A, et al. 2010. Biochar application to soils: A critical scientific review of effects on soil properties, processes and functions. Luxembourg: Office for the Official Publications of the European Communities.

Warnock D, Lehmann J, Kuyper T, et al. 2007. Mycorrlhizal responses to biochar in soil concepts and mechanisms. Plant and Soil, 300: 9-20.

Xie Z, Yang X, Sun X, et al. 2021. Effects of biochar application and irrigation rate on the soil phosphorus leaching risk of fluvisol profiles in open vegetable fields. Science of the Total Environment, 789: 147973.

Yang F, Sui L, Tang C, et al. 2021. Sustainable advances on phosphorus utilization in soil via addition of biochar and humic substances. Science of the Total Environment, 768: 145106.

Yang F, Chen Y, Nan H, et al. 2021. Metal chloride-loaded biochar for phosphorus recovery: Noteworthy roles of inherent minerals in precursor. Chemosphere, 266: 128991.

Zhang H, Li Q, Zhang X, et al. 2020. Insight into the mechanism of low molecular weight organic acids-mediated release of phosphorus and potassium from biochars. Science of The Total Environment, 742: 140416.

Zhang, Q, Song, Y, Wu, Z, et al. 2020. Effects of six-year biochar amendment on soil aggregation, crop growth, and nitrogen and phosphorus use efficiencies in a rice-wheat rotation. Journal of Cleaner Production, 242: 118435.

Zhao J, Shen X, Domene X, et al. 2017. Comparison of biochars derived from different types of feedstock and their potential for heavy metal removal in multiple-metal solutions. Sci Rep, 9(1):9869.

Zhou H, Fang H, Zhang Q, et al. 2019. Biochar enhances soil hydraulic function but not soil aggregation in a sandy loam. European Journal of Soil Science, 70: 291-300.

Zhou K, Sui Y, Xu X, et al. 2018. The effects of biochar addition on phosphorus transfer and water utilization efficiency in a vegetable field in Northeast China. Agricultural Water Management, 210: 324-329.

第 5 章　生物质炭调控土壤生物功能

土壤生物是整个土壤系统中的核心，在土壤生态系统中扮演着消费者和分解者的角色，对土壤的形成、土壤有机质和养分的周转及植物的生长都发挥着不可替代的作用。随着土壤退化问题的日益严重，土壤质量评估和预测越发重要。传统的物理和化学指标存在灵敏度低、滞后严重的弊端，难以满足土壤质量相关研究的需求。近年来，研究发现土壤质量发生变化之前，土壤生物学特性往往发生直接、快速的响应。土壤生物的活性、丰度和群落结构对于土壤的功能及生态服务能力至关重要，它们反过来又会影响土壤的结构和稳定性、营养物质的循环、土壤通气性、水分利用效率、抵抗病虫害和储存碳的能力。由于生物质炭具有特殊的物理和化学性质，其除了能够为土壤提供丰富的有机质外，还可以改变土壤生物的活性、丰度和群落结构，从而促进土壤生物的生长和酶的分泌，因此将其作为调控土壤生物学特性的手段已越来越受到重视。据此，本章将从土壤生物群落结构演替、微生物生态功能变化等方面阐述生物质炭调控土壤生物功能的相关机制。

5.1　土 壤 生 物

土壤是陆地生态系统中生物种类最为丰富、数量最多的亚系统，通常 1 g 土壤中就有几亿到几百亿个生物。土壤生物是栖息在土壤中（包括枯枝落叶层）生物的总称（张俊伶等，2020），主要包括土壤动物和土壤微生物。土壤动物和土壤微生物作为整个土壤系统中的核心，对土壤的形成和发育、土壤有机质和养分的周转、土壤肥力的保持、土壤污染的修复及植物的生长均有重要的作用。

5.1.1　土壤微生物组成及功能

微生物是土壤中最活跃的生物种群，具有种类多、数目大、分布广的特征（陈安强等，2015）。土壤微生物主要包括原核微生物、真核微生物和病毒三大类。

原核微生物主要由古菌、细菌、放线菌和蓝细菌等组成（林先贵和胡君利，2008）。其中，古菌是一类形态各异并具有特殊生理功能的微生物，大多数生活在极端的环境中。例如，还原硫酸盐古菌可在极端高温、酸性条件下还原硫酸盐；极端嗜盐古菌可在极高盐浓度下生存等。因此，古菌在物质循环中，尤其是在生命活动出现的初期承担了非常重要的角色。

相比于其他原核微生物，细菌是土壤中分布最广泛、数量最多的一类，约占土壤微生物总量的 70%～90%，具有体型小、比表面积大、新陈代谢速度快等特点。细菌按照营养类型可分为纤维分解菌、固氮细菌、硝化细菌、亚硝化细菌和硫化菌等，这几类细菌在土壤碳、氮、磷、硫等生物化学循环过程中具有无可替代的作用。此外，土壤放线菌一般以孢子或菌丝片段存在于土壤环境中，通常生活在土壤中腐烂的有机物质上，能将纤维素、几丁质等抗分解性非常强的物质及磷脂降解为简单的物质。放线菌适合生长在湿润、温暖和通气良好的土壤中，最适宜的 pH 范围为 6.0～7.5。

真核微生物中最常见的是真菌，数量仅次于放线菌和细菌。藻类是真核微生物中另一类重要的微生物，主要包括硅藻、绿藻和黄藻等。硅藻细胞壁中具有大量硅质，一般来说，硅藻的细胞形状像小盒子一样，由两片盖在一起的壳片组成，在壳片上含有硅质沉积，硅质沉积后会形成大量不同的花纹。此外，硅藻具有很多种类，但大多数的硅藻都是单细胞的浮游植物。绿藻的繁殖速度快、分布广泛，是地球水域中的初级生产者，它们能够利用环境中的无机营养成分，并通过光合作用将 CO_2 合成有机物，对于水生态系统的物质循环和能量转化过程具有重要作用。病毒是由蛋白质和核酸组成的结构简单、体积微小的非细胞型生物实体，全球病毒数量估算为 4.80×10^{31}，远高于具有细胞型结构的生物数量。土壤是病毒的重要存储库，土壤中的病毒主要为噬菌体，其数量与土壤理化指标密切相关。按照不同的核酸组成，病毒可以划分为单链 DNA、双链 DNA、正单链 RNA、负单链 RNA 和双链 RNA。

微生物作为土壤生物的重要组成成分，是驱动土壤有机质和土壤养分转化与循环的重要动力（徐慧博等，2018），同时也是植物养分的储备库。具体来说，土壤中微生物的作用主要表现在以下两个方面。①促进植物生长。土壤微生物在作物生长过程中可以分解有机质，还可以通过分泌氨基酸、维生素和生长激素等物质促进植物生长（史功赋等，2019）。此外，微生物还能为植物提供物理屏障，减少病原菌的侵害。在植物根系周围环境中，土壤微生物数量多、密度大，并且能够分泌大量物质，在根冠周围形成一个黏土层，可为植物根系提供一个物理屏障，既能提供营养物质，又能保护植物根系，减少病原菌和虫害的入侵（马斌等，2015）。②参与土壤生态系统的养分循环。土壤微生物是土壤有机质的分解者，它能够在取食和分解植物残体的过程中不断同化环境中的有机碳，同时向外界释放 C、N、P 和 S 等营养元素（徐阳春等，2002）。大气中 N_2 含量几乎占 80%，但是不能被植物直接利用，只有通过固氮细菌和硝化细菌将 N_2 转化为含氮化合物之后才可被植物吸收利用。

5.1.2 土壤动物组成及功能

土壤动物是指在土壤中度过全部或部分生活史，并且能够对土壤造成一定影响的生物（徐慧博等，2018），主要包括原生动物、扁形动物、线形动物、轮形动物、环节动物、脊椎动物、缓步动物、软体动物和节肢动物等9种。按体型大小，土壤动物一般被分为体宽小于0.2 mm的小型土壤动物（如原生动物和线虫）、体宽0.2～2 mm的中型土壤动物（如跳虫和螨类）和体宽2～20 mm的大型土壤动物（如蚯蚓和蚂蚁）。根据土壤动物在土壤中执行的不同功能，也可以将其划分为不同的功能类群，主要包括：分解者（能够吞食破碎凋落物并产生粪便颗粒刺激微生物活性，从而参与物质分解和养分循环过程）；食微生物者（主要通过取食微生物来控制微生物群落，参与养分循环、控制病原菌及调节植物生长）；植食者（能够取食植物根系进而影响植物生长和土壤养分循环）；捕食者（通过捕食其他土壤动物起到对害虫的生物防治作用）、生态系统工程师（能够吞食土壤或在土壤中穿梭掘穴而产生生物扰动，从而影响土壤有机质和微生物的分布，参与土壤的形成及养分循环）。

土壤中常见的蚯蚓为土壤环节动物中的一种，它可以混合土层，改善土壤结构，提高土壤的通气性，改善土壤排水和保水能力，而且蚯蚓还可以促进土壤中植物残体的分解，以及有机物和无机物的矿化作用。土壤线虫体型要比蚯蚓小得多，多数线虫寄生在高等植物和动物体上，会引起多种植物疾病。土壤原生动物一般为单细胞真核生物，细胞结构简单，在表土层中最多，能够调节土壤中细菌的数量，增进某些土壤生物的活性，并参与动植物残体的分解（史功赋等，2019）。土壤动物作为土壤生态系统的重要组成成分，对土壤生态环境的构建具有无可替代的作用。土壤动物参与了土壤的形成和发展，能够对退化土壤起到修复和改善的作用。同样，土壤动物的活动也可改善土壤结构，加快枯枝落叶的分解，促进物质的循环和能量的流动。相比于微生物，土壤动物一般体型较大，尤其是大型土壤动物，具有机械破碎作用，有利于土壤动物和微生物的取食，对枯枝落叶的分解和元素的释放起到促进作用，可直接或间接地促进物质循环。另外，有研究表明，土壤动物体内具有多种酶类，如蚯蚓可分泌蛋白酶、纤维素酶等，与微生物共同作用促进土壤有机质的转化。除此之外，土壤动物也在土壤信息传递过程中具有非常重要的作用，如土壤动物对环境的指示作用。

5.2 生物质炭与土壤生物

5.2.1 生物质炭与土壤微生物

土壤微生物群落结构对环境变化极其敏感，土壤物理性质（水分、温度、通气性、质地等）和化学性质（酸碱性、有机质、营养元素）的细微变化都会对微生物群落结构产生影响。因此，利用生态位理论定向改变土壤物理和化学性质，对土壤微生物群落结构进行调控，让有益菌占据主导地位，抑制有害微生物的生长，已成为土壤学和生态学研究的热点。

阳离子交换能力是土壤保留阳离子养分和提供养分以支持微生物活动能力的关键指标，而生物质炭一般具有较大的阳离子交换量（Palansooriya et al.，2020），施加生物质炭可提高土壤阳离子交换能力，使土壤具有更高的养分保留能力和较低的养分损失率，有利于提高土壤微生物活性。此外，生物质炭能够通过改善土壤理化性质，从而增强土壤微生物活性。土壤理化性质和土壤微生物间的交互作用促使生物质炭施加到土壤后对微生物群落结构起到调控作用，促使微生物驱动养分循环和养分形态转化过程，最终实现土壤肥力提升（刘秉儒，2022）。

生物质炭还能够通过疏水引力或静电力吸附土壤微生物。吸附受到生物质炭孔径大小的影响，如果微生物要进入生物质炭孔隙，则最佳吸附的孔径需要比细胞尺寸大 2～5 倍，在较大或较小的生物质炭孔隙中吸附的微生物量相对会更少，这是因为生物质炭的孔隙率太大，或因为微生物不适合较小的孔隙而无法增强吸附力。因此，生物质炭吸附微生物的能力会因生物质炭的特性而具有很大差异，包括灰分含量、孔径和挥发性化合物含量（Warnock et al.，2007）。当生物质炭被施加到土壤中，只有直接与生物质炭表面接触的土壤才会产生发生变化，生物质炭的内部却不适合微生物的生长和定植（Luo et al.，2013）。

土壤微生物群落多样性对土壤生态系统服务功能至关重要，对土壤结构和稳定性、养分循环、通气、水分利用效率、抗病性和碳储存能力均会产生影响。生物质炭的施加能够增加土壤中稳定的有机碳库，增强土壤的碳固存能力，而且细菌和真菌对不同的碳源有自己的偏好，对环境因素的变化具有不同的耐受性（Yu et al.，2018）。因此，在施加生物质炭作为土壤微生物调理剂时，应考虑土壤特性，以及生物质炭的数量、质量和分布对于土壤食物网营养结构的影响。

1. 生物质炭特性对土壤微生物的影响

1）生物质炭对于原核微生物生长的影响

土壤中存在着许多对植物生长有益或与物质代谢相关的原核微生物，包括生防细菌、固氮菌、产甲烷菌、甲烷氧化菌和氨氧化细菌等。这些微生物具有促进土壤养分物质循环、抑制土壤病虫害、刺激植物生长的作用。近年来，已有研究表明施加生物质炭可以影响原核微生物的生长代谢。一方面，生物质炭刺激土壤微生物生长主要是通过改变土壤理化性质而实现（李怡安等，2019）。

一般情况下，施加生物质炭会引起土壤氧化还原电位的上升，高氧化还原电位有助于甲烷氧化菌和固氮菌的生长。另一方面，施加生物质炭还能提高土壤的碳氮比，降低土壤有效氮含量，刺激固氮菌生长，并且由于生物质炭富含磷、钾、钙、镁、钼和锌等营养元素和可溶性有机碳，能够为土壤微生物提供营养物质并促进其生长。这是由于生物质炭孔隙能够作为土壤微生物的栖息地和避难所，可以保护细菌、真菌和原生动物免受掠食性土壤微节肢动物的侵害。大孔（＞200nm）生物质炭是大多数微生物的栖息地，因为它们的大小适合容纳细菌，可以储存微生物代谢所需的水和溶解物质，这些孔隙的比例和大小取决于生物质炭的制备温度，较高的温度会导致更多的水和有机物挥发，从而产生更大的孔隙（Hockaday et al.，2007）。

生物质炭一般是碱性的，并且具有较大的比表面积和较高的阳离子交换量，富含大量的营养物质，施加生物质炭能够改变土壤的理化性质，并且能够为土壤微生物的生长提供营养物质。因此，生物质炭的施用能够引起土壤微生物种群结构多样性、丰度和活性的变化，从而影响土壤的生物学特性。Pietikäinen 等（2000）研究发现，细菌附着在生物质炭后难以被淋溶，从而提高了细菌的丰度。此外，生物质炭对放线菌也具有显著影响，且在不同土壤类型中，放线菌对生物质炭的反应各不相同。研究人员通过末端限制性片段长度多态性方法研究了农业土壤微生物，发现施加生物质炭的土壤中生丝微菌、链孢囊菌、根瘤菌和高温单胞菌丰度分别增加了 8%、14%、6%和 8%，而微单胞菌和链霉菌丰度分别下降了 7%和 11%。研究人员发现多环芳烃可使土壤中变形菌门和酸杆菌门占主导地位，而施加生物质炭后导致变形菌门和酸杆菌门的相对丰度下降，提高了厚壁菌门、绿弯菌门、拟杆菌门、放线菌门和疣微菌门等微生物的相对丰度（Weyers and Spokas，2011）。

生物质炭对土壤细菌和古菌的多样性及群落结构的总体影响主要取决于生物质炭类型、土壤类型、作物类型和种植时间等。研究人员通过使用磷脂脂肪酸分析、实时荧光定量聚合酶链反应、变性梯度凝胶电泳、温度梯度凝胶电泳等手段来研究生物质炭改性土壤中的微生物群落结构。研究表明，较高的生物质炭表面积可以吸附水分、营养物质和可溶性碳，进而促进微生物定植。通过盆栽试验发现，施加 10%的园林废弃物生物质炭可以显著增加土壤固氮菌的固氮基因和氧化亚氮还原基因的丰度，但是对氨氧化细菌和古菌的单加氧酶基因的丰度没有显著性影响（郭凡婧等，2022）。此外，还有学者发现，400℃和 500℃制备的秸秆生物质炭可以显著提高土壤甲烷氧化菌基因的丰度，但是对土壤中产甲烷菌的丰度没有显著的影响。研究表明，无论土壤 pH 为多少，生物质炭的热解温度和生物质炭的施加量都是控制土壤中微生物群落结构的重要因素（Luo et al.，2013）。

（1）不同 pH 的生物质炭对原核微生物生长的影响。由于生物质炭具有不同的 pH，施加生物质炭后土壤的 pH 也会发生变化。生物质炭的 pH 主要取决于原料类型、热解温度和氧化程度，这也为生物质炭孔隙间的微生物创造了不同的生存条件。使用 pH 4.1 的生物质炭时，观察到土壤微生物活性和依赖性增加，细菌会吸附到生物质炭表面，使它们不易在土壤中淋溶，从而增加了细菌丰度（宋延静和龚骏，2010）。由于叶质生物质炭的 pH 较高，叶质生物质炭改良的森林土壤中细菌群落多样性高于木质生物质炭。因此，生物质炭 pH 会对微生物的总丰度产生非常重要的影响。土壤类型也会影响细菌多样性和群落结构对生物质炭施加的响应。例如，施加量为 20 t/hm^2（pH 4.89）的秸秆生物质炭增加了块状土壤中变形杆菌的相对丰度，同时提高了根际土壤中 *Gemmatimonadota* 的相对丰度。

（2）生物质炭含量对原核微生物生长的影响。生物质炭含量高的土壤中细菌群落组成与未施加生物质炭的土壤中细菌群落组成显著不同。研究人员通过使用寡核苷酸指纹图谱分析方法，将施加生物质炭的森林土壤与原始森林土壤进行了比较，结果显示，与原始森林土壤相比，施加生物质炭的土壤中含有数量和种类更多的分类操作单元（OTU），多样性指数分析显示原始森林土壤具有更高的 α 多样性。当利用系统发育树将原始森林土壤与施加生物质炭的土壤进行比较时，发现原始森林土壤中的所有分类操作单元都存在于施加生物质炭的土壤中。然而，将施加生物质炭的土壤与原始森林土壤进行比较后，发现施加生物质炭的土壤中包含原始森林土壤中未发现的其他序列（Hilber et al.，2017）。

（3）生物质炭添加对于东北黑土原核微生物生长的影响。本团队研究发现生物质炭的添加和冻融循环能够显著改变东北黑土细菌微生物群落结构，特别是通过改变溶磷细菌丰度，进而影响土壤磷库的组成（图 5-1）。*Actinobacteriota*、*Proteobacteria*、*Acidobacteriota*、*Chloroflexi*、*Gemmatimonadota* 是门水平上最主要的 5 种微生物（图 5-2）。生物质炭的施加增加了土壤中 *Actinobacteria* 的相对丰度，降低了土壤中 *Acidobacteria* 和 *Gemmatimonadota* 的相对丰度，这导致了土壤中不稳定磷含量的增加。但在冻融条件下，微生物群落的变化不是稳定磷转化为不稳定磷的主要原因，冻融循环引起的土壤理化性质变化是磷组分发生转化的主要原因（Sui et al.，2022）。此外，有研究发现，稻壳生物质炭能够通过调节土壤 pH 和水分含量为溶磷微生物提供适宜的生存条件，增加溶磷细菌的数量，影响磷组分的转化并调节土壤磷的有效性。还有研究发现放线菌是影响土壤中不稳定磷转化的主要细菌，土壤中有效磷含量和不稳定磷含量与放线菌相对丰度显著相关。

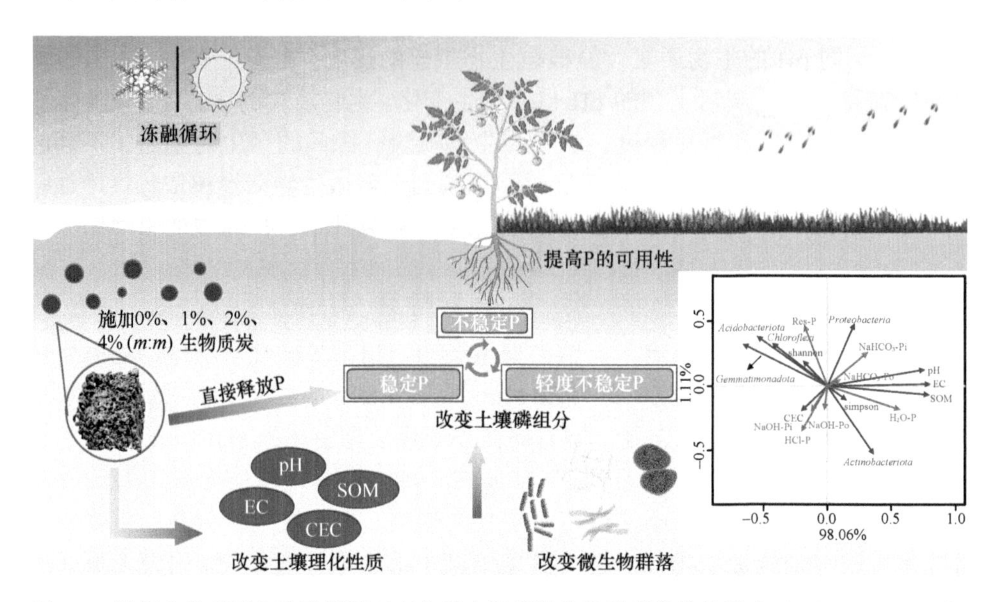

图 5-1 施用生物质炭和冻融循环对东北黑土细菌微生物群落结构的影响（Sui et al.，2022）

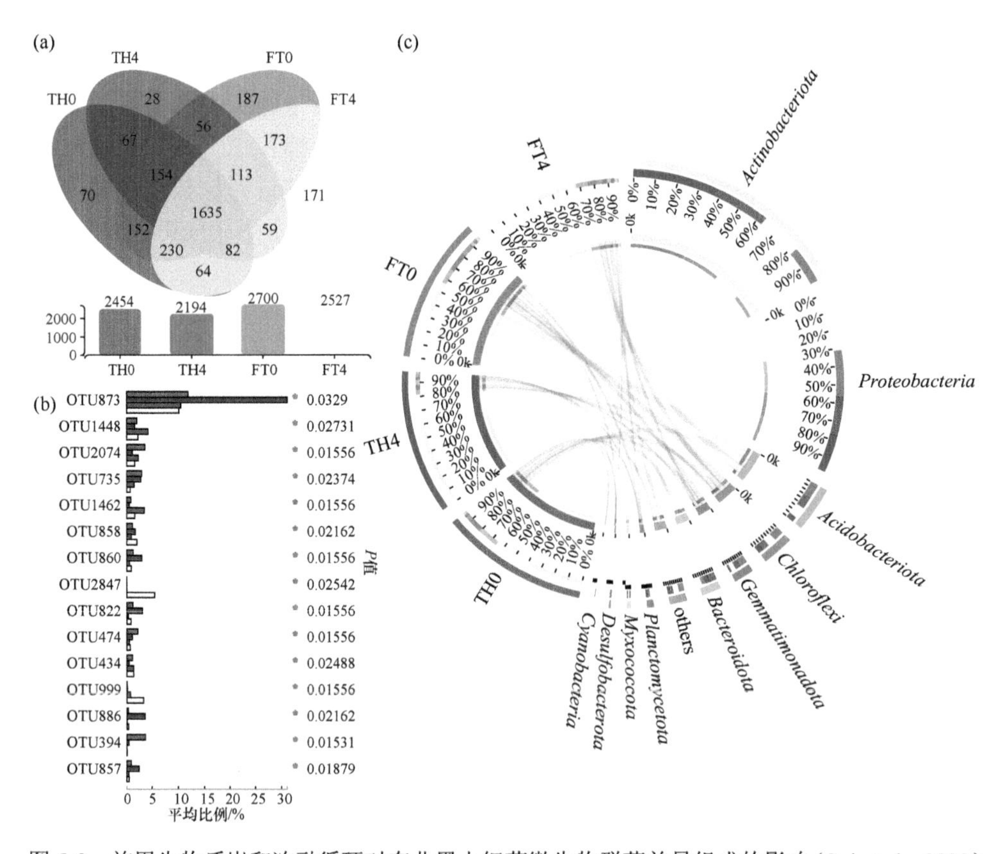

图 5-2 施用生物质炭和冻融循环对东北黑土细菌微生物群落差异组成的影响（Sui et al.，2022）

本团队研究发现，生物质炭的施加显著改变了土壤 pH。随着生物质炭施加量的增加，土壤 pH 显著提高（$P<0.05$），在生物质炭施加量为 4%时达到了最大值。与未施用生物质炭的土壤相比，施加 4%生物质炭时原始土壤、恒温培养 90 天的土壤和冻融循环培养 90 天的土壤 pH 增量分别为 0.71、0.76、0.64。同时，冻融循环也改变了土壤 pH，在生物质炭施加量为 0%、1%、2%、4%时，冻融循环培养 90 天的土壤 pH 分别为 7.13、7.18、7.40、7.77，恒温培养 90 天的土壤 pH 分别为 6.87、6.97、7.38、7.63，原始土壤的 pH 分别为 6.83、6.98、7.31、7.54（$P<0.05$）。生物质炭施加和冻融处理结合对土壤电导率具有很大的影响。在生物质炭施加量为 4%时，原始土壤、恒温培养 90 天土壤和冻融循环培养 90 天土壤的电导率分别为 303.67 μS/cm、196.37 μS/cm 和 199.80 μS/cm。与未施加生物质炭的土壤相比，土壤电导率的增量分别为 285.55 μS/cm、186.11 μS/cm 和 188.13 μS/cm。与第 0 天的原始土壤相比，恒温培养 90 天的土壤和冻融循环培养 90 天土壤的电导率均显著降低（$P<0.05$），冻融循环培养 90 天的土壤电导率略高于恒温培养 90 天的土壤。生物质炭的施加显著提高了土壤有机质含量，施加 4%生物质炭时土壤有机质含量最高（$P<0.05$）。施加 4%生物质炭的原始土、恒温培养 90 天的土壤和冻融循环培养 90 天的土壤有机质含量分别为 69.59 g/kg、69.41 g/kg、66.08 g/kg。与未施加生物质炭的土壤相比，土壤有机质的增量分别为 28.42 g/kg、28.60 g/kg 和 28.55 g/kg。恒温培养 90 天的土壤和冻融循环培养 90 天的土壤有机质含量均呈下降趋势。

本团队通过室外土壤培育实验，结合连续的自然气候变化（冻结、冻融及气候升温），探究了单独施加液态人工腐殖质、液态人工腐殖质-生物质炭混施对于贫瘠黑土有机质含量和有机碳含量的影响，以评估人工腐殖质应用于黑土区农业土壤碳固存方面的潜力，并进一步分析两种人工炭基材料混施下的交互作用，以期获得更有效地提高土壤有机质含量及稳定性的施用模式（图 5-3）。通过 16S rRNA 高通量测序研究了不施加外源人工炭基材料、施加生物质炭和人工腐殖质-生物质炭混施的土壤在经过 45 天、90 天和 180 天连续培养后细菌群落组成及结构变化情况。人工腐殖质和生物质炭混施的土壤在经过 45 天培育后被检测出的 OTU 数量最少；相比之下，不施加外源人工炭基材料的土壤在经过 180 天培育后检测出的 OTU 数量最大。在门水平上，*Proteobacteria*、*Actinobacteriota* 和 *Acidobacteriota* 为优势菌门，但它们在不同处理土壤中的相对丰度仍存在显著差异。其中，人工腐殖质和生物质炭混施的土壤在经过 45 天培育后，*Proteobacteria* 的相对丰度显著高于其他处理的土壤（$P<0.05$），而 *Actinobacteriota* 的相对丰度则在经过 90 天培育后的人工腐殖质-生物质炭混施的土壤中最大且显著高于其他处理的土壤（$P<0.05$），*Acidobacteriota* 的相对丰度始终在不施加外源人工炭基材料的土壤中最大。随后，本团队进一步分析了不施加外源人工炭基材料、生物质

炭和人工腐殖质-生物质炭混施土壤在培育 45 天、90 天和 180 天后，OUT 水平上土壤细菌的相对丰度变化情况，评估了优势菌群的组成。研究发现，OTU 3375、OTU 1888、OTU 2263、OTU 3170、OTU 1800、OTU 1692（*Actinobacteriota*）、OTU 1949、OTU 2066、OTU 844、OTU 3248、OTU 127、OTU 113、OTU 397（*Proteobacteria*）、OTU 553（*Acidobacteriota*）及 OTU 1854（*Chloroflexi*）在实验过程中占据优势地位。OTU 3375（P=0.03337＜0.05）及 OTU 2066（P=0.0409＜0.05）的相对丰度在不同处理的土壤中均有较为明显的变化。以 OTU 3375 的变化为例，施加生物质炭的土壤在经过 90 天培育后，OTU 3375 的相对丰度显著增加（P＜0.05），而在培育 180 天后相对丰度却显著下降（P＜0.05）。人工腐殖质-生物质炭混施的土壤中，OTU 3375 的变化趋势与之类似。OTU 3375 的相对丰度在不施加外源人工炭基材料、施加生物质炭和人工腐殖质-生物质炭混施的土壤中也存在显著差异，例如，人工腐殖质和生物质炭混施的土壤中 OTU 3375 的相对丰度显著高于施加生物质炭的土壤（P＜0.05），其次是不施加外源人工炭基材料的土壤。由此可以判断，生物质炭及液态人工腐殖质的施用为优势物种 OTU 3375 在冻融后持续的生长代谢提供了适宜的环境。

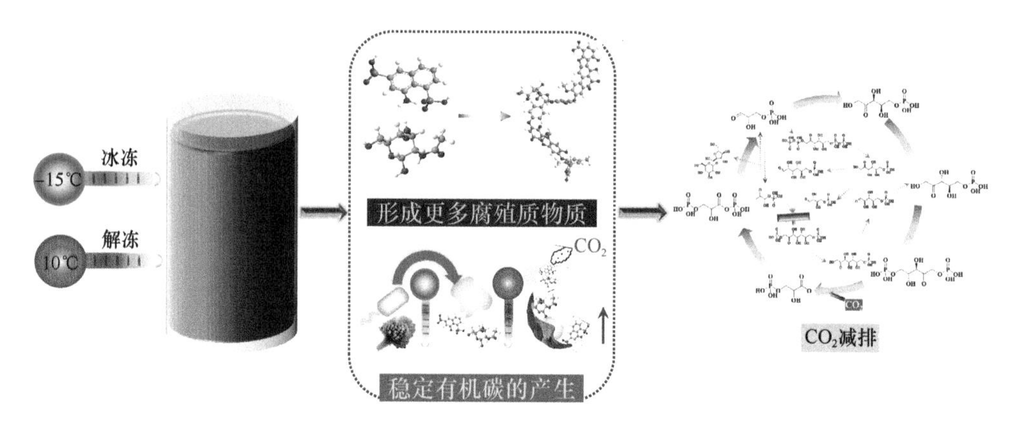

图 5-3 人工腐殖质在冻融条件下对土壤微生物群落结构的影响（Tang et al.，2022）

α 多样性能够直观地了解施用不同人工炭基材料后土壤细菌群落演替规律，因此本团队分析了生物质炭施加、液态人工腐殖质-生物质炭混施后各土壤中细菌的 α 多样性变化情况，主要通过 Ace、Chao、Coverage、Shannon 及 Simpson 指数来反映细菌群落多样性的变化。研究结果表明，不同人工炭基材料施加量及施加方式对于土壤细菌群落丰富度及多样性均具有显著影响。例如，Ace 和 Chao 指数变化表明，在土壤中施加 120 mL/kg 液态人工腐殖质-生物质炭并连续培育 45 天和 90 天后，土壤中细菌群落的丰富度显著低于不施加外源人工炭基材料及施加生物质炭的土壤（P＜0.05）；除此以外，Shannon 指数的变化也显示出土壤细菌群落多样性在连续培育 45 天和 90 天后显著下降（P<0.05）。Simpson 指数同样也反映出不同处理的土壤在经过不同培育期后细菌群落多样性的差异，Simpson 指数的变化显示不施加外源人工炭基材料的土壤中细菌群落多样性显著高于其他处理的土壤（P<0.05）。进一步分析不同培育周期和人工炭基材料的施用方式对细菌 α 多样性指数变化的交互作用，双因素方差分析结果表明，除 Simpson 指数（P=0.007）外，不同培育周期和人工炭基材料的施用方式对土壤中细菌群落的 Shannon 指数（P=0.149）、Ace 指数（P=0.706）和 Chao 指数（P=0.545）的交互作用不显著。

基于 COG 功能分类的结果表明，土壤经不同处理和培育期后，与代谢相关的 COG 丰度发生了明显变化。在长期冻结条件下（连续培育 45 天），施加生物质炭和人工腐殖质-生物质炭混施的土壤中，与氨基酸和碳水化合物代谢相关的 COG 丰度显著增加（P<0.05）；而在培育 180 天后人工腐殖质-生物质炭混施土壤中，几乎所有与碳代谢相关的 COG 丰度均显著降低（P<0.05）。这一结果表明，在短期内生物质炭与液态人工腐殖质均会增强土壤中微生物对碳水化合物的代谢能力，在生物质炭基础上进一步施用液态人工腐殖质则能够有效缓解土壤中有机质被微生物所降解利用。与单一施用液态人工腐殖质或生物质炭相比，液态人工腐殖质和生物质炭混施的措施对土壤碳库动态变化的影响较大。液态人工腐殖质和生物质炭施加后，施加的碳总量接近 14.5g/kg。实际上，在 120 mL/kg 液态人工腐殖质与 2wt%生物质炭混施入土壤并培育 45 天后，土壤有机碳含量仅为 13.5 g/kg，表明至少 13.3%的土壤碳已经被矿化，并且这一结果要高于施用 120 mL/kg 液态人工腐殖质（6.4%）或生物质炭（4.9%）所造成的碳损失比例，也高于它们的总和（11.3%），这说明液态人工腐殖质的施加引发了生物质炭在土壤中的矿化现象，生物质炭的引入加强了土壤中微生物对液态人工腐殖质的矿化作用。以往的研究中发现，较易被生物利用的碳源能够促进生物质炭被矿化。例如，研究人员探究了施加 ^{14}C-葡萄糖对不同原料和温度制备的生物质炭矿化的影响，结果表明葡萄糖的施加促进了微生物生物量的增长，同时增加了酶的产量，进而促进了生物质炭矿化。然而，生物质炭的加入也增强了葡萄糖的矿化作用，这是由于生物质炭能够促进微生物生长和不稳定碳的分解。

在随后频繁的冻融循环过程中，由于微生物残体能够在冻融作用的影响下增加，因此土壤中有机碳和有机质含量会增加，但研究时仍然观察到了有机质的损失。这主要是由于在冻融循环期间，微生物仍能保持较高的代谢活性，土壤中具有较高的有机酸和碳水化合物的代谢，具有降解有机质功能的 *Proteobacteria* 相对丰度的增加是导致土壤有机质含量下降的主要原因。液态人工腐殖质和生物质炭共施条件下，虽然在短期内促进了土壤有机质的矿化，但也加速了土壤中更稳定的腐殖质的形成，而这一效应也使得在气候变暖的最后阶段缓解了土壤有机质的损失。这主要由于液态人工腐殖质具有调控细菌群落结构的功能，能够抑制部分降解有机质细菌的生长；在施加生物质炭的基础上进一步加入 120 mL/kg 液态人工腐殖质，有效抑制了 *Acidobacteriota* 的生长，*Acidobacteriota* 这一类细菌既能利用土壤有机碳，也能利用土壤抗性碳进行代谢活动。在土壤中施加液态人工腐殖质后，土壤细菌群落中 OUT 1888 的相对丰度相较于施加生物质炭的土壤中明显减少，OUT 1888 被鉴定为 *Blastococcus* sp.（100%序列相似度），属于 *Acidobacteriota*，具有较强的降解有机质的能力。另外，X 射线衍射结果表明，施用液态人工腐殖酸有助于生物质炭表面形成有机涂层，从而避免其被微生物再次降解利用。同时，较高的芳香化指数（$SUVA_{254}$）及较低的、关于碳水化合物代谢的 COG 相对丰度说明在施加生物质炭基础上进一步施用液态人工腐殖质，能够在较长培育周期下强化土壤的腐殖化程度，从而使土壤有机质能够抵抗气候变暖所带来的较高微生物活性。此外，本团队发现在冻融条件下单独施加人工腐殖质也能够显著增加土壤中的稳定碳库，参与的细菌主要为好氧化能自养菌。高通量测序结果表明，随着冻融循环次数的增加，细菌群落的微生物丰富度呈明显下降趋势，人工腐殖质的施加显著改变了土壤固碳细菌的群落结构，降低了 *Cupriavidus necator* 的相对丰度，促进了土壤固碳细菌 *Mycobacterium gadium* 和 *Aurantimonas manganoxydans* 相对丰度的提高（Tang et al.，2022）。

2）生物质炭对于真核微生物生长的影响

生物质炭的应用有助于促进真核微生物的生长。近年来，已有大量研究表明，生物质炭的施加对于两种最常见的菌根真菌类型（丛枝菌根真菌和外生菌根真菌）具有积极的影响。寄主植物中的菌根反应一般通过测量根系定植来评估。研究发现，施加生物质炭后，落叶松幼苗根部外生菌根真菌感染的形成率和尖端数量均增加了 19%～157%。同样，在施加 0.6～6 t/hm^2 桉树生物质炭 2 年后，发现小麦根系的丛枝菌根真菌定植率增加到 20%～40%，相比之下，未施加生物质炭对照组的定植率仅为 5%～20%（Makoto et al.，2010）。这主要涉及以下几个关键机制。首先，生物质炭颗粒的内部孔隙结构可以为根外菌丝提供“避难所”，使其免受食草动物的侵害（Luo et al.，2013）。其次，生物质炭对植物-真菌之间信号传递过程的干扰、化感物质的解毒作用及土壤物理化学性质的作用也会对真菌的生长产生影响（江明华等，2021）。除此以外，生物质炭对于土壤其他微生物（菌根辅助细菌和解磷菌）的影响也会间接影响真菌的生长（Sun et al.，2015）。

生物质炭同样能够影响真菌的多样性及其群落结构。从功能角度分析，真菌包括三个功能群，分别是腐生菌、病原菌和共生菌。腐生真菌依靠碳底物作为能量来源，因此生物质炭中的不稳定碳组分能够作为碳源促进腐生菌的生长，从而增强腐生菌与病原菌和共生菌的竞争能力，最终降低真菌多样性。与不稳定的碳相比，无机矿物和芳香族碳的影响较小，这表明碳源的生物可利用性对于腐生菌的生长比提供真菌群落栖息地和矿物质营养元素更重要。一些研究发现，当使用不稳定碳时，腐生真菌有能力利用生物质炭的稳定碳部分。腐生真菌通过分解土壤有机碳和生物质炭，在土壤碳循环中发挥重要作用。此外，土壤中的病原菌会引起作物病害，而生物质炭可以通过抑制土壤中病原体的传播来减少植物病害。研究发现，生物质炭一方面能够通过为腐生菌生长提供不稳定碳来增强其对病原微生物的竞争能力；另一方面，生物质炭的应用能够降低土壤中潜在植物病原体（如镰刀菌）的相对丰度，从而抑制黑土中的作物病害。例如，椰子生物质炭抑制了芦笋根部的镰刀菌感染，这是由于生物质炭的施加促进了土壤微生物与病原体竞争碳资源，对寄生病原体产生了有毒化合物。此外，生物质炭通过提供养分、改善根系结构和增强丛枝菌根定植来间接增加植物的整体抗性。

菌根是土壤-植物系统中普遍存在的共生生物之一。它们在植物根系和土壤之间建立了广泛的联系，能够增加植物对氮、磷等养分的吸收。生物质炭是菌根生长和植物根系相互作用的栖息地，大多数研究报道了生物质炭对菌根群落具有负面影响或没有影响。例如，生物质炭显著降低了低有机碳土壤中丛枝菌根真菌的生物量，而在高有机碳土壤中的丛枝菌根真菌生物量不受生物质炭的影响。与松木生物质炭相比，家禽粪便生物质炭对丛枝菌根真菌的影响更大。同时，橡树生物质炭的施加（5.2%），虽然在第一年抑制了菌根定植，但在第二年或第三年时对其没有影响。生物质炭对玉米和豇豆的丛枝菌根真菌定植没有影响。此外，以柳枝稷、硬木或软木为原料制备的生物质炭都减少了丛枝菌根真菌在葱属植物根系中的定植。与之相比，秸秆生物质炭显著增加了马铃薯植物丛枝菌根真菌的根系定植、植物对氮磷钾的吸收，以及植物生物量。稻壳生物质炭的施加可以显著增强丛枝菌根真菌对宫内伊予柑的根系侵染率。生物质炭的施加不仅显著增强了外生菌根真菌对夏栎苗的侵染，还增强了其对干旱的抵抗力。

当然，也有一些研究发现施加生物质炭对土壤真菌的丰度没有影响。有学者采用生长箱和田间试验相结合的方法考察了 5 种非草本生物质炭在 10 种不同施加量的情况下，对土壤中丛枝菌根真菌丰度的影响，结果表明施加生物质炭在各种情况下均没有造成土壤中植物丛枝菌根真菌丰度的显著性变化。还有学者发现，生物质炭的施加抑制了真菌的生长。产生这种影响的主要机制是由于生物质炭含有丰富的营养元素，其输入为植物生长提供了充足的养分，因而减少了植物对菌根共生体系的需求（Hockaday et al.，2007）。生物质炭的施加改变了土壤的理化状况，提高了土壤的 pH，使土壤环境不适合菌根生长。生物质炭携带的丰富矿质元素、高含盐量和重金属会对菌根生长产生不利影响，并抑制土壤中菌根的生长繁殖。还有研究发现，施加生物质炭后丛枝菌根真菌丰度会降低（宋延静和龚骏，2010），主要是由于：①植物的养分和水分供应增加，对菌根共生的需求减少，例如，土壤中的磷可利用性增加后，可以观察到菌根丰度的降低；②土壤条件的变化，如土壤 pH 的改变；③高含量的矿物元素或对真菌有害的有机化合物的负面影响，如高盐或高重金属含量。此外，生物质炭还可以提高那些能够将有机硫和磷转化为生物可用形式的根际微生物的丰度，并且还能促进利用无机硫和磷的其他微生物的生长（唐静等，2020）。

生物质炭的应用影响了土壤的养分动力学，反过来对土壤细菌和真菌造成影响。综上，生物质炭不仅能通过其丰富的孔隙结构为土壤微生物提供良好的生存空间，还能直接或间接地为土壤微生物提供氮、磷、钾等营养物质。

2. 生物质炭对土壤微生物的毒性

土壤微生物作为土壤生态系统中的重要组成部分，对土壤环境因素的变化十分敏感，随着土壤环境的变化，土壤微生物的群落结构也会随之改变。生物质炭中的某些化合物被称为微生物抑制剂，如苯（木炭燃烧期间的主要产物）、甲氧基酚和酚类（半纤维素和木质素的热解产物）、羧酸、酮、呋喃（通常为生物质炭上的吸附挥发性有机物）和多环己烷。生物质炭的有机溶剂提取物也含有许多有机化合物，包括正链烷酸、羟基、乙酰氧基酸、苯甲酸、二醇、三醇和酚类；生物质炭的水提取物中含有二羧酸、芳香族有机酸、多元醇、羟基酸、正链烷酸和苯甲酸。

低分子质量的多环芳烃（苯环数≤4）较易被土壤微生物分解，可作为碳源促进微生物的生长繁殖（Hilber et al.，2017）；而当多环芳烃的苯环数大于 4 时，多环芳烃可通过疏水键与细胞膜上的膜磷脂结合形成稳定的结合物，破坏细胞膜的通透性，对微生物的生长代谢产生抑制作用（Kong et al.，2018）。Rajkovich 等（2012）指出，500℃制备的玉米秸秆生物质炭中的高浓度（5.3 μg/g）多环芳烃是在生物质炭施用 5 天后土壤微生物活性降低 23.4%的原因。虽然生物质炭中的挥发性有机化合物可以为某些微生物（如黏液芽孢杆菌 *Bacillus mucilaginosus*）提供碳源支撑其生长（Sun et al.，2015），但是当挥发性有机化合物浓度过高时，它们对微生物具有潜在毒性。作为微生物抑制剂，挥发性有机化合物还对微生物土壤病原体具有直接毒性，从而有利于植物生长。然而，这种抑制作用对病原体的特异性不强，土壤中微生物群落的改变需要进一步研究，以评估生物质炭应用的环境效益和风险。在生物质炭的热解过程中产生的持久性自由基（半醌、苯氧基、环戊二烯基和酚类）也对微生物具有毒性。生物质炭上自由基的形成主要是由于芳烃取代金属氧化物上的表面官能团和破坏大分子中的化学键。持久性自由基的含量主要取决于生物质炭制备的热解温度和时间。

本团队进行了吸附 Pb^{2+}生物质炭对大肠杆菌的毒理学效应评价的研究，主要评价了吸附 Pb^{2+}生物质炭对大肠杆菌的毒理作用，总结了吸附 Pb^{2+}生物质炭对大肠杆菌的毒理作用机制。通过制备不同温度的生物质炭（300℃、500℃和700℃）并将它们用于吸附 Pb^{2+}，以模拟生物质炭修复 Pb^{2+}污染土壤的相关过程。通过细菌培养改变了生物质炭对重金属的截留能力，研究发现生物质炭释放出的重金属对大肠杆菌具有毒理作用（Liu et al.，2022）。为了区分是原始生物质炭对大肠杆菌造成的毒性影响还是吸持重金属的生物质炭对大肠杆菌造成的毒性影响，笔者测量了 100mg/L 原始生物质炭处理下的大肠杆菌的生长曲线，结果表明，不同处理对大肠杆菌最大生长速率无显著影响（$P>0.05$），各处理组的 pH 均表现出相同的上升趋势。此外，我们还测定了原始生物质炭的 pH、多环芳烃含量和 Ca^{2+}含量，结果表明 300℃生物质炭、500℃生物质炭和 700℃生物质炭的 pH 分别为 8.77±0.006、10.04±0.032 和 10.26±0.055。由此可以看出，生物质炭的 pH 随着热解温度的升高而升高（$P<0.05$）。300℃生物质炭、500℃生物质炭和700℃生物质炭的 Ca^{2+}含量分别为（0.41± 0.027）mg/g、（0.38±0.026）mg/g 和（0.26±0.023）mg/g。Ca^{2+}浓度随热解温度的升高而降低（$P<0.05$）。另外，300℃生物质炭、500℃生物质炭和 700℃生物质炭中的多环芳烃含量分别为（0.79±0.003）%、（2.38±0.06）%和（1.02±0.002）%（m/m）。500℃生物质炭中多环芳烃含量高于300℃生物质炭和 700℃生物质炭（$P>0.05$）。

吸附 Pb^{2+}的试验发现，300℃生物质炭、500℃生物质炭和 700℃生物质炭对 Pb^{2+}的吸附量分别为（53.5±10.44）mg/g、（78.0±9.64）mg/L 和（129.5±15.87）mg/L。总体而言，随着制备温度的升高，生物质炭对 Pb^{2+}的吸附量显著增加（$P<0.05$）。通过生长曲线、最大生长速率、3-(4, 5-二甲基噻唑-2-基)-2, 5-二苯基溴化四唑测定法（MTT 法）来观察吸持 Pb^{2+}的生物质炭对大肠杆菌生长状况的影响，可以清楚地观察到不同处理下大肠杆菌对应的生长曲线斜率的变化。通过比较不同处理在 12h 和 24h 大肠杆菌的 OD_{600} 差异，可以推断大肠杆菌的生长状况（图 5-4）。结果表明，热解温度为 700℃的生物质炭吸附 Pb^{2+}后，能够明显抑制大肠杆菌的生长，并增加了大肠杆菌的致死率（$P<0.05$）。

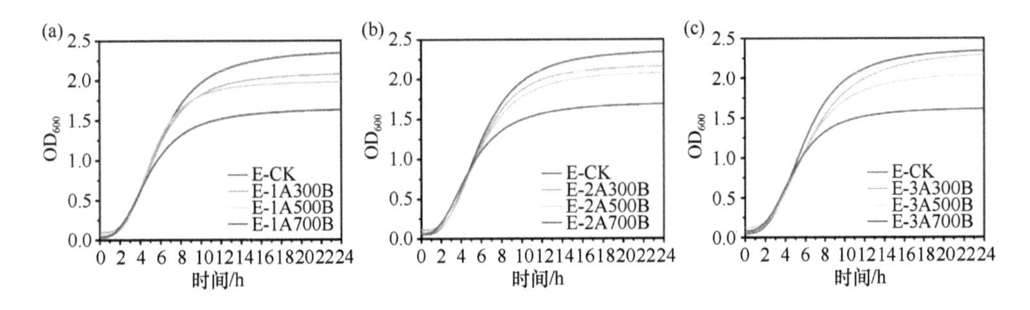

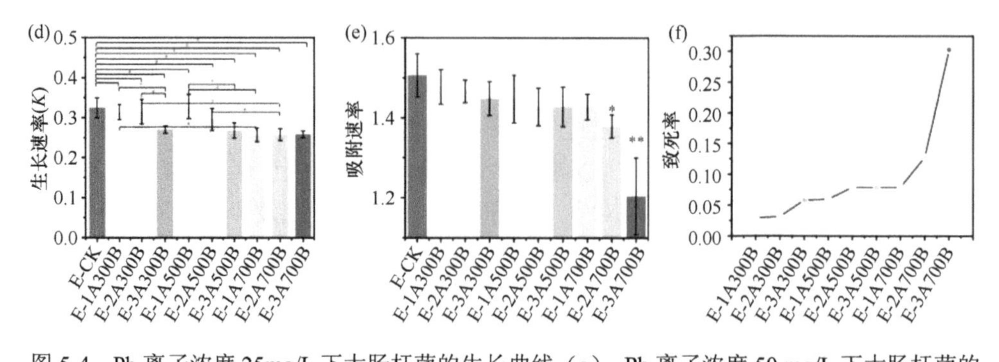

图 5-4 Pb 离子浓度 25mg/L 下大肠杆菌的生长曲线（a）、Pb 离子浓度 50 mg/L 下大肠杆菌的生长曲线（b）、Pb 离子浓度 100mg/L 下大肠杆菌的生长曲线（c）、最大生长速率（d）、MTT 的结果（e）及致死率（f）

“*”表示组间存在显著差异（$P<0.05$）；“**”表示组间存在显著性差异（$P<0.01$）

进一步地，通过扫描电镜来观察吸附 Pb^{2+}后的生物质炭表面微观特征，以及黏附在吸附 Pb^{2+}生物质炭表面的大肠杆菌形态（图 5-5），结果显示，吸持重金属

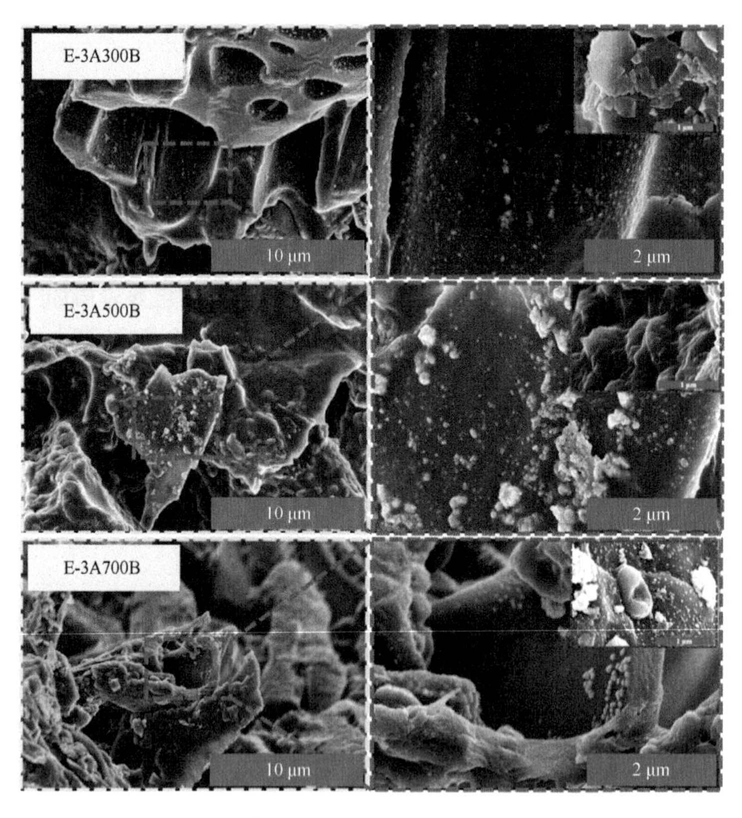

图 5.5 生物质炭在 100 mg/L Pb^{2+}吸附老化处理下的扫描电镜表征（Liu et al.，2022）

E-3A3008、E-3A5008 和 E-3A700B 中吸附铅离子的生物炭表面形态及附着在其表面的 *E.coli* 形态

的生物质炭表面更加粗糙，说明生物质炭除了吸附培养基中的营养物质外，还吸附了大肠杆菌的代谢产物等。除此之外，我们还观察到大肠杆菌在吸附 Pb^{2+}后的生物质炭表面的黏附状态：热解温度为 300℃的生物质炭在吸附 Pb^{2+}处理后，黏附在生物质炭表面的大肠杆菌细胞壁出现明显的破坏，但仍然可以区分为单个细胞；而热解温度为 500℃的生物质炭在吸附 Pb^{2+}处理后，黏附在生物质炭表面的大肠杆菌明显失去了单个细胞的形态，呈现片层状，且紧紧附着在生物质炭表面；热解温度为 700℃的生物质炭在吸附 Pb^{2+}的处理后，大肠杆菌已经失去完整的细胞结构。

一般来说，柠檬酸是柠檬酸循环的重要组成部分，可以代表细菌的代谢水平（图 5-6）。细菌组的可溶性有机碳含量显著低于无菌组（$P<0.05$）；细菌组和无菌组可溶性有机碳含量均无显著变化（$P>0.05$）。除上述参数外，研究还测定了柠檬酸浓度来判断大肠杆菌的代谢水平，结果表明，柠檬酸浓度仅在热解温度为 700℃的生物质炭吸附 Pb^{2+}处理后显著提高（$P<0.05$），最高可达 0.83 mg/L。

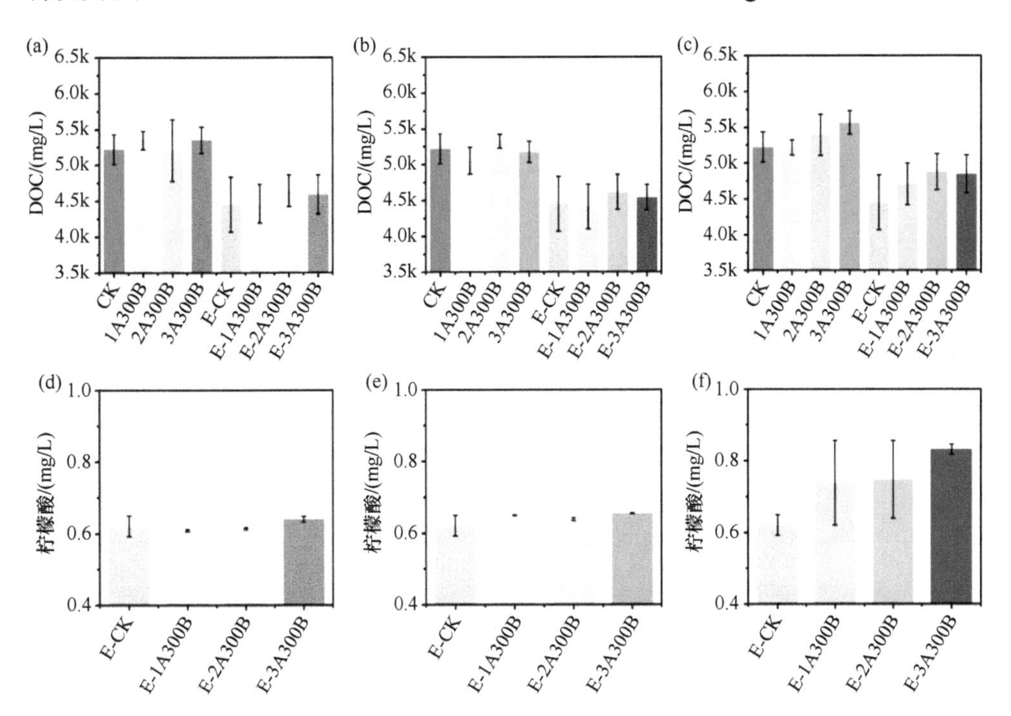

图 5-6　不同处理下细菌培养基的溶解性有机碳（DOC）和柠檬酸含量（Liu et al.，2022）
（a）、（d）为 300℃；（b）、（e）为 500℃；（c）、（f）为 700℃

人们长期利用生物质炭进行土壤重金属污染修复，但关于生物质炭吸附重金属后的抗降解行为是否能够保证重金属不会再次释放的研究较少（图 5-7）。理论上，生物质炭在存在微生物的土壤环境中必然会发生部分降解，从而引起重金属的再次释放，进而影响土壤环境。实际上，生物质炭可能被微生物降解，也可能由于生物质炭中不稳定碳的存在而对微生物产生毒害作用，这与生物质炭的原料、种类和热解温度有关。热解温度为400～600℃的生物质炭中多环芳烃含量高于其他温度制备的生物质炭。多环芳烃能影响微生物生长，破坏细胞结构。本团队研究发现，原始生物质炭对大肠杆菌没有产生明显的毒害作用，这是由于实验中原始生物质炭释放的多环芳烃浓度太低，不足以影响大肠杆菌的生长。此外，土壤环境对土壤微生物的生长影响很大，如重金属污染、土壤养分不足等。不难发现，吸收重金属的生物质炭在环境微生物的作用下会再次释放重金属。土壤微生物降解的生物质炭释放出的重金属是否会再次破坏土壤生境是非常重要的。本团队直接观察到吸附 Pb^{2+}的生物质炭会抑制大肠杆菌生长、破坏大肠杆菌细胞组织，这与生物质炭的制备温度、对大肠杆菌的抗性、大肠杆菌耐受 Pb^{2+}毒性等特性有关。

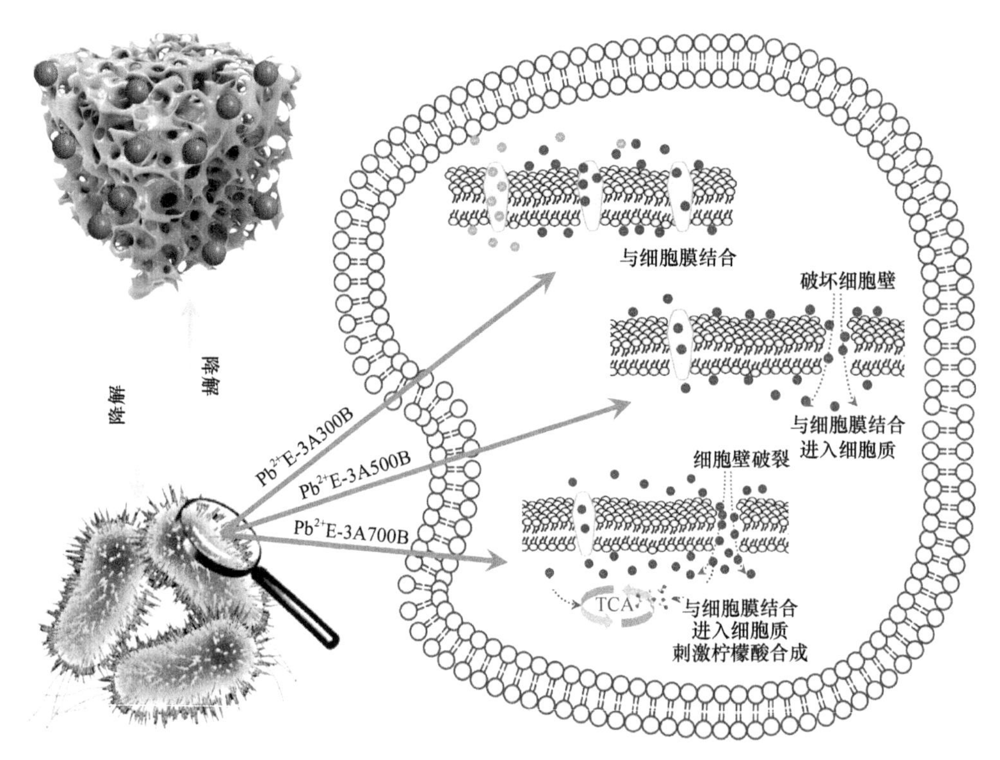

图5.7 吸附 Pb^{2+}的生物质炭对大肠杆菌生长的毒理机制（Liu et al.，2022）

综上，生物质炭中的挥发性有机物、多环芳烃、重金属和环境持久性自由基等对土壤微生物的潜在毒性是精准评价生物质炭环境效应的基础，如何解决生物质炭对土壤微生物带来的负面作用是生物质炭在土壤中应用时需要解决的首要问题。研究发现，生物质炭在老化过程中从外部到内部逐步降解，芳香性减弱，表面官能团增加，可有效降低多环芳烃的生物有效性。生物质炭经水洗和酸洗后可去除呋喃、芳香族有机酸和乙酰氧基酸等挥发性有机物，从而降低生物质炭对微生物的毒性。未来还需要结合施用环境、土壤生物特性等各方面的因素来系统评估实际环境中生物质炭对土壤微生物带来的潜在风险。

5.2.2 生物质炭与土壤动物

1. 生物质炭对土壤动物的影响

生物质原料和热解条件（制备温度和时间等）会影响生物质炭的性质，从而引起不同的环境效应。生物质炭对土壤动物的影响与其制备温度有关。例如，与350℃制备的生物质炭相比，在土壤中施加 550℃制备的生物质炭后，弹尾纲土壤动物的繁殖率更低（Domene et al.，2015）。还有研究表明，700℃制备的玉米秸秆生物质炭对蚯蚓的毒性强于 350℃制备的生物质炭（唐行灿，2013）。这是由于生物质炭的制备温度越高，其中含有的灰分比例越高，施加灰分含量高的生物质炭会导致土壤的含盐量过高，从而对蚯蚓产生一定的毒害作用。

生物质炭因其制备的生物质原材料不同，其中含有的各种元素含量也存在较大差异，这也会对土壤动物造成不同的影响。家禽粪便制成的生物质炭由于 pH、含盐量、含铵量过高会对蚯蚓造成毒害作用，而以松木为原料制成的生物质炭则对蚯蚓无毒害作用。由于制备方法和原料不同，生物质炭颗粒大小也有所差异，从而对土壤动物的影响也不同，颗粒过大或过小都难以被土壤动物群落更好地利用。研究表明，小于0.5 mm的松木屑生物质炭颗粒对土壤动物有抑制作用（Prodana et al.，2019），这是因为大粒径的生物质炭通常不易被土壤动物取食或运输，而较小的生物质炭更容易被土壤动物摄食，过多取食带有污染物的生物质炭会对土壤生物产生负面影响。

生物质炭的特性及其在土壤中的稳定性往往会随着时间的推移而减弱。生物质炭颗粒在土壤中发生表面氧化作用导致氧原子与碳原子的比值增加，使得生物质炭在土壤中的效应随着时间延长而发生变化（袁金华和徐仁扣，2011）。随着时间的推移，生物质炭的 pH 会根据原料的类型发生不同变化，其粒度也随着时间的增加而减小，生物质炭对土壤容重的影响随着时间的推移而减弱。因此，未来需要长期监测生物质炭对土壤动物（蚯蚓、线虫等）及土壤生态系统的作用。

目前，大量研究报道了关于生物质炭施加量对土壤中蚯蚓生长的影响。行为试验表明，蚯蚓能够摄入生物质炭颗粒，且更喜欢含有生物质炭的土壤。生物质炭能够起到沙子的作用，可用于研磨蚯蚓腹中的有机物。蚯蚓以微生物和微生物代谢物为食，而微生物和微生物代谢物在生物质炭表面上更为丰富。已经观察到蚯蚓在施加生物质炭的土壤中变得更加活跃，并且蚯蚓洞穴内部的颜色比周围的土壤更深。同时观察到土壤深处蚯蚓粪便中含有生物质炭颗粒，这表明蚯蚓有助于生物质炭在土壤剖面内的移动（Weyers and Spokas，2011）。当生物质炭和蚯蚓一起施加到土壤中时，土壤无机氮浓度的增加程度比单独施加蚯蚓或生物质炭后更大；并且，如果蚯蚓和生物质炭一起施加，水稻的生长量和产量也增加得更多。这是由于蚯蚓肠道中的微生物较为丰富，氮加工酶在生物质炭存在条件下更活跃（Weyers and Spokas，2011）。

Pontoscolex corethrurus 可以把较轻的生物质炭推到一边，选择性地摄入无生物质炭的土壤，并且可以通过减少对含有生物质炭土壤的取食量来避免或减少生物质炭的摄入（Ferreira et al.，2021）。也有学者发现，高剂量（100 g/kg 和 200 g/kg）生物质炭的施加可以显著降低土壤中蚯蚓的含量至 80%，同时对于蚯蚓的繁殖也具有影响，生物质炭的强吸水性是造成这一现象的主要原因，因此生物质炭在施加之前应进行湿润处理，以减弱其对蚯蚓的影响（Johannes et al.，2006）。蚯蚓对生物质炭在土壤中的输入响应因生物质炭种类不同而呈现显著性差别。蚯蚓特别偏好施加 450℃制备的家禽粪便生物质炭的土壤。生物质炭和蚯蚓的联合施用不但可以有效增加土壤无机氮的含量，还可以显著促进作物生长，提高作物产量。有关土壤线虫对生物质炭施加的响应及其研究报道十分有限。研究人员在宏观尺度上进行研究后，未发现线虫种群与土壤中焦炭物质之间的关系。含有生物质炭的土壤增加了土壤线虫的密度，也增加了其他土壤动物的密度和多样性，这表明生物质炭中热解冷凝物对土壤动物具有影响，但土壤线虫和生物质炭之间呈正相关的证据仍然非常缺乏，需要进一步研究。

有学者研究发现，生物质炭对土壤线虫丰度没有显著性影响，但是却会显著提高食真菌线虫的丰度，降低植物寄生线虫的数量（Rousk et al.，2010）。森林中富含木炭的土层中通常能够发现节肢动物产生的粪球，表明节肢动物会摄取或者利用土层中的生物质炭。微观形态学方法证明了微节肢动物的粪便颗粒沉积在富含木炭的森林土壤的土层中，表明碳材料可以被土壤生物摄入和利用。由于生物质炭对非极性和半极性化合物的吸附，使得污染物（如多氯联苯、多环芳烃）或有机农用化学品（如除草剂和杀虫剂）对土壤动物的生物利用度会降低。大量研究表明，生物质炭能够用于修复土壤沉积物中的污染，并且可以减少污染物对各种动物群的可利用性，如蛤蜊、多毛类动物和片脚类动物（*Leptocheirus plumulosus*）。

2. 生物质炭对土壤动物的影响机制

生物质炭通过改变土壤孔隙度和含水率影响土壤动物。土壤结构与无脊椎动物的群落结构和丰度密切相关。土壤孔隙为微型土壤动物（原生动物、轮虫和线虫）和中型土壤动物（螨虫、跳虫和蚯蚓）提供了重要的生态位。虽然蚯蚓和白蚁可以在土壤中挖掘自己的通道，但是大多数土壤动物的活动受到了土壤孔隙大小的制约。以低密度、高孔隙度为特点的生物质炭的输入会降低土壤的压实度，因而有利于土壤动物的生长。此外，土壤动物（如蚯蚓和线虫等）的数量与土壤含水率密切相关，而生物质炭的施加往往会对土壤含水率产生影响。

生物质炭通过改变土壤 pH 影响土壤动物。土壤酸碱性对土壤动物种群结构和丰度影响很大。一般认为中性土壤有利于提高微生物和土壤动物的多样性，过碱性或过酸性将对土壤生物产生毒害作用。例如，在 pH＞8 的土壤中很难发现蚯蚓的活动，多数土壤节肢动物适宜在微酸性和近中性的土壤中生存。虽然目前有关生物质炭施加对土壤动物的影响研究还相对较少，但是已有研究表明，在酸性土壤中施加石灰将更加有利于细菌的生长、不利于真菌的生长，同时导致了跳虫类物种多样性的下降（刘厶瑶等，2022）。生物质炭在土壤环境中的人为输入会显著改变土壤原有的 pH，而土壤 pH 的变化将势必影响到土壤动物的种群结构和丰度。

生物质炭通过改变土壤污染物的生物有效性而影响土壤动物（唐静等，2020）。有毒有害污染物对土壤动物影响很大。研究表明，有毒有害污染物在土壤中的输入将显著提高蚯蚓的死亡率，降低植物寄生线虫的丰度，改变线虫和小型节肢动物的群落结构（Weyers and Spokas，2011）。由于生物质炭具有较高的阳离子交换量，以及固持土壤重金属和有机污染物的能力，因此可以降低土壤污染物的生物有效性。土壤污染物生物有效性的降低会改变土壤动物的群落结构和丰度。但生物质炭本身也会携带有毒有害物质（如重金属和多环芳烃），因而其自身也会对土壤动物的群落结构和丰度产生影响。

生物质炭通过改变土壤养分状况影响土壤动物。土壤养分状况与土壤动物的数量和分布密切相关。有学者对小兴安岭森林生态系统中蚯蚓、线虫等土壤动物体内营养元素进行了方差分析（殷秀琴等，2007），结果表明，钾、钙、镁和铁对土壤动物的生长发育影响很大。生物质炭含有丰富的营养元素，其输入将显著影响土壤的营养水平，继而对土壤动物的生长发育产生影响。目前，生物质炭的输入对土壤动物多样性及其丰度的影响研究还处于起步阶段，仅有的研究主要集中在生物质炭的输入对土壤蚯蚓、线虫和节肢动物等小型动物的影响方面，相关机制研究较少，亟待加强。

3. 土壤动物影响生物质炭的稳定性

土壤动物在生长和活动过程中会改变生物质炭颗粒大小，增加生物质炭在土壤中的分散性。土壤生物改变生物质炭的特性和稳定性主要通过降低生物质炭的粒径，促进其在土壤中的迁移。蚯蚓的取食和行为活动等生物扰动对于生物质炭在土壤剖面的迁移有重要作用（Lehmann et al.，2011）。有研究发现，在蚯蚓肠道中存在小于 2 mm 的细木炭颗粒（Topoliantz and Ponge，2003），这表明小颗粒生物质炭会被蚯蚓取食。此外，生物质炭的粒度分布在土壤中随时间推移而减小。因此，需要长期的研究来监测不同生物质炭在耕作活动中对土壤动物的影响，并揭示其作用机制。土壤动物对生物质炭的摄食和土壤生物的扰动有助于生物质炭向土壤剖面的迁移（Topoliantz and Ponge，2005）。生物质炭颗粒也可以被物理分解，从而促进非生物分解和生物分解。除蚯蚓外，其他土壤动物类群（原生动物、线虫、节肢动物和白蚁等）也会促进生物质炭的降解。

5.3 生物质炭优化土壤生态服务功能

5.3.1 生物质炭-微生物相互作用对土壤养分转化过程的影响

1. 生物质炭-微生物介导土壤氮素循环

生物质炭的 pH、不稳定碳的含量、矿物氮的有效性及电化学性质在调控土壤氮循环过程中起着重要的作用。生物质炭通过增加土壤 pH，改变硝化细菌的活性和丰度，从而影响土壤硝化过程和氧化亚氮（N_2O）的排放。研究人员发现秸秆生物质炭通过提高土壤 pH，增加了硝化过程中细菌 *amoA* 基因的丰度，这证实了生物质炭的 pH 在氮循环微生物变化中具有重要作用（Lin et al.，2017）。此外，研究人员还发现，土壤 pH 和细菌 *amoA* 基因的丰度在靠近生物质炭表面时得到提高，土壤 pH 随着与生物质炭距离的增加而降低（Yu et al.，2019）。也有研究发现古菌 *amoA* 基因的丰度对 pH 的变化并不敏感，甚至与土壤 pH 呈负相关(Hu et al.，2014)。这表明生物质炭添加后导致土壤 pH 的变化主要是由于细菌 *amoA* 基因丰度和群落结构的变化。虽然生物质炭中含有少量的 NH_4^+，可以用作硝化过程的底物，但是除了富氮原料制备的生物质炭外，常规生物质炭中的 NH_4^+浓度与土壤中的 NH_4^+浓度相近。因此，生物质炭的添加并不会改变土壤中 NH_4^+的可用性，对土壤硝化过程的影响并不大。Yang 等（2015）研究发现在不同土壤类型中，生物质炭均能够降低土壤 NH_4^+的可用性，从而抑制硝化作用和氨氧化微生物的丰度。这是由于生物质炭具有较强的吸附能力，能够从施加氮肥的土壤中吸附 NH_4^+，从而减少土壤中硝化细菌对 NH_4^+的利用。

然而，研究人员发现施加生物质炭对于反硝化过程和 N_2O 排放的影响具有差异。一些研究发现生物质炭能够增强反硝化作用，另一些研究发现生物质炭能够抑制反硝化作用。这种差异主要是由于不同生物质炭中具有不同的不稳定碳含量和不同的电化学性质。研究表明，由于生物质炭中不稳定碳的存在能够增加反硝化细菌的丰度，以及 *nirK*、*nirS* 和 *nosZ* 等相关功能基因（Xiao et al.，2019），氮循环中的异养反硝化菌可直接利用生物质炭中的不稳定碳。此外，生物质炭中的不稳定碳能够刺激土壤有机碳分解的启动效应，从而导致土壤中氧气的快速消耗和局部厌氧环境的形成（Harter et al.，2014）。赵光昕等（2018）研究发现，与具有较低不稳定碳含量的生物质炭相比，具有较高不稳定碳含量的生物质炭能够刺激土壤反硝化作用，对反硝化过程功能基因 *nirK*、*nirS* 和 *nosZ* 的丰度具有更大的刺激作用，生物质炭在增加土壤溶解性有机碳后会促进 N_2O 的排放。

随着热解温度的降低，生物质炭中不稳定碳含量增加，因此低温热解（如 300℃）制备的生物质炭比高温热解产生的生物质炭对反硝化过程和 N_2O 排放的贡献更大。相比之下，高温热解（如 700℃）制备的生物质炭能够减少土壤中 N_2O 的排放，这是由于高温热解制备的生物质炭具有更高的电子接收能力（Kluepfel et al.，2014）。因此，高热解温度制备的生物质炭在反硝化过程中可以与 NO_3^-竞争电子，而低热解温度下的生物质炭则会充当电子供体，为 NO_3^-的还原提供电子（Harter et al.，2014）。虽然 NO_3^-可以作为反硝化菌的底物，但由于生物质炭中 NO_3^-含量低，且生物质炭表面带负电荷，因此生物质炭中的 NO_3^-对反硝化作用的影响不显著。总体而言，在高热解温度下制备的生物质炭具有较低的不稳定碳含量和较高的电子受体能力，其能够抑制土壤反硝化过程和 N_2O 的排放。生物质炭中的不稳定碳主要影响土壤 N_2O 的产生，生物质炭的电子接收能力则能够促进 N_2O 转化为 N_2，这表明高温热解制备的生物质炭降低了 N_2O/N_2 的排放比（Harter et al.，2014）。

2. 生物质炭-微生物介导土壤磷素循环

由于生物质炭可以为微生物提供合适的生长条件，因此其可以通过改变微生物群落来提高土壤磷的可用性。例如，稻壳生物质炭的施加通过增强磷溶性细菌（如硫杆菌、假单胞菌和黄杆菌）在土壤中的生长，进而增强土壤磷的可用性和相关酶的活性（Zhou et al.，2020）。这些变化是由于土壤 pH 和土壤持水能力的增加引起的。此外，Gao 和 Deluca（2020）指出生物质炭能够将土壤中的优势菌群从细菌转变为真菌，而真菌在土壤中磷的固定、与植物根系的相互作用、增强磷的获取等方面发挥着重要作用。真菌群落和土壤磷有效性的变化与生物质炭介导的 pH 升高具有高度相关性。无论土壤中的磷含量如何，生物质炭都可以通过增加土壤总磷浓度，从而改善作物的生长（Xu et al.，2019）。未来应侧重于定量研究生物质炭介导下改变微生物活动和群落增加土壤磷有效性的贡献。

生物质炭可以通过改变微生物群落和相关酶活性来改变土壤磷组分，并增加不稳定磷含量。研究表明，粪便生物质炭通过增加土壤正磷酸盐和焦磷酸盐含量，降低了单酯酶含量，从而改变土壤磷组分，这说明生物质炭的施加增强了土壤中磷素的有效性（Jin et al.，2016）。生物质炭降低了酸性磷酸单酯酶的活性，但增加了碱性磷酸单酯酶（负责有机磷矿化）的活性，这表明生物质炭能够通过增加土壤 pH 来影响磷循环过程相关微生物及其释放的酶（Jin et al.，2016）。Xu 等（2018）研究发现，生物质炭的应用显著增加了水溶性无机磷和 $NaHCO_3$ 可提取有机磷的组分，但降低了 $NaHCO_3$ 可提取无机磷的组分。这表明添加生物质炭有助于微生物溶解固定磷，增加微生物对磷的固定化。

5.3.2 生物质炭-微生物相互作用对土壤有机污染物降解的影响

生物质炭能够充当微生物和有机污染物之间的电子传递体，增强微生物降解污染物的能力（Yu et al.，2015）。生物质炭能够将微生物细胞与矿物质之间的电子传递桥接起来，可以作为乙酸盐的直接电子受体用于微生物胞外呼吸作用和微生物生长，并且能够作为电子供体刺激微生物还原三价铁（Kappler et al.，2014）。此外，还有研究发现 *Geobacter sulfurreducens* 在单独存在的情况下几乎无法降解五氯苯酚，但当添加生物质炭后显著增强了其对于五氯苯酚的降解，这主要是因为生物质炭的存在促进了微生物和五氯苯酚间的电子转移（Yu et al.，2015）。微生物、污染物和生物质炭间通过表面吸附直接接触，这有利于它们之间的电子转移，并能进一步加速污染物的降解。生物质炭的氧化还原特性能够增强微生物细胞之间的直接种间电子转移，以及微生物细胞与有机污染物间的直接细胞外电子转移，从而促进有机污染物的降解。生物质炭的氧化还原活性基团和电导率均有助于其在微生物和有机污染物间的电子传递，这主要是由于具有高电导率的生物质炭中的石墨状芳香结构内形成 π-π 键网络，且生物质炭的电子传递功能能够将电子传递到其表面吸附的有机污染物上（Chen et al.，2014）。

目前研究人员在许多实际应用中提出生物质炭和微生物联合修复土壤有机污染物的策略（Chen et al.，2012）。研究人员发现使用生物质炭作为多环芳烃降解细菌（*Pseudomonas putida*、*Pseudomonas aeruginosa* 和 *Acinetobacter radioresistens*）的载体，通过固定化微生物技术，能够有效减轻土壤中多环芳烃污染（Galitskaya et al.，2016）。生物质炭-微生物联合修复策略是利用生物质炭作为固定和浓缩有机污染物多环芳烃的预处理，随后在生物质炭上接种能够降解多环芳烃的微生物（白腐真菌 *Phanerochaete chrysosporium* 和 *Pleurotus ostreatus*），并最终实现土壤中多环芳烃的降解。与单独添加微生物相比，生物质炭和白腐真菌的混合施加提高了菲、蒽、氟蒽、芘等有机污染物的降解效率（Garcia-Delgado et al.，2015）。一般来说，生物质炭对于有机污染物的降解存在两种机制：①微生物能够附着在生物质炭颗粒表面和生物质炭增强的土壤团聚体上，这能够为微生物提供合适的栖息地，抵御恶劣环境条件（如 pH 变化、水分变化和温度变化等），以确保具有有机污染物降解能力的微生物的生长；②持久性自由基可以作为催化剂和电子传递体协助生物质炭增强微生物细胞与污染物间的电子传递，从而促进有机污染物的降解。

5.3.3　生物质炭-微生物相互作用对土壤重金属污染的影响

生物质炭能够通过改变阳离子交换量和 pH 来改变土壤性质，这一过程能够促进无法被植物吸收的重金属沉淀形成（莫爱丽等，2023）。此外，含有大量官能团的生物质炭能够通过增强其与重金属的结合程度来降低重金属的生物利用性（Song et al.，2020）。由于不同的原料和热解温度，不同的生物质炭具有不同的结构特征和矿物质含量，这导致它们具有不同的物理化学性质。随着生物质炭的添加，土壤的生态环境逐渐发生变化，对少数微生物种群具有负面影响。例如，当土壤 pH 大于 7.15 时，有利于某些能在胁迫条件下保持活跃代谢链反应的微生物物种生存（Minghua et al.，2020）。大量研究表明，将生物质炭施加土壤中后，发现其能够增加还原重金属的细菌数量并诱导微生物对溶解性有机质的利用，实现了 As(III)还原（Ameloot et al.，2013）。研究人员在土壤中添加赤泥生物质炭后，发现优势菌群从 *Ascomycota* 和 *Basidiomycota* 转变为 *Zygomycota*、*Neocallimastigomycota* 和 *Glomeromycota*，这些物种对于改善土壤颗粒的造粒过程和重金属氧化及其向稳定形态转化的过程至关重要（Joseph et al.，2013）。真菌菌丝能够与金属离子结合，阻碍重金属的生物利用，同时还能够改变植物根系土壤的理化性质。与单独施加生物质炭相比，富矿生物质炭施加于土壤后能够提高微生物定植和土壤养分，最终实现土壤结构的改良。富矿生物质炭和微生物联合应用，能够提高重金属去除效率，同时也能够提升土壤的理化性质。各种研究表明，生物质炭具有修复重金属污染土壤的能力，研究发现在不同的重金属污染的土壤中添加 Mn-Fe（2%）生物质炭，Cd 和 Sb 的浓度分别显著降低了 43.5%和 47.7%；而单一的生物质炭添加仅能将多种重金属污染土壤中的 Cd 浓度降低到可接受限度以下（Wang et al.，2015）。研究表明，当使用生物质炭和微生物作为复合体进行重金属污染修复时，生物质炭和微生物联合体比单一施加生物质炭的处理组具有更快的、更有效的重金属钝化效率，且具有较好的经济性（Chen et al.，2016）。

1. 生物质炭-细菌介导的重金属修复机制

目前很多研究人员在实验室研究中证明了生物质炭和微生物相结合，能够增强重金属固定化能力。研究人员将负载了 *Pseudomonas* sp. NT-2（2%，*m*/*m*）的玉米秸秆生物质炭应用于土壤中，发现菌株在低于 100 mg/L Cd 浓度下能够生长。在培养 75 天后土壤中的可交换态 Cd 浓度减少了 90%，同时发现 DTPA 浸提态 Cu 的去除率为 75%。细菌菌株和生物质炭通过增加土壤中的脲酶活性降低了重金属迁移率，并增加了生物质炭官能团的含量（CO_3^{2-}、—OH、—COOH 和 PO_4^{3-}）。此外，该复合改良剂将土壤 pH 维持在最适合植物生长的范围内（7.0～8.0），并且通过降低重金属在土壤中的可交换比例实现金属固定化（Minghua et al.，2020）。研究人员还通过施加稻壳生物质炭将土壤 pH 从 7.07 提高到 8.45，并且发现 45 天后土壤中的酸可提取态 Cu 含量降低至 63%（Que et al.，2019）。同时，研究还发现 *Bacillus subtilis*、诺沃肥和水稻秸秆生物质炭联合施用能够改善 Cu 的固定化效率，这证实了生物质炭和降解重金属微生物的联合施用能够改善土壤微生物群落及促进重金属转化（Wang et al.，2014）。变性梯度凝胶电泳剖面分析显示，与对照组相比，*Bacillus subtilis*、诺沃肥和水稻秸秆生物质炭联合施用的土壤中，原生和外来病原菌的丰度较高。生物质炭负载 *Neorhizobium huautlense* 降低了土壤中 70%的 Cd 迁移（Gorovtsov et al.，2020）。此外，在种植玉米的土壤中施用生物质炭后，土壤中的 Cd 浓度减少了 47.2%～53.2%，添加细菌后重金属修复效率提高了 2 倍。

研究人员还发现 *Burkholderia phytofirmans* Ps JN 在 Cd 的固定过程中具有重要作用，后续需进一步研究其复合生物质炭后在污染土壤中的重金属去除潜力。*Pseudomonas japonica* 和 *Bacillus cereus* sp.与生物质炭联合施加在小麦种植过程中，发现小麦根部和地上部分的 Cr 含量分别降低了 87%和 97%（Gonzalez et al.，2015）。此外，对照组的 Cr 浓度为 34.2 mg/kg，而施加生物质炭和细菌的土壤中 Cr 的浓度降低至 3.97 mg/kg，Cr 在土壤中的保留率为 90%，只有 10%的 Cr 被转移至植物中，这是由于 Cr（Ⅲ）的流动性较差（Arshad et al.，2017）。与对照组相比，将枯草芽孢杆菌与玉米秸秆生物质炭联合施用于种植生菜的土壤中，生菜的食用部分 Hg 含量减少了 69.9%～96.1%，土壤中的 Hg 含量也降低了 40%。此外，猪粪秸秆生物质炭和枯草芽孢杆菌联合施用使卷心菜中的 Hg 含量降低了 80%。Hg 含量减少的机制是由于枯草芽孢杆菌的细胞壁和生物质炭中都含有羟基、羰基、羧基等官能团，由于它们能够增强对金属离子的络合作用，从而固定了重金属。此外，通过变性梯度凝胶电泳剖面分析发现，生物质炭和微生物联合施加的土壤中，微生物遗传多样性水平最高，这也证实了在土壤中外源添加微生物的有效性（Hamid et al.，2020）。

另一项研究中发现，有机废弃物制备的生物质炭和 *Enterobacter cloacae* R7 共同施加到 Pb^{2+}污染土壤中，发现 30 天后玉米根际土壤中的 Pb^{2+}固定率增加至 81%，这是由于玉米根系中的细菌定植增加了 33%～54%（Abedinzadeh et al.，2020）。同样地，负载了 *Neorhizobium huautlense* 的生物质炭将大白菜中的 Pb^{2+}含量降低了 59%（Wang et al.，2016）。此外，有研究人员发现铁还原细菌如 *Geobacter*、*Caloramator*、*Anaeromyxobacter*、*Desulfosporosinus*、*Clostridium* 和 *Bacillus* sp.在 As 污染的稻田土壤中占据主导地位（Gregory et al.，2014），而在无菌土壤中发现 Fe 和 As 的含量较高，这说明微生物能够驱动土壤重金属的转化。玉米芯生物质炭和 *Citrobacter* sp.施用于 Ni 污染的土壤并培养 50 天后，土壤中的重金属固定率提高了 45.52%（Li et al.，2022）。研究人员发现芽孢杆菌能够减少土壤中 Ni 的含量，从而提升了土壤中重金属的固定能力，在种植萝卜和卷心菜的污染土壤中施用水稻生物质炭和 *Neorhizobium huautlense* 60 天后，土壤中金属残留率约 86%，生物量提高 65%～129%。在金属迁移方面，卷心菜和萝卜的金属迁移率分别减少了 40%和 67%，可食用部位的金属迁移率相对于对照组减少了 46%～80%（Wang et al.，2016）。研究人员在中国郴州矿区附近的稻田土壤中添加稻壳生物质炭，发现稻壳生物质炭的施加能够增加污染土壤中 *Proteobacteria*、*Rhodanobacter*、*Kaistobacter* 和 *Rhodoplanes* sp.的丰度，降低 As 的生物利用性，微生物的富集和多样性（其中变形杆菌的丰度大于 70%，占据主导地位）将重金属污染程度降低了 27%，土壤电导率也得到降低，土壤结构的稳定性随之提高（Zou et al.，2017）。

将沼液、猪粪和秸秆制备的生物质炭应用于矿山尾矿中的 As 污染修复，发现生物质炭提高了土壤 pH、溶解性有机碳和细菌群落丰度，并发现 *Proteobacteria*、*Anaeromyxobacter*、*Pedobacter*、*Geobacter* 和 *Desulfosporosinus* sp.都能够参与 As（Ⅴ）的形成；在添加了生物质炭的土壤中，*Proteobacteria* 的丰度提高至 50%以上（Chen et al.，2016）。将负载了 *Thiobacillus* sp.的生物质炭和硫施加到 Pb^{2+}污染的土壤中，经过 60 天的培养后，土壤 pH 从 7.82 降低至 6.71，土壤中可交换 Pb^{2+}组分增加了 15%。将锯末生物质炭和黑麦草肥料混合施加至土壤中，能够使植物根部和芽部对 Pb^{2+}的吸收率降低 73.43%，其中 *Thiobacillus* 对于重金属污染的抗性最强，且 *Actinomycetes* 和 *Sulfobacillus* sp.在改良后的土壤中占据优势地位。此外，在好氧和厌氧条件下生物质炭都能够吸附或稳定 As(Ⅴ)（Bonanomi et al.，2017）。富含磷的污泥生物质炭和 *Enterobacter* sp. YG-14 在 Cd 污染土壤中能够产生 $CdCO_3$ 和 $Cd_2P_2O_7$，根际土壤中 Cd（酸溶性）含量降至 61.75%～69.01%。负载了固氮菌的生物质炭能够将植物稳定能力提升至 81.42%，根际土壤中的 Cd 减少了 72.73%（Zheng et al.，2017）。

2. 生物质炭-真菌介导的重金属修复机制

研究表明，生物质炭和真菌共施对土壤中的重金属修复具有重要作用。研究人员使用 Se 改性牛粪生物质炭和 *G. fasciculatum* sp.联合配施后，发现大豆作物的氧化应激过程被抑制，这表明 *G. fasciculatum* sp.能够增强大豆对 As 毒性的抗氧化防御作用（Alam et al.，2019）。同时，利用木质素类生物质炭和丛枝菌根真菌联合施用修复 Pb^{2+}污染土壤，与对照组相比，大麦作物根、芽和籽粒的 Pb^{2+}含量分别降低了 70%、67%和 91%（Khan et al.，2020）。水稻秸秆生物质炭和丛枝菌根真菌（*Glomus aggregatum*、*G. etunicatum*、*G. intraradices* 和 *G. versiforme*）联合施用可以使土壤中 Cd 含量降低 60%。此外，*Lecythophora* sp. DC-F1 和木屑生物质炭联合施用修复土壤 Hg 污染的有效性也已被证明。

总之，土壤生物作为整个土壤系统中的核心，对土壤质量提升具有重要作用。生物质炭作为土壤改良剂施加在土壤中后，对土壤生态系统中的微生物及动物等土壤生物具有重要影响，但生物质炭对土壤生态系统的影响表现复杂多样，如何能够实现生物质炭正向调控土壤生态系统及生物质炭的合理应用将成为未来的研究热点。此外，针对生物质炭的长期生态效应研究仍然十分必要，这将有利于保证农业安全和生态环境安全。

参 考 文 献

陈安强, 付斌, 鲁耀, 等. 2015. 有机物料输入稻田提高土壤微生物碳氮及可溶性有机碳氮. 农业工程学报, 31(21): 160-167.
郭凡婧, 申卫收, 熊若男, 等. 2022. 生物质炭添加对土壤氧化亚氮排放影响的研究进展. 南京信息工程大学学报, (1): 14.
江明华, 程建中, 李心清, 等. 2021. 生物炭对农田土壤 CO_2 排放的影响研究进展. 地球与环境, 49(6): 726-736.
李怡安, 胡华英, 周垂帆. 2019. 浅析生物炭对土壤碳循环的影响. 内蒙古林业调查设计, 42(5): 102-104.
林先贵, 胡君利. 2008. 土壤微生物多样性的科学内涵及其生态服务功能. 土壤学报, (5): 892-900.
刘秉儒. 2022. 土壤微生物呼吸热适应性与微生物群落及多样性对全球气候变化响应研究. 生态环境学报, 31(1): 181-186.
刘厶瑶, 李柱, 柯欣, 等. 2022. 贵州省典型汞铊矿区周边农田土壤跳虫群落特征. 生物多样性, 30(12): 47-158.
马斌, 刘景辉, 张兴隆. 2015. 褐煤腐殖酸对旱作燕麦土壤微生物量碳、氮、磷含量及土壤酶活性的影响. 作物杂志, (5): 134-140.
莫爱丽, 唐惠娟, 刘俊, 等. 2023. 生物炭-植物修复重金属污染土壤的研究进展. 湖南生态科学学报, 10(1): 104-112.
史功赋, 赵小庆, 方静, 等. 2019. 土壤微生物在植物生长发育中的作用及应用前景. 北方农业学报, 47(4): 108-114.
宋延静, 龚骏. 2010. 施用生物质炭对土壤生态系统功能的影响. 鲁东大学学报(自然科学版), 26(4): 361-365.
孙歌, 接伟光, 胡崴, 等. 2022. 菌根真菌及菌根辅助细菌对农作物发育的影响研究进展. 中国农学通报, 38(9): 88-92.
唐静, 袁访, 宋理洪. 2020. 施用生物炭对土壤动物群落的影响研究进展. 应用生态学报, 31(7): 2473-2480.
唐行灿. 2013. 生物炭修复重金属污染土壤的研究. 泰安: 山东农业大学硕士学位论文.
徐慧博, 乔红娟, 雷茵茹. 2018. 森林土壤微生物生物量研究进展. 安徽农业科学, 46(19): 19-21.
徐阳春, 沈其, 冉炜. 2002. 长期免耕与施用有机肥对土壤微生物生物量碳、氮、磷的影响. 土壤学报, (1): 83-90.
殷秀琴, 刘继亮, 高明. 2007. 小兴安岭森林生态系统中营养元素关系及土壤动物的作用. 地理科学, (6): 814-819.

袁金华, 徐仁扣. 2011. 生物质炭的性质及其对土壤环境功能影响的研究进展. 生态环境学报, 20(4): 779-785.

张俊伶, 张江周, 申建波, 等. 2020. 土壤健康与农业绿色发展: 机遇与对策. 土壤学报, 57(4): 783-796.

赵光昕, 张晴雯, 刘杏认, 等. 2018. 农田土壤硝化反硝化作用及其对生物炭添加响应的研究进展. 中国农业气象, 39(7): 442-452.

Abedinzadeh M, Etesami H, Alikhani H A, et al. 2020. Combined use of municipal solid waste biochar and bacterial biosorbent synergistically decreases Cd(II)and Pb(II)concentration in edible tissue of forage maize irrigated with heavy metal-spiked water. Heliyon, 6(8): 4688.

Alam M Z, Mcgee R, Hoque M A, et al. 2019. Effect of arbuscular mycorrhizal fungi, selenium and biochar on photosynthetic pigments and antioxidant enzyme activity under arsenic stress in Mung bean (*Vigna radiata*). Frontiers in Physiology, 10: 1-13.

Ameloot N, Graber E R, Verheijen F G A, et al. 2013. Interactions between biochar stability and soil organisms: Review and research needs. European Journal of Soil Science, 64(4): 379-390.

Andres P, Rosell-Mele A, Colomer-Ventura F, et al. 2019. Belowground biota responses to maize biochar addition to the soil of a Mediterranean vineyard. Science of the Total Environment, 660: 1522-1532.

Arshad M, Khan A H A, Hussain I, et al. 2017. The reduction of chromium (VI) phytotoxicity and phytoavailability to wheat (*Triticum aestivum* L.) using biochar and bacteria. Applied Soil Ecology, 114: 90-98.

Batool M, Khan W-U-D, Hamid Y, et al. 2022. Interaction of pristine and mineral engineered biochar with microbial community in attenuating the heavy metals toxicity: A review. Applied Soil Ecology, 175: 104444.

Bonanomi G, Ippolito F, Cesarano G, et al. 2017. Biochar as plant growth promoter: Better off alone or mixed with organic amendments? Frontiers in Plant Science, 8: 1570.

Cao X, Ma L, Gao B, et al. 2009. Dairy-manure derived biochar effectively sorbs lead and atrazine. Environmental Science & Technology, 43(9): 3285-3291.

Chen B, Yuan M, Qian L. 2012. Enhanced bioremediation of PAH-contaminated soil by immobilized bacteria with plant residue and biochar as carriers. Journal of Soil & Sediments, 12(9): 1350-1359.

Chen S, Rotaru A, Shrestha P M, et al. 2014. Promoting interspecies electron transfer with biochar. Scientific Reports, 4(1): 5019.

Chen Z, Wang Y, Xia D, et al. 2016. Enhanced bioreduction of iron and arsenic in sediment by biochar amendment influencing microbial community composition and dissolved organic matter content and composition. Journal of Hazardous Materials, 311: 20-29.

Domene X, Enders A, Hanley K, et al. 2015. Ecotoxicological characterization of biochars: Role of feedstock and pyrolysis temperature. Science of the Total Environment, 512: 552-561.

Du Q, Liu S J, Cao Z H, et al. 2005. Ammonia removal from aqueous solution using natural Chinese clinoptilolite. Separation and Purification Technology, 44(3): 229-234.

Ferreira T, Hansel F A, Maia C M B F, et al. 2021. Earthworm-biochar interactions: A laboratory trial using *Pontoscolex corethrurus*. Science of the Total Environment, 777: 146147

Galitskaya P, Akhmetzyanova L, Selivanovskaya S. 2016. Biochar-carrying hydrocarbon decomposers promote degradation during theearly stage of bioremediation. Biogeosciences, 13(20): 5739-5752.

Gao S, Deluca T H. 2020. Biochar alters nitrogen and phosphorus dynamics in a western rangeland ecosystem. Soil Biology & Biochemistry, 148: 107868.

Garcia-Delgado C, Alfaro-Barta I, Eymar E. 2015. Combination of biochar amendment and mycoremediation for polycyclic aromatic hydrocarbons immobilization and biodegradation in creosote-contaminated soil. Journal of Hazardous Materials, 285: 259-266.

Gonzalez G, Brader L, Antonielli R V, et al. 2015. Combined amendment of immobilizers and the plant growth-promoting strain *Burkholderia phytofirmans* PsJN favours plant growth and reduces heavy metal uptake. Soil Biology & Biochemistry, 91: 140-150.

Gorovtsov A V, Minkina T M, Mandzhieva S S, et al. 2020. The mechanisms of biochar interactions with microorganisms in soil. Environmental Geochemistry and Health, 42(8): 2495-2518.

Gregory S J, Anderson C W N, Camps A M, et al. 2014. Response of plant and soil microbes to biochar amendment of an arsenic-contaminated soil. Agriculture Ecosystems & Environment, 191: 133-141.

Hagner M, Kemppainen R, Jauhiainen L, et al. 2016. The effects of birch (*Betula* spp.) biochar and pyrolysis temperature on soil properties and plant growth. Soil & Tillage Research, 163: 224-234.

Hamid Y, Tang L, Hussain B, et al. 2020. Efficiency of lime, biochar, Fe containing biochar and composite amendments for Cd and Pb immobilization in a co-contaminated alluvial soil. Environmental Pollution, 257: 113609.

Harter J, Krause H M, Schuettler S, et al. 2014. Linking N_2O emissions from biochar-amended soil to the structure and function of the N-cycling microbial community. ISME J, 8: 660-674.

Hilber I, Bastos A C, Loureiro S, et al. 2017. The different faces of biochar: Contamination risk versus remediation tool. Journal of Environmental Engineering and Landscape Management, 25(2): 86-104.

Hockaday W C, Grannas A M, Kim S, et al. 2007. The transformation and mobility of charcoal in a fire-impacted watershed. Geochimica et Cosmochimica Acta, 71(14): 3432-3445.

Hu B, Liu S, Wang W, et al. 2014. pH-dominated niche segregation of ammonia-oxidising microorganisms in Chinese agricultural soils. FEMS Microbiology Ecology, 90(1): 290-299

Jin Y, Liang X, He M, et al. 2016. Manure biochar influence upon soil properties, phosphorus distribution and phosphatase activities: A microcosm incubation study. Chemosphere, 142: 128-135.

Johannes L, John G, Marco R. 2006. Bio-char sequestration in terrestrial ecosystems–A review. Mitigation and Adaptation Strategies for Global Change, 2: 11.

Joseph S, Graber E R, Chia C, et al. 2013. Shifting paradigms: development of high-efficiency biochar fertilizers based on nano-structures and soluble components. Carbon Management, 4(3): 323-343.

Kappler A, Wuestner M L, Ruecker A, et al. 2014. Biochar as an electron shuttle between bacteria and Fe(III) minerals. Environmental Science and Technology Letters, 1(8): 339-344.

Khan A M, Rahman M, Ramzani A M P, et al. 2020. Associative effects of lignin-derived biochar and arbuscular mycorrhizal fungi applied to soil polluted from Pb-acid batteries effluents on barley grain safety. Science of The Total Environment, 710: 136294.

Kluepfel L, Keiluweit M, Kleber M, et al. 2014. Redox properties of plant biomass-derived black carbon(biochar). Environmental Science & Technology, 48(10): 5601-5611.

Kong L, Gao Y, Zhou Q, et al. 2018. Biochar accelerates PAHs biodegradation in petroleum-polluted soil by biostimulation strategy. Journal of Hazardous Materials, 343: 276-284.

Lehmann J, Rillig M C, Thies J, et al. 2011. Biochar effects on soil biota -A review. Soil Biology &

Biochemistry, 43(9): 1812-1836.
Li X, Wang Y, Luo T, et al. 2022. Remediation potential of immobilized bacterial strain with biochar as carrier in petroleum hydrocarbon and Ni co-contaminated soil. Environmental Technology, 43(7): 1068-1081.
Lin Y, Ding W, Liu D, et al. 2017. Wheat straw-derived biochar amendment stimulated N_2O emissions from rice paddy soils by regulating the amoA genes of ammonia-oxidizing bacteria. Soil Biology & Biochemistry, 113: 89-98.
Liu B, Tang C, Zhao Y, et al. 2022. Toxicological effect assessment of aged biochar on *Escherichia coli*. Journal of Hazardous Materials, 436(15): 129242.
Lovley D R. 2011. Live wires: direct extracellular electron exchange for bioenergy and the bioremediation of energy-related contamination. Energy and Environmental Science, 4(12): 4896-4906.
Luo Y, Durenkamp M, De NM, et al. 2013. Microbial biomass growth, following incorporation of biochars produced at 350℃ or 700℃, in a silty-clay loam soil of high and low pH. Soil Biology & Biochemistry, 57: 513-523.
Makoto K, Tamai Y, Kim Y S, et al. 2010. Buried charcoal layer and ectomycorrhizae cooperatively promote the growth of *Larix gmelinii* seedlings. Plant & Soil, 327(1/2): 143-152.
Nawaz H, Ullah H, Basar N U, et al. 2018. Soil electrical conductivity as affected by biochar under summer crops. International Journal of Environmental Sciences & Natural Resources, 14: 555887.
Palansooriya K N, Shaheen S M, Chen S S, et al. 2020. Soil amendments for immobilization of potentially toxic elements in contaminated soils: A critical review. Environment International. 134: 105046.
Pan J, Ma J, Zhai L, et al. 2019. Enhanced methane production and syntrophic connection between microorganisms during semi-continuous anaerobic digestion of chicken manure by adding biochar. Journal of Cleaner Production, 240: 118178.
Pietikäinen J, Kiikkilä O, Fritze H. 2000. Charcoal as a habitat for microbes and its effect on the microbial community of the underlying humus. Oikos, 89(2): 231-242.
Prodana M, Silva C, Gravato C, et al. 2019. Influence of biochar particle size on biota responses. Ecotoxicology and Environmental Safety, 174: 120-128.
Que W, Zhou Y H, Liu Y G, et al. 2019. Appraising the effect of in-situ remediation of heavy metal contaminated sediment by biochar and activated carbon on Cu immobilization and microbial community. Ecological Engineering, 127: 519-526.
Rajkovich S, Enders A, Hanley K, et al. 2012. Corn growth and nitrogen nutrition after additions of biochars with varying properties to a temperate soil. Biology and Fertility of Soils, 48(3): 271-284.
Rousk J, Brookes P C, Bååth E. 2010. Investigating the mechanisms for the opposing pH relationships of fungal and bacterial growth in soil. Soil Biology and Biochemistry, 42(6): 926-934.
Song J, Zhang S, Li G, et al. 2020. Preparation of montmorillonite modified biochar with various temperatures and their mechanism for Zn ion removal. Journal of Hazardous Materials, 391: 121692.
Sui L, Tang C, Cheng K, et al. 2022. Biochar addition regulates soil phosphorus fractions and improves release of available phosphorus under freezing-thawing cycles. The Science of the Total Environment, 848: 157748.
Sun D, Meng J, Liang H, et al. 2015. Effect of volatile organic compounds absorbed to fresh biochar

on survival of *Bacillus mucilaginosus* and structure of soil microbial communities. Journal of Soils and Sediments, 15(2): 271-281.

Tang C, Cheng K, Liu B, et al. 2022. Artificial humic acid facilitates biological carbon sequestration under freezing-thawing conditions. Science of the Total Environment, 849: 157841.

Tang C, Li Y, Song J, et al. 2021. Artificial humic substances improve microbial activity for binding CO_2. iScience, 24(6): 102647.

Topoliantz S, Ponge J F. 2003. Burrowing activity of the geophagous earthworm *Pontoscolex corethrurus* (Oligochaeta: Glossoscolecidae) in the presence of charcoal. Applied Soil Ecology, 23(3): 267-271.

Topoliantz S, Ponge J F. 2005. Charcoal consumption and casting activity by *Pontoscolex corethrurus*(Glossoscolecidae). Applied Soil Ecology, 28(3): 217-224.

Wahab M A, Boubakri H, Jellali S, et al. 2012. Characterization of ammonium retention processes onto cactus leaves fibers using FTIR, EDX and SEM analysis. Journal of Hazardous Materials, 241: 101-109.

Wang B, Lehmann J, Hanley K, et al. 2015. Adsorption and desorption of ammonium by maple wood biochar as a function of oxidation and pH. Chemosphere, 138: 120-126.

Wang H, Wang H, Zhao H , et al. 2020. Adsorption and Fenton-like removal of chelated nickel from Zn-Ni alloy electroplating wastewater using activated biochar composite derived from Taihu blue algae. Chemical Engineering Journal, 379: 122372.

Wang M, Cai H, Qiao Q, et al. 2020. Research on pesticide adsorption mechanism of corn stalk biochar based on Koh thermal activation. Dynamic Systems and Applications, 29(5): 1746-1754.

Wang P, Sakhno Y, Adhikari S, et al. 2021. Effect of ammonia removal and biochar detoxification on anaerobic digestion of aqueous phase from municipal sludge hydrothermal liquefaction. Bioresource Technology, 326: 124730.

Wang Q, Chen L, He L Y, et al. 2016. Increased biomass and reduced heavy metal accumulation of edible tissues of vegetable crops in the presence of plant growth-promoting *Neorhizobium huautlense* T1-17 and biochar. Agriculture Ecosystems & Environment, 228: 9-18.

Wang Z, Li Y, Chang S X, et al. 2014. Contrasting effects of bamboo leaf and its biochar on soil CO_2 efflux and labile organic carbon in an intensively managed Chinese chestnut plantation. Biology and Fertility of Soils, 50(7): 1109-1119.

Warnock D D, Lehmann J, Kuyper T W, et al. 2007. Mycorrhizal responses to biochar in soil - concepts and mechanisms. Plant and Soil, 300(1): 9-20.

Weyers S L, Spokas K A. 2011. Impact of biochar on earthworm populations: A review. Applied & Environmental Soil Science, 2011: 1-12.

Xiao Z, Rasmann S, Yue L, et al. 2019. The effect of biochar amendment on N-cycling genes in soils: A meta-analysis. Science of the Total Environment, 696: 133984.

Xu G, Shao H, Zhang Y, et al. 2018. Non-additive effects of biochar amendments on soil phosphorus fractions in two contrasting soils. Land Degradation & Development, 29: 2720-2727.

Xu M, Gao P, Yang Z, et al. 2019. Biochar impacts on phosphorus cycling in rice ecosystem. Chemosphere, 225: 311-319.

Yang F, Cao X, Gao B, et al. 2015. Short-term effects of rice straw biochar on sorption, emission, and transformation of soil NH_4^+-N. Environmental Science & Pollution Research, 22: 9184-9192.

Ying M, Hongyan W, Song Y U, et al. 2014. Effect of biochar on nitrogen forms and related microorganisms of rhizosphere soil of seedling maize. Chinese Journal of Eco-Agriculture, 22(3): 270-276.

Yu L, Yuan Y, Tang J, et al. 2015. Biochar as an electron shuttle for reductive dechlorination of pentachlorophenol by *Geobacter sulfurreducens*. Scientific Reports, 5(1): 16221.

Yu M, Meng J, Yu L, et al. 2018. Changes in nitrogen related functional genes along soil pH, C and nutrient gradients in the charosphere. Science of The Total Environment, 650: 626-632.

Yu Z, Chen L, Pan S, et al. 2018. Feedstock determines biochar-induced soil priming effects by stimulating the activity of specific microorganisms. European Journal of Soil Science, 69(3): 521-534.

Zhang X, Yu J, Huang Z, et al. 2021. Enhanced Cd phytostabilization and rhizosphere bacterial diversity of *Robinia pseudoacacia* L. by endophyte *Enterobacter* sp. YG-14 combined with sludge biochar. Science of The Total Environment, 787: 147660.

Zheng R, Sun G, Li C, et al. 2017. Mitigating cadmium accumulation in greenhouse lettuce production using biochar. Environmental Science and Pollution Research, 24(7): 6532-6542.

Zhou C F, Heal K V, Tigabu M, et al. 2020. Biochar addition to forest plantation soil enhances phosphorus availability and soil bacterial community diversity. Forest Ecology and Management, 455(1): 115635.

Zou Q, An W, Wu C, et al. 2017. Red mud-modified biochar reduces soil arsenic availability and changes bacterial composition. Environmental Chemistry Letters, 16(2): 615-622.

第 6 章　生物质炭促进农作物生长与增产

农业系统是涉及土壤、作物和环境等多个方面的生物化学循环系统，而土壤是农业作物生长发育的关键组成部分。土壤性质、土壤肥力直接制约着作物的生长发育和农业生产。然而，农业产生的固废生物质（如玉米秸秆和水稻秸秆等）如果直接施入土壤，会将作物残留的病害、虫害等有害物质二次引入土壤，造成土壤污染。而将秸秆等植物类农业废弃物热解为生物质炭施入土壤可以增加土壤肥力，达到增产增效的目的。生物质炭作为秸秆资源化产物，因具有丰富的含氧官能团并保留了完整的原生物质孔隙结构，拥有优良的吸附能力和抗氧化能力，已成为农业可持续发展过程中重要的土壤添加剂。生物质炭能显著增加土壤有机质含量，优化土壤结构，并且是一种良好的养分载体，既可以提供土壤矿物质养分（如 P、K^+、Ca^{2+}和 Mg^{2+}），又能够提高土壤阳离子的交换能力和土壤养分的利用率，促进植物对养分的吸收，进而减少因淋溶引起的养分流失（Agegnehu et al.，2017；陆海燕等，2016）。有机残留物，包括森林、作物和园艺残留物制备的生物质炭，可以直接用作土壤改良剂；其热解产生的气体作为生物质炭生产的副产品，能够提供可再生能源。施入土壤中的生物质炭还可改善土壤结构和微生物群落，增加土壤中有益微生物数量，从而提升作物产量并产生经济效益（图 6-1）。将生物质炭施入土壤一般基于两种应用模式：生物质炭和肥料一起施用并在播种前通过土壤掺入；生物质炭复合肥（生物质炭与肥料、矿物质、黏合剂一起制成

图 6-1　生物质炭在生态系统中的周转（Joseph et al.，2021）

颗粒状）以带状形式施用于种子附近的土壤，使土壤产生阶段性变化（图 6-2）。此外，施用生物质炭配合其他农田管理措施（覆盖、施肥、膜下滴灌等）可以促进作物稳产、增产，从而有利于社会经济发展和粮食安全。综上，生物质炭可以改善土壤环境、改良土壤结构、提高微生物群落丰度，进而影响作物的生理生化反应和产量。本章将从典型作物生长指标、产品品质、经济效益三个方面阐述生物质炭对作物生长与产量的促进效果。

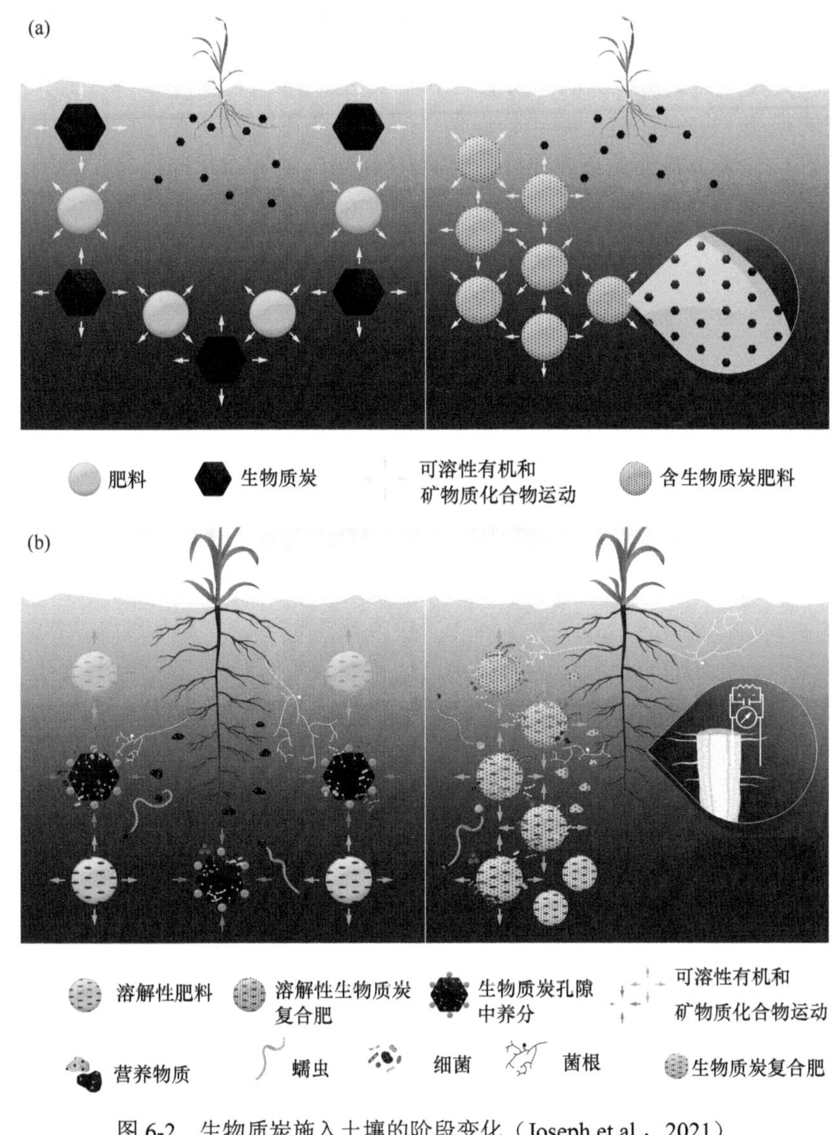

图 6-2　生物质炭施入土壤的阶段变化（Joseph et al.，2021）

（a）第 1 阶段：生物质炭溶解；（b）第 2 阶段：生物质炭表面结构的变化

6.1 生物质炭对农作物生长指标的影响

光照强度、温度、水分含量、土壤肥力、土壤中营养元素组成和比例均是影响作物生长状况的因素。其中，土壤肥力是关键性影响因素之一。土壤肥力是土壤物理、化学和生物特性的综合表现，对作物生长和增产具有重要作用。生物质炭具有孔隙度高、比表面积大等优点，有效改善了土壤通气性，提高了保水保肥能力，促进了作物根部生长。生物质炭还具有吸附能力强、容重小、含碳量丰富、性质稳定等特点。生物质炭的高芳香性和多孔性有利于土壤 pH、碳含量和阳离子交换量的提高，进而促进土壤养分保留。另外，施用生物质炭还可以减少病原体的引入，与土壤中有害重金属相互作用（图 6-3），促进作物产量稳定增长，有利于提高土壤环境效益（Bernier and Perilleux，2005）。

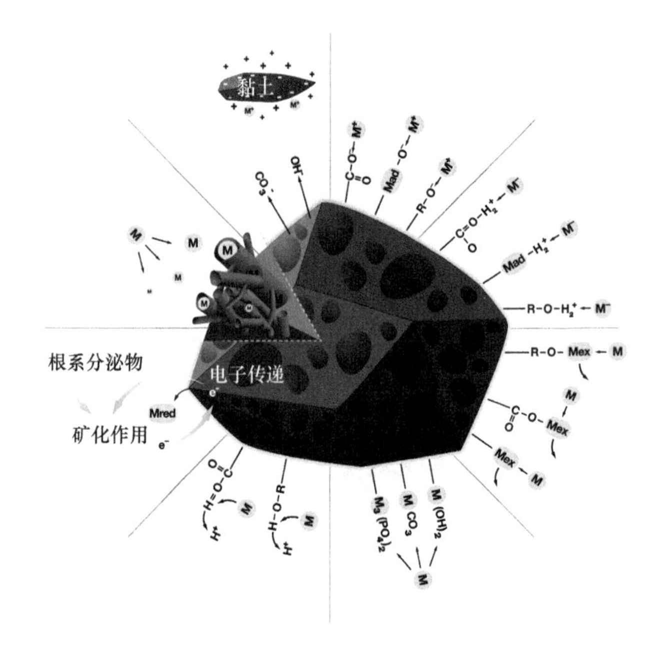

图 6-3 生物质炭与重金属和类金属物质相互作用的机制（Ahmad et al.，2014）

6.1.1 生物质炭对农作物生物学性状的影响

施用生物质炭可以通过影响养分利用率和土壤环境来促进植株的生长，尤其是生物学性状，如株高、茎粗等指标（图 6-4）。

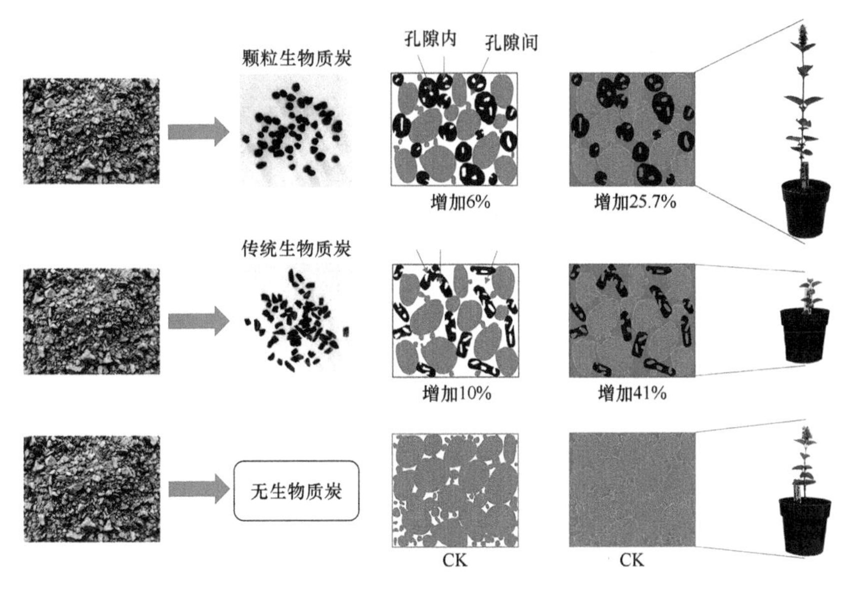

图 6-4　生物质炭对植物生物学性状的影响机制（Liao et al.，2022）

生物质炭可缓解生物和非生物机制胁迫对植物产生的不利影响，通过改变植株的性状和生理学特征，适应胁迫并且形成保护机制。生物质炭通常通过以下几种方式影响土壤养分含量以达到促进作物生长的目的：①直接作为植物和土壤微生物的养分来源；②作为养分汇，影响养分的流动性和生物利用度；③作为土壤调节剂，改变土壤特性、促进土壤养分循环和参加土壤生理生化反应。在土壤水分、温度、重金属和盐分等土壤条件的影响下，生物质炭可增强植物体内与氧化还原相关酶的合成，改变膜的渗透性以适应外界条件的变化（图 6-5）。因此，关注植物与生物质炭的相互作用，有助于梳理和总结土壤-植物系统中作物的应激机制（He et al.，2020b）。近年来，研究植物和土壤的学者认为，生物质炭对植物生物学性状影响的研究应该侧重于植株细胞的基因表达。在细胞层面上的研究发现，施用生物质炭改善植物生长、促进增产的关键是影响生长素相关信号转导分子，通过促进植物细胞扩增、细胞壁松弛、水及营养转运等相关基因的表达，有利于植物的新陈代谢及生长。Viger 等（2015）研究发现，用枫杨（*Pterocarya stenoptera*）制备生物质炭施加到土壤中可以刺激拟南芥（*Arabidopsis thaliana*）生长，且这一过程与生长素、油菜素甾醇及其信号转导分子密切相关。此外，与营养物质相关的跨膜转运活性也得到提高，使得营养物质的吸收和移动得到改善，加快了植物的新陈代谢（Lager et al.，2010）。另外，生物质炭通过改变土壤微生物的数量和群落丰度，进而改变土壤养分的转化，降低营养物质对植株产生的不利影响。最后，生物质炭通过增加细胞呼吸和细胞膜对养分的吸收，提高作物吸收营养物质的酶活性，从而提高植物的光合活性。

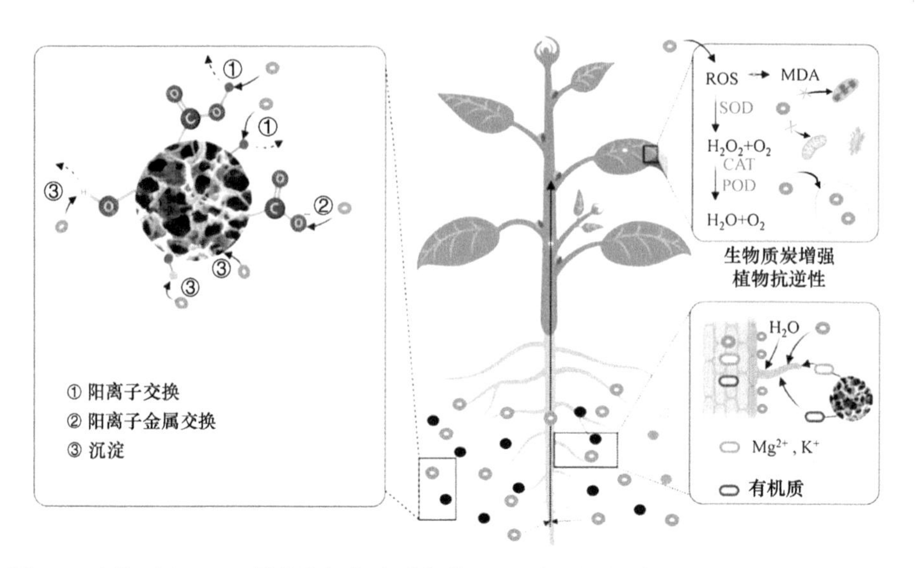

图 6-5 生物质炭处理下植物抗氧化酶系统增强对重金属铅的耐受性（Sun et al.，2022）

生物质炭作为潜在的土壤改良剂，能够有效提高土壤中碳储量并降低作物对化学肥料的需求，如图 6-6 所示。添加生物质炭后，土壤孔隙度、团聚体稳定性和含水量增加，容重降低。其主要机制是通过提高土壤 pH，从而影响养分利用，以及通过增加微生物数量、酶活性、土壤呼吸和微生物生物量来改变土壤的生物特性。生物质炭的施用提高了土壤的养分利用效率和养分吸收。

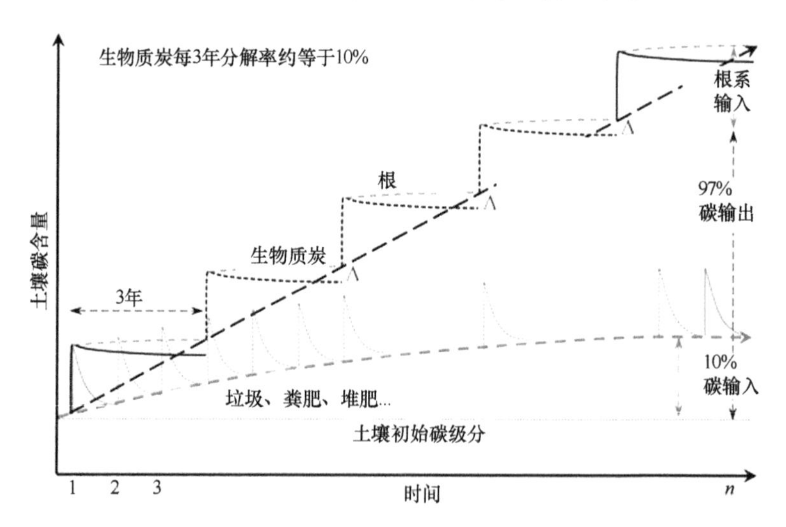

图 6-6 生物质炭中高度持久性碳诱导的负启动效应（Joseph et al.，2021）

生物质炭能够提高土壤中植物可利用养分含量及部分作物的产量，但不同生物质炭对植物表现出不同的趋势。例如，以黑松采伐剩余物和黄松垫为原料制备的生物质炭显著降低了冷杉叶片光合指数和云杉叶片中叶绿素 b 的含量。不同浓度的生物质炭均显著降低了云杉叶绿素 a 和叶绿素 b 含量。不同原料制备的生物质炭对植物光合作用影响不同，黄松垫制备的生物质炭增加了叶绿素 a 和叶绿素 b 含量（Ren et al.，2020），体现了生物质炭对植物生长影响的多样性。此外，将生物质炭施入稻田表土，移栽前一天将其混匀到 20 cm 深耕层中，对照处理不施生物质炭，实验组在施用生物质炭同一天内施入尿素、过磷酸钾和氯化钾肥料，用量分别为：N 270 kg/hm^2、P 32.75 kg/hm^2、K 74.5 kg/hm^2，随后 3 年的肥料管理与第一年相同（Nan et al.，2020）。在前两个生长阶段，水分管理按淹水-排水周期性交替进行，从灌浆期到成熟期，采用间歇灌溉方式管理。与对照相比，连续 4 年施用低量生物质炭（即 2.8 t/hm^2）显著增加了水稻产量和株高。连续 4 年施用生物质炭的水稻产量分别比对照提高了 7.6%、10.6%、14.5%和 9.7%，年均增产 10.7%。研究表明，与稻秸还田相比，施用生物质炭能更好地实现水稻增产，每年通过生物质热解实现低量生物质炭还田，对于稻作生产来说是更有效和可持续的。研究发现，水稻产量与土壤养分（总有机碳、速效钾和速效镁）呈显著正相关，说明每年施用生物质炭增加了土壤总碳，导致含有活性官能团的惰性碳的积累，从而促进了速效钾和速效镁的逐渐积累。因此，施用生物质炭具有提高水稻产量和土壤肥力的作用，如图 6-7 所示。

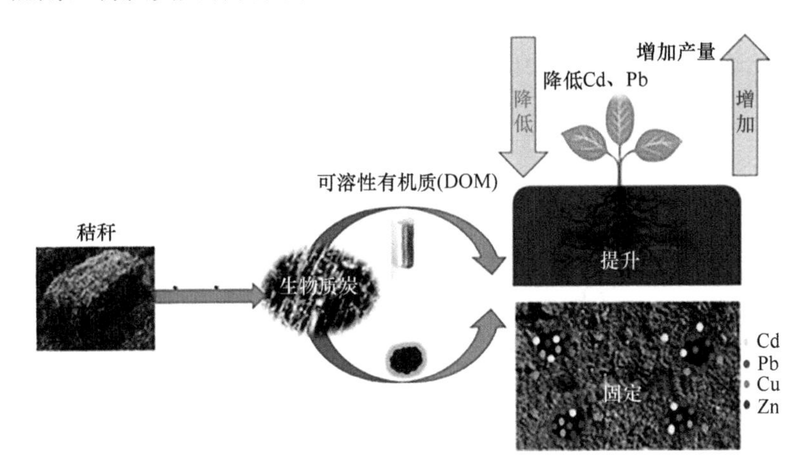

图 6-7　生物质炭对植物产量和品质提升的调控过程（Farhangi-Abriz and Ghassemi-Golezani，2023）

6.1.2　生物质炭对农作物光合作用的影响

光合作用是植物在光合细菌的作用下将 CO_2 和 H_2O 合成富能有机物，即将光能转化为化学能的氧化还原过程。光合作用包含了一系列复杂的光化学步骤和物质转变过程。光能被天然色素分子吸收用于光化学反应，其中一部分激发能以热耗散的方式消耗。光合速率是光合作用固定 CO_2 的速度，是光合作用的复杂体现。叶片的气孔导度和叶绿素含量对光合作用起到了决定性的作用。植株的光合作用强度决定了植物的产量，生育期旺盛的光合作用可以将光合产物分配到果实中，促进植物高产。叶片中光合产物的积累取决于叶片的光合面积、光合速率和作用时间。光照强度、光照时间和 CO_2 浓度影响了作物的光合作用，改变了光合产物的积累速度（Gago et al.，2019）。生物质炭对作物光合作用的影响直接体现在叶片的净光合速率和蒸腾速率（图 6-8）。随着生物质炭施用量的增加，叶片净光合速率、气孔导度、细胞间 CO_2 浓度和蒸腾速率呈现逐渐增加的趋势。此外，生物质炭与肥料的联合使用可以提高作物的光合作用强度，促进作物增产（吴迪等，2022）。最近的研究结果表明，生物质炭通过多种途径影响光合作用的强度，其中包括影响植物的生理生化反应，进而改变了叶片光系统中电子传递、光能吸收、氧化还原性能。施用生物质炭可以引起花生营养生长阶段叶片荧光诱导曲线显著变化，提高叶片光合性能，尤其在电子传递和光能吸收方面（Ma and Dwyer，1998）。大田实验结果表明，正常施肥配施生物质炭处理表现出明显的优势，成熟期玉米叶片光合色素值和叶面积指数均比不施加生物质炭处理组高。正常施肥配施生物质炭处理玉米的净光合速率、胞间二氧化碳浓度、气孔导度和蒸腾速率均高于对照组，且高施炭量处理组明显高于低施炭量处理组，有效提高了玉米叶片硝酸还原酶和谷氨酸脱氢酶的活性，延缓了玉米衰老（刘国玲等，2016）。

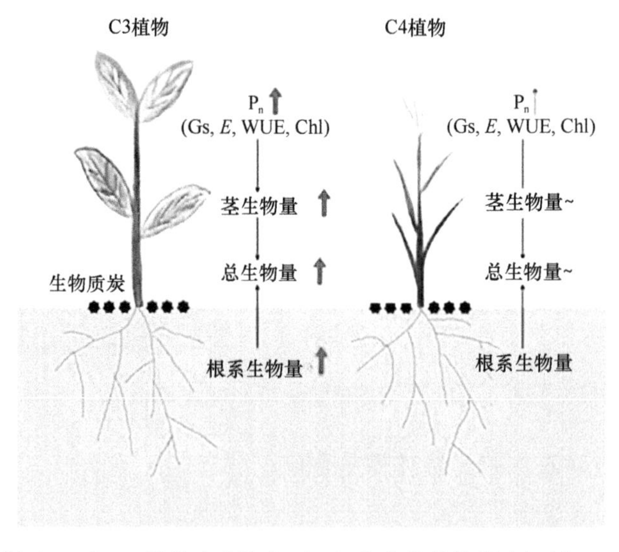

图 6-8 生物质炭对 C3 和 C4 植物光合速率（Pn）和生物量的影响机制（He et al.，2020b）

向上的红色箭头表示积极响应，红色箭头的粗细表示增加幅度，黑色波浪线表示无显著性。Chl，叶绿素；*E*，蒸腾速率；Gs，气孔导度；WUE，水利用效率此外，在日夜温差大的中高纬度地区——河套灌区进行的生物质炭研究表明（Feng et al.，2021a），在不同生物质炭施用条件下，施入量、土壤温度、作物生理指标（叶面积温度、光合速率、气孔导度、蒸腾速率、叶绿素）和作物生长指标（株高、茎粗、叶片）均发生了变化，30 t/hm^2 处理是理想的生物质炭施用量。与对照相比，30 t/hm^2 处理土壤表面温度显著升高（约 2℃），昼夜温差减小，平均叶温升高 2.2℃，光合速率提高 16.5%。此外，生物质炭施用量对作物叶片气孔导度有正向影响，蒸腾速率增加了一倍，平均叶绿素值比对照组提高了 20%以上。叶面积指数随着生物质炭施用量的增加而增加，其中 50 t/hm^2 处理的叶面积指数最高。与对照组相比，各试验区干物质含量均增加，50 t/hm^2 处理增加了 138.48%，30 t/hm^2 处理增加了 110.65%，20 t/hm^2 处理增加了 77.46%，10 t/hm^2 处理增加了 16.34%。总之，施用生物质炭对玉米光合速率有较高的促进作用。

6.1.3　生物质炭对农作物根系的影响

作物根系在植物生长和土壤碳固存中发挥着重要作用，它们不仅可以吸收土壤养分和水分来支持植物生产，还可将光合作用固定的碳输送到土壤有机质池。生物质炭的应用可能对作物根系的形态和功能有显著影响，因为生物质炭颗粒直接与作物根系接触（Adu et al.，2017）。因此，确定根系性状如何响应生物质炭的应用是至关重要的。根系性状通常是特异性的，在植物生长中发挥不同的作用。例如，根的长度通常被认为与水分或养分的获取成正比，根的直径越大，越有利于生物量的积累（Nath et al.，2022）。迄今为止，生物质炭施用对根系性状的影响仍存在争议。

生物质炭类型的选择也很重要，因为由不同材料或热解条件产生的生物质炭在结构、营养含量、pH 和酚含量上差异显著。生物质炭的特性及其施用速率和累积量可能会影响土壤环境，从而改变根系性状。生物质炭施用下的植物倾向于更有效地利用根系生物量来吸收土壤水分和养分，而不是积累根系生物量，因为生物质炭的应用会刺激植物生长，增加其对营养物质和水分的需求。此外，生物质炭倾向于吸收营养离子，特别是无机氮。在生物质炭作用下，植物根长的增加大于根径，导致比根长整体增强。增加的根长和比根长表明，生物质炭的应用是有益的，其扩大了植物根际吸收水分和养分的范围。此外，生物质炭施用下植物根尖数量增加，可以进一步扩大根表面积，从而加速植物-土壤界面的资源交换速率，改善根系形态发育，从而有利于植物生长，减轻营养和水分的缺乏。虽然生物质炭的应用是通过减轻营养缺乏来改善根系形态发育，但其对不同营养元素的影响似乎不同。生物质炭的施用显著提高了根际磷浓度，但对根际氮浓度的影响不大，其中的原因是生物质炭可能含有不平衡的营养元素，并可能通过老化作用释放出更多的有效磷。然而，这种效应取决于生物质炭原料类型和热解过程。另一个可能的原因是，生物质炭引起的土壤碱度增加可能会提高土壤 pH，从而提高土壤有效磷浓度。

生物质炭的应用对根系相关微生物也有不同的影响。在生物质炭的作用下，根瘤菌普遍增加，根瘤对磷利用率敏感，生物质炭的应用通常能提高磷的有效性，从而促进根瘤的增加（Liu et al.，2022）。生物质炭施用下，较长的根长可以帮助植物吸收更多的土壤养分，从而减少植物对菌根的依赖。不同植物包含的根系性状对生物质炭的响应也不同。例如，多年生植物通过发育根系以最大限度地保护养分，一年生植物则通常会促进根系生长以支持更多的养分获取。根长对生物质炭施用的响应也随植物生命形式的不同而变化，作物的根长增加幅度大于树木。豆科植物的根系生物量响应大于非豆科植物，这是由于生物质炭增加了豆科植物的结瘤能力和固氮效率。通过田间原位施炭试验探究生物质炭长期施加对作物根系的影响，以不施用生物质炭为对照，设置一次施用不同量的生物质炭处理（Yan et al.，2022）。在连续种植玉米 7 年后，利用根系扫描仪探究生物质炭应用下的根系结构，结果表明生物质炭的应用促进了玉米根的生长。具体来说，与对照处理相比，施用生物质炭后玉米总根长、总根表面积、总根体积和根系生物量分别高出 13.99%～17.85%、2.52%～4.69%、23.61%～44.41%、50.61%～77.80%。与对照组相比，玉米根系生长受根际细菌的影响较大，受真菌群落的影响较小。非根际土壤微生物共生网络的核心类群与玉米根系的总长度和总表面积密切相关，而根际土壤的核心类群与根系总长度密切相关。总之，生物质炭的应用通过对根际土壤中细菌群落的影响，促进了玉米根系在风沙土中的生长。

根系性状对生物质炭施用的响应也随土壤 pH 的变化而变化。例如，生物质炭施用增加了酸性土壤根系磷浓度，因为生物质炭增加了土壤碱度（石灰效应），使磷酸盐离子与铝和铁结合，从而增加有效磷含量（Devau et al.，2009）。生物质炭通过提高土壤碱度和土壤孔隙率来消减这些屏障，从而导致根长更大程度地增加。同时，根系性状对生物质炭施用的响应可能受到生物质炭的理化性质和养分含量的影响，这取决于原料类型和施用速率的不同。例如，粪肥生物质炭通常含有大量可用的营养物质，而城市垃圾生物质炭可能对植物生长产生毒性影响。但是，生物质炭的营养物质、毒性含量、施用速率似乎对根系生长的影响不大。另外，在较高的温度或更快的热解条件下产生的生物质炭通常能更有效地促进根长生长，这是因为生物质炭的特性取决于热解温度，如高温生物质炭呈碱性（Bagreev et al.，2001）。加工温度也是控制表面积的主要因素，一般高温制备的生物质炭表面积大于低温下制备的，在低温条件下产生的生物质炭通常含有更多的营养物质和水，并可能会限制根系的生长。值得注意的是，热解温度和速率往往彼此呈负相关。此外，植物的生长通常受到水和营养的限制。外源施加生物质炭可通过改善土壤环境、增加根长最终缓解水分和养分的缺乏，特别是土壤磷缺乏；同时，生物质炭施用可最大限度地促进植物生长，刺激根系生长和改善土壤养分平衡（图 6-9）。与多年种植的植物相比，生物质炭的应用更有效地改善了植物的根系生长和形态，特别是在酸性和沙质土壤中（Jabborova et al.，2021），生物质炭在调节根系生长方面发挥着重要的作用。因此，未来的生物质炭管理应充分考虑与植物种类、土壤条件和生物质炭类型相关的因素，以进一步提高植物生产力。

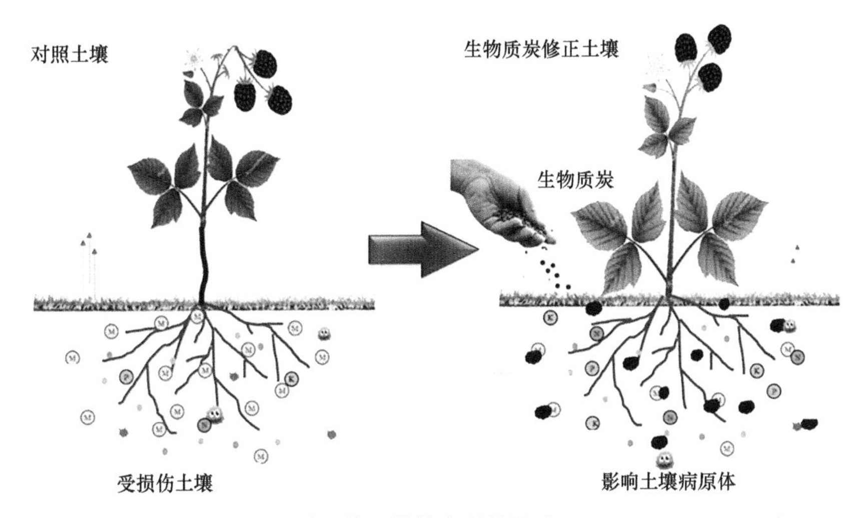

图 6-9　生物质炭对土壤环境和植株生长的影响（Natasha et al.，2022）

6.2　生物质炭对农作物产量和品质的影响

植物的生长依赖于土壤溶液中足够浓度的养分，这些养分很容易被植物吸收。营养缺乏会降低植株的生长和产量。研究表明，生物质炭可以增加碳、氮、钙、镁、钾和磷等，因为生物质炭本身就是一种营养来源。它可以吸收营养物质，然后缓慢释放，从而提高营养物质的利用效率，进而影响作物的产量和品质。此外，生物质炭通过增加土壤水分储存、改善土壤养分状况、增加土壤微生物多样性，从而促进作物生长、影响作物品质。随着生活水平的不断提高，人们对食品安全和营养品质愈发重视。研究表明，施用生物质炭可以输送大量的微量元素供作物摄取利用，有利于改善作物营养吸收（图 6-10）。已有研究发现，生物质炭添加所导致的微量元素增加可以有效降低作物体内硝酸盐的积累，进而提高作物产量和品质（黄连喜等，2020）。事实上，生物质炭对农产品品质的提升作用与作物生理学过程密切相关，而目前关于生物质炭在作物品质提升方面的机制研究相对较少（Alkharabsheh et al.，2021）。

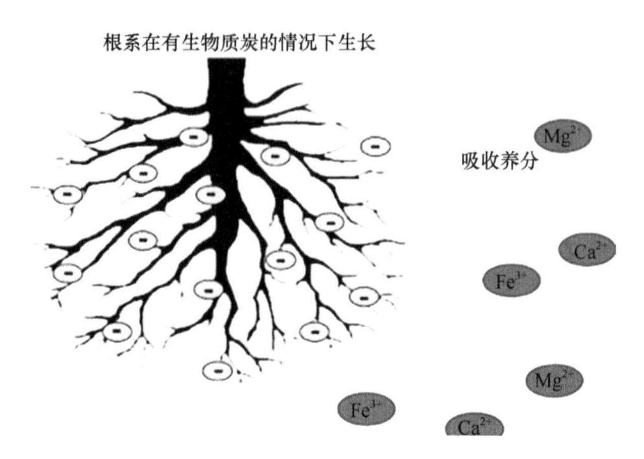

图 6-10　生物质炭对作物根系化学特性的影响（Farhangi-Abriz and Ghassemi-Golezani，2023）

6.2.1　生物质炭对农作物产量的影响

作物增产、增效对农业种植意义重大，产量是反映农作物生产力的重要参数。土壤中添加生物质炭可以促进作物生长，改善作物产量、品质及抗逆性（Mukherjee and Lal，2014）。研究发现，在铁铝土中施入生物质炭或生物质炭-无机肥混施，可以使花生产量显著提高（Agegnehu et al.，2017）。此外，研究发现在不同胁迫环境下，生物质炭对作物生长状况的影响也不同。Guo 等（2021）通过研究生物质炭对不同灌溉处理下番茄生理特性、产量和品质的影响，发现添加生物质炭可增加亏缺灌溉和分根区交替灌溉处理的土壤水分含量，改善番茄的生理特性、产量和品质。同样，施用小麦秸秆生物质炭结合分根区交替灌溉措施可以实现烟草节水和增产的“双赢”目标。在盐胁迫条件下，生物质炭的加入因其较高的吸附能力降低了植物对钠离子的吸收，缓解了盐胁迫，从而促进了小麦的生长和产量增加（Cui et al.，2022）。 在大气二氧化碳浓度升高和干旱双重胁迫下，生物质炭增加了玉米根系生物量、根冠比、叶面积及比叶面积，降低了根水势，表明生物质炭有利于缓解干旱胁迫对玉米生长和生理的负面影响。生物质炭对作物生长及产量的影响一方面归因于生物质炭本身含有可观的矿质元素，如钾、钙、镁等，施入土壤后可作为可溶性养分被作物直接吸收利用，并改善土壤的物理、化学及生物学性状从而促进植物生长（图 6-11）；另一方面，生物质炭通过与根系的相互作用，能够直接或间接地影响土壤物理、化学、生物因子，从而在炭、肥互作增效过程中起主要调控作用（Liu et al.，2017）（图 6-12）。

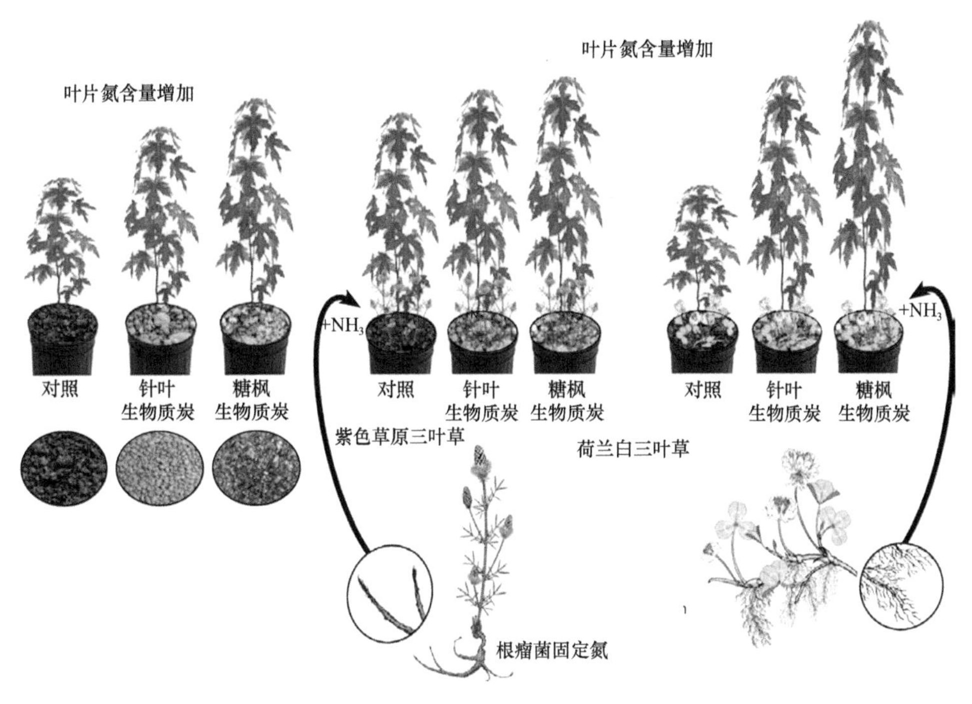

图 6-11　生物质炭提高了作物生物量、叶面积、植株高度和叶氮含量（Sifton et al.，2022）

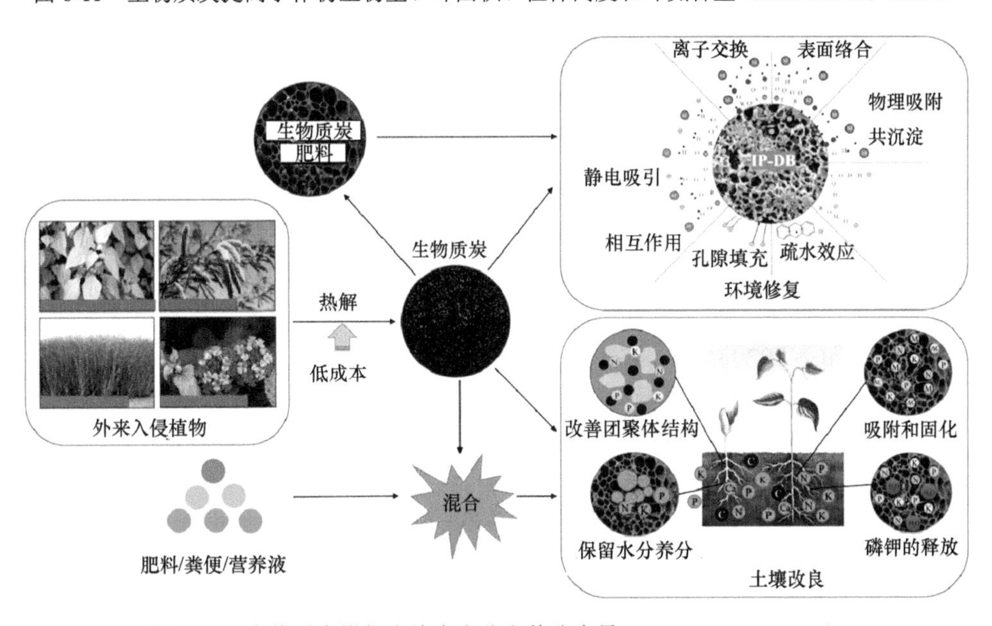

图 6-12　生物质炭增加土壤中水分和养分含量（Feng et al.，2021b）

生物质炭的积极影响已被广泛认可，但对作物生长和产量的零效应或负效应的报道也屡见不鲜。有部分研究结果表明，生物质炭添加对作物生长及产量存在限制作用（Spokas et al.，2012）或者没有影响（Zhang et al.，2010）。生物质炭对作物的促进或抑制作用可能是由于供试生物质炭的原料来源、施用量、作用时间、土壤类型及环境条件等不同因素导致的。另一个重要的原因是，生物质炭本身往往具有较高的 pH、含有大量可溶性盐离子，部分生物质碳甚至含有重金属及多环芳烃等污染物，当添加到土壤中的生物质炭含量较多时，这些负面效应就显现出来，抑制植物的生长及后续的产量。此外，生物质炭具有很高的碳氮比，高施用量（48～200 t/hm^2）可能通过生物质炭的固持和吸附作用，导致施加生物质炭的土壤有效氮含量降低，限制植物养分的吸收，从而对植物生长产生抑制作用。由于不同类型土壤自身的养分等差异显著，在高度退化和营养贫瘠的土壤中，生物质炭对作物生产的积极改善作用被广泛报道，但将其应用于肥沃和健康的土壤并不总是能提高作物产量（Hussain et al.，2017）。

生物质炭对作物生长及产量的影响更多的是由生物质炭的施加量和不同土壤性质决定的，总体上，促进作用比负面效应多，在中低肥力或退化土壤中施加生物质炭比在肥沃或健康土壤中施加的效果更好。在未施肥的情况下，施用生物质炭后作物平均产量显著提高；在施肥的情况下，施用生物质炭后作物产量变化较小，但仍然能够达到统计学显著差异（$P<0.05$），平均产量也呈现增加趋势（Ye et al.，2020），表明向土壤中添加生物质炭可提高作物产量。但是，生物质炭并不能完全替代无机或有机肥料，对作物产量影响最大的可能是生物质炭性质、初始土壤性质和生物质炭施用条件（如与生物质炭配施时无机肥的施用量）。此外，作物类型对施用生物质炭的响应区别较大，水稻作物产量对施用肥料条件下生物质炭的添加没有明显响应，水稻作物产量可能接近其潜在的饱和产量。玉米产量通常比其他旱地谷物（小麦、大麦、燕麦）有更大的响应变化，尤其是在未施肥的情况下。但是，产量差异也可能与地理位置有关，因为大多数玉米相关的研究是在热带和亚热带地区进行的，而小麦、大麦和燕麦的研究则主要集中在地中海或大陆性温带气候下。在未施肥的情况下，施用生物质炭可使作物平均产量显著提高（Liao et al.，2020）。

近年来，生物质炭对作物生长影响的研究集中在生物量、生长指标和产量上，部分研究涉及作物养分利用效率。例如，施用生物质炭能够使棉花的干物质和氮素吸收量分别增加 9.2%～17.3%和 29.5%～48.8%，且随施用量增加，棉花的干物质也逐渐增加。生物质炭能够提升棉花花期和铃期叶片的叶绿素相对含量、净光合速率、蒸腾速率和棉花产量。田间试验表明，添加棉秆生物质炭相比对照组，能明显使棉花产量提高 7.9%～21.3%，棉花茎粗、株高及生物量等虽然有所提高，但效果不显著。1%的生物质炭施用量可增加棉花的芽、铃和有效果枝数，且当 75 mg/kg 的 K_2O 与 1%的生物质炭结合时最有利于提高棉花产量、农艺效率和经济效益（李毅等，2022）。凌遵学和张取仁（2019）研究表明，施用生物质炭基尿素能延长棉花的生育期，提升棉花株高、单株果枝数、单株结铃数、单铃重和籽棉产量。施用生物质炭不仅使棉花株高增加 11.71%～22.47%、单株结铃数增加 0.74%～13.75%、平均单铃重增加 35.44%～36.22%、籽棉产量提高 14.48%，而且还可使棉花的纤维长度增加 4.3%。因此，生物质炭对作物生长及产量提高具有促进作用，对作物生长特征产生的影响与生物质炭类型、施用量等因素密切相关，适宜的生物炭用量是影响作物生长的主要因素。

6.2.2 生物质炭对农作物品质的影响

种植农作物离不开土壤，土壤的肥力决定了作物生长发育的优劣，直接影响作物的产量和品质。因此，提高土壤肥料利用率能促进农业的可持续发展，提高农民的种植效益。研究表明，无论施肥与否，添加生物质炭均能降低作物果实最大干物质增长速率和平均干物质增长速率。此外，生物质炭可以最大限度地减少受微量元素或重金属污染食品（如作物和蔬菜）的危害，生物质炭中的营养物质也被植物根系吸收，从而进一步促进植物生长和养分增加（图 6-13）。

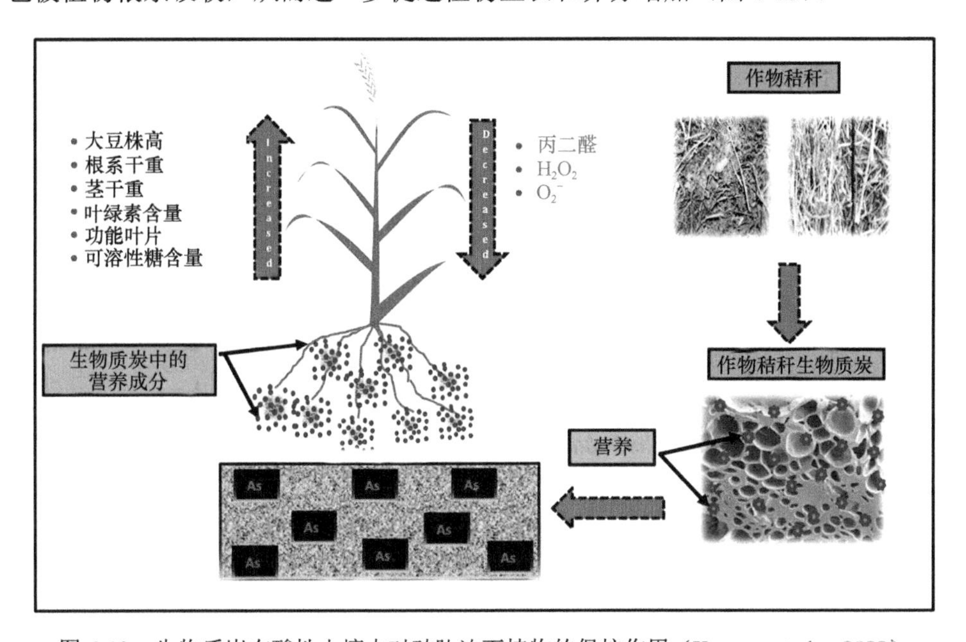

图 6-13 生物质炭在酸性土壤中对砷胁迫下植物的保护作用（Kamran et al.，2022）

在稻田中施加生物质炭，主要通过促进水稻有效分蘖而增加有效穗数和结实率来提高产量。生物质炭处理提高了稻米的碾磨品质，糙米率、精米率和整精米率等也均有所提高，食味评分显著高于对照组（Zhang et al.，2013）。施加玉米芯生物质炭（Zhang et al.，2015b）有效增加了大豆品质，这与生物质炭施加改善了土壤微环境有关，如土壤结构、养分、水、肥、微生物等土壤生态环境的调控与改善可为大豆正常的生长发育提供优异的生长环境条件，植物各组织的干物质积累从而得到改善，促进了叶片光合速率和根系对营养物质的吸收，为作物的产量和品质奠定了良好的物质、养分和生理基础，表现出增产、提质效应。

生物质炭作为土壤改良剂在农业领域的应用已被证明能促进植物生长。生物质炭以可持续的方式为作物生产力带来了巨大的生产效益。总的来说，生物质炭对作物产量和养分吸收的促进作用主要是直接增加土壤中的养分。作物产量和品质对土壤中生物质炭的响应取决于生物质炭类型、植物种类和土壤类型。生物质炭固有的元素含量和组成成分起到了改变土壤化学性质的作用，为作物生长和发育提供了一定的营养物质，但生物质炭拥有的养分含量是有限的，对作物的生长影响并不是长期的。生物质炭表面的化学活性能够促进土壤中微生物群落的活性，催化土壤中养分的动态变化，减少土壤养分的流失，提高土壤的肥力，从而能够在土壤中起到持久的作用，进而改善作物的产量和品质（图 6-14）。

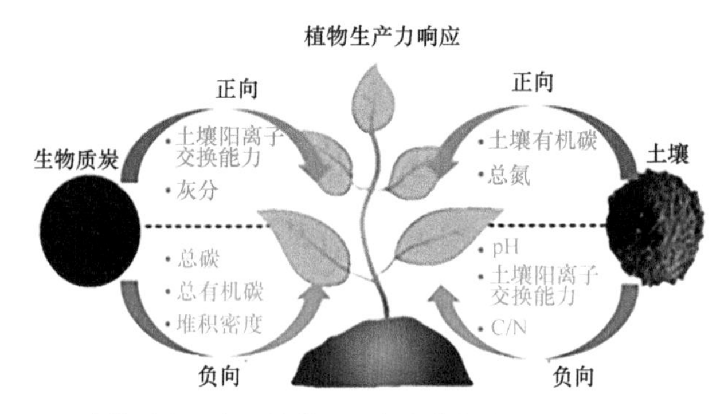

图 6-14　生物质炭改变土壤养分、促进作物生长（Dai et al.，2020）

研究人员和农民通常将生物质炭与化肥混合施用，因此生物质炭与化肥混合施加对作物品质的影响也成为越来越多研究者关注的问题。Zhang 等（2015a）的研究表明，除了单独施用对大豆生长和产量有促进作用，生物质炭与化肥配施同样能够提高大豆苗期、开花期的净光合速率和蒸腾速率，对积累光合产物、减少光合产物消耗，以及提升大豆叶、茎干物质量均有积极作用。生物质炭配施氮肥是减少氮肥用量的有效方法。生物质炭作为多孔性和吸附性的含碳有机物质，对土壤生产性能和作物产量的影响通常表现为正向效应。土壤中添加生物质炭可促进盐碱胁迫条件下作物的生长，且对作物产量、品质的优化效果显著（卢强等，2022）。生物质炭与氮肥配施能够有效地促进作物养分的吸收并提高生产效率，增加作物氮磷钾元素的吸收，提高氮素从营养器官向籽粒的转移量，最终提高氮肥、磷肥和钾肥的利用效率（吴锁智，2022）。

Zhang 等（2020）在生物质炭改良后 6 年的稻麦轮作田间试验中，对作物产量、土壤团聚体稳定性以及氮和磷的利用效率进行了研究。应用生物质炭增加了作物（水稻和小麦）根、秸秆和谷物生物量，而在水稻生长阶段添加生物质炭后，根、秸秆和谷物中的氮储量减少。在根、秸秆和谷物生物量方面，不同的生物质炭添加量之间没有观察到差异。与仅施氮相比，生物质炭改善了土壤有机碳、总氮和总磷含量，并对土壤团聚体类别和团聚体稳定性产生积极影响。土壤碳储量和养分库（即氮磷）的增加，促进了根系生长、氮和磷肥料的吸收及作物生产。生物质炭的添加增加了水稻和小麦的总产量及其组成部分（根、秸秆和谷物）的生物量，对氮和磷也具有较高的吸收效率。与水稻生长期相比，生物质炭使小麦根系氮储量增加了 11%～12%，秸秆氮储量也有一定的增加，谷物氮储量增加 17%；而在水稻生长期，生物质炭使根系氮储量减少 5%，秸秆氮储量减少 17%，谷物氮储量减少 2%。施用生物质炭后，水稻和小麦作物栽培下根、秸秆和谷物中的磷储量变化很大。除了小麦秸秆储量外，生物质炭处理始终表现出最大的谷物、秸秆和根系磷储量。因此，与对照相比，在施入 20 t/hm^2 生物质炭处理中，各自的谷物氮利用效率和磷利用效率分别增加了 9%～34%和 16%～61%，在每公顷施加 40 t 生物质炭处理中分别增加了 45%～51%和 63%～64%。总氮利用效率和总磷利用效率与植物生物量对氮和磷的吸收遵循相同的趋势。因此，生物质炭应用促进了作物生长（根、秸秆和谷物生物量增加），以及氮和磷利用效率的提高。生物质炭的施用增加了两种作物的总产量及其组成部分（根、秸秆和谷物）生物量，在 40 t/hm^2 生物质炭施用后记录的含量最高。因此，在 20 t/hm^2 生物质炭处理中，各自的谷物氮利用效率和磷利用效率分别增加了 9%～34%和 16%～61%，在 40 t/hm^2 生物质炭处理中分别增加了 45%～51%和 63%～64%。除了前两年（2012～2014 年）的水稻产量外，该地点短期添加生物质炭（＜3 年，2012～2015 年）导致作物产量略有增加或没有增加。相比之下，生物质炭施用 3 年后（2015～2017 年），作物产量显著增加。同样，生物质炭在施用后的第一个季节对玉米产量或养分含量没有影响，但稻草生物量和质量在第 2 年和第 3 年随着生物质炭的增加而增加，表明生物质炭对作物产量的影响随着时间的推移变得越来越明显。这些结果可能与生物质炭表面的改性，即富氧表面功能部分（羰基、羟基、脂肪族和酚类）的增加和生物质炭颗粒分布的变化有关。在生物质炭添加 6 年后，可以观察到水稻和小麦（稻草和小麦籽粒生物量除外）总产量及其成分（根、稻草和谷物）的增加。在应用生物质炭后的 4 年田间试验中，玉米生长也有类似的增长。因此，生物质炭的应用是长期提高作物产量的有效策略，不仅与土壤结构和碳储量的改善和提高有关，而且还与养分利用效率的提高有关（图 6-15）。

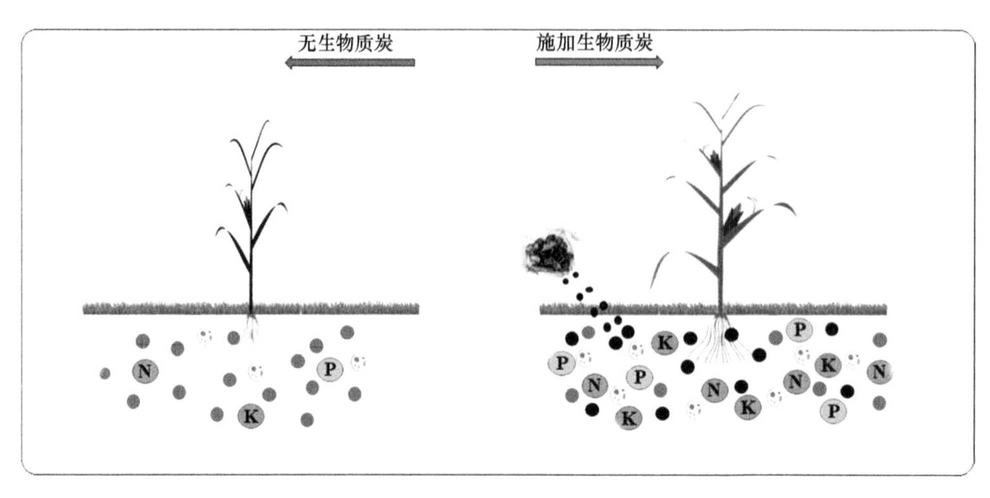

图 6-15　生物质炭促进植物对营养元素的吸收（Khan et al.，2022）

当前，研究者多关注生物质炭与化肥配施提升作物产量的潜能方面，生物质炭与化肥配施增效作用的内在机理还需要进一步的研究。有研究表明，生物质炭可以提高作物对氮素的保留和利用效率（Shi et al.，2020），即以膨润土、海泡石等黏土矿物为主要原料，将尿素与生物质炭混合制备得到颗粒状生物质炭-矿物尿素复合材料，通过 FTIR、SEM-EDS 和 STEM 等微观分析方法及土柱试验和盆栽试验，与常规尿素肥料进行了比较。微观分析表明，在生物质炭-矿物尿素复合材料中，尿素氮与生物质炭和黏土矿物的颗粒表面结合。在超过 30 天的浸出试验中，生物质炭-矿物尿素复合材料对累积氮（以 NH_4^+-N 计）和溶解性有机碳的释放量分别比常规尿素显著减少 70%和 8%。在 50 天的盆栽玉米试验中，与常规尿素相比，在生物质炭-矿物尿素复合材料条件下，茎鲜重增加了 14%，根鲜重增加了 25%。总之，生物质炭对作物生长和产量的正向影响与生物质炭的来源和功能有关，也与生物质炭的应用条件和方式密不可分。只有做到“因地制宜、对症下药”，才能发挥出生物质炭在农业土壤管理方面的优势作用。

6.3　生物质炭对农作物经济效益的影响

利用秸秆源生物质炭进行还田改土，不仅具有提升作物产量的作用，而且能够产生明显的环境效益，现已成为当今国内外农业领域的研究热点。经济效益是生产生物质炭的商家必须考虑的关键因素，同时，将当地生产的农作物秸秆制备的生物质炭施入土壤后，可产生明显的碳封存效益和农业增产效益，政府可以通过生物质炭产生的经济收益，调控下游的生物质炭生产商家和农户的经济收入（Cui et al.，2019）。

生物质炭含有的营养元素、施加生物质炭对土壤产生的影响都与生物质炭来源、热解温度、土壤性质及种植的作物种类有关。不同原料、不同温度热解产生的生物质炭，不仅对土壤生态系统产生复杂的影响，也可直接或间接地对田间作物的生长和发育产生深远的影响。生物质炭对作物生长和产量的影响效果多种多样、因素复杂，也有些研究表明将生物质炭施加到土壤中对作物生长和产量有消极的影响，这导致了生物质炭在农业生产推广上受到一定程度的影响。例如，将生物质炭施加到棉花田中可显著提升产量和经济效益，但要注意施入量，施入量过多会对棉花的生产力和经济效益产生消极的作用（Wang et al.，2019）。目前，生物质炭对植物生长响应、水分和养分吸收及转运所涉及的信号转导和代谢途径等一系列内在影响机制缺乏研究，尤其是生物质炭与植物细胞增殖等细胞生物学特征相关的理解较为缺乏，因此对生物质炭施加到农田的长期效应需要更细致地研究。对生物质炭促进作物生长的多方面探究将有助于化肥减施，还可以降低农户对农资的投入、提高产出效益，也可进一步减少由于肥料使用而产生的气体排放、秸秆焚烧等环境污染问题。

参 考 文 献

黄连喜, 魏岚, 刘晓文, 等. 2020.生物炭对土壤-植物体系中铅镉迁移累积的影响. 农业环境科学学报, (10): 2205-2216.

李毅, 冯浩, 梁嘉平, 等. 2022, 土壤属性和作物生长对生物质炭施用的响应和反馈研究进展.水土保持学报, 36(5): 9-16.

凌遵学, 张取仁. 2019. 生物炭基尿素对棉花性状、产量及经济效益的影响.安徽农学通报, 25(6): 58-60.

刘国玲, 王宏伟, 蒋健, 等. 2016. 生物质炭对郑单 958 生理生化指标及产量的影响.玉米科学, 24: 105-109.

卢强, 武沛然, 李健, 等. 2022. 减氮施加生物炭对盐碱胁迫下甜菜根际土壤酶活性、根活力及产量的影响. 中国土壤与肥料, (12): 1-10.

陆海燕, 刘杰, 孙彬, 等. 2016. 生物炭对土壤的改良作用及对种植业的影响.现代农业科技, (1): 248-250, 254.

吴迪, 袁鹤翀, 顾闻琦, 等. 2022. 生物炭介导的连作大豆光合生理代谢及产量响应.农业环境科学学报, (1): 1-10.

吴锁智. 2022. 减氮配施生物炭调控旱作小麦生产力及土壤质量的技术研究. 杨凌: 西北农林科技大学硕士学位论文.

Adu M O, Asare P A, Yawson D O, et al. 2017. Quantifying variations in rhizosheath and root system phenotypes of landraces and improved varieties of juvenile maize. Rhizosphere, 3: 29-39.

Agegnehu G, Srivastava A K, Bird M I. 2017. The role of biochar and biochar-compost in improving soil quality and crop performance: A review. Applied Soil Ecology, 119: 156-170.

Ahmad M, Rajapaksha A U, Lim J E, et al. 2014. Biochar as a sorbent for contaminant management in soil and water: A review. Chemosphere, 99: 19-33.

Alkharabsheh H M, Seleiman M F, Battaglla M L, et al. 2021. Biochar and its broad impacts in soil quality and fertility, nutrient leaching and crop productivity: A Review. Agronomy-Basel, 11: 29.

Bagreev A, Bandosz T J, Locke D C. 2001. Pore structure and surface chemistry of adsorbents obtained by pyrolysis of sewage sludge-derived fertilizer. Carbon, 39: 1971-1979.

Bernier G, Perilleux C. 2005. A physiological overview of the genetics of flowering time control. Plant Biotechnology Journal, 3: 3-16.

Bolan N, Hoang S A, Beiyuan J, et al. 2022. Multifunctional applications of biochar beyond carbon storage. International Materials Reviews, 67(2): 150-200.

Cui F, Zgeng H, Chen P, et al. 2019. The benefit analysis of economy, carbon sequestration about straw biochar technology: A case in Weihai. Periodical of Ocean University of China, 49: 129-133.

Cui L, Liu Y, Yan J, et al. 2022. Revitalizing coastal saline-alkali soil with biochar application for improved crop growth. Ecological Engineering, 179: 106594.

Dai Y, Zheng H, Jiang Z, et al. 2020. Combined effects of biochar properties and soil conditions on plant growth: A meta-analysis. Science of The Total Environment, 713: 136635.

Devau N, Cadre L E, Hinsinger P, et al. 2009. Soil pH controls the environmental availability of phosphorus: Experimental and mechanistic modelling approaches. Applied Geochemistry, 24: 2163-2174.

Farhangi-Abriz S, Ghassemi-Golezani K. 2023. Improving electrochemical characteristics of plant roots by biochar is an efficient mechanism in increasing cations uptake by plants. Chemosphere, 313: 137365.

Feng Q, Wang B, Chen M, et al. 2021a. Invasive plants as potential sustainable feedstocks for biochar production and multiple applications: A review. Resources, Conservation and Recycling, 164: 105204.

Feng W, Yang F, Cen R, et al. 2021b. Effects of straw biochar application on soil temperature, available nitrogen and growth of corn. Journal of Environmental Management, 277: 111331.

Gago J, Carriquí M, Nadal M, et al. 2019. Photosynthesis optimized across land plant phylogeny. Trends in Plant Science, 24(10): 947-958.

Guo L L, Yu H W, Kharbach M, et al. 2021. The response of nutrient uptake, photosynthesis and yield of tomato to biochar addition under reduced nitrogen application. Agronomy-Basel, 11: 14.

He M, Wang L, Lv Y, et al. 2020a. Novel polydopamine/metal organic framework thin film nanocomposite forward osmosis membrane for salt rejection and heavy metal removal. Chemical Engineering Journal, 389: 124452.

He Y H, Yao Y X, Ji Y H, et al. 2020b. Biochar amendment boosts photosynthesis and biomass in C(3)but not C(4)plants: A global synthesis. Global Change Biology Bioenergy, 12(8): 605-17.

Hussain M, Farooq M, Nawaz A, et al. 2017. Biochar for crop production: Potential benefits and risks. Journal of Soils & Sediments, 17(3): 685-716.

Jabborova D, Ma H, Bellingrath-Kimura S D, et al. 2021. Impacts of biochar on basil(*Ocimum basilicum*)growth, root morphological traits, plant biochemical and physiological properties and soil enzymatic activities. Scientia Horticulturae, 290: 110518.

Jiang T, Wen L, Guo Y, et al. 2017. Effects of biochar and nitrogen fertilizer application on nitrogen nutrition in leaves and seed quality of tree peony. Chinese Journal of Applied Ecology, 28: 2939-2946.

Joseph S, Cowie A L, Van Z L, et al. 2021. How biochar works, and when it doesn't: A review of mechanisms controlling soil and plant responses to biochar. Global Change Biology Bioenergy, 13(11): 1731-1764.

Kamran M A, Bibi S, Cgen B. 2022. Preventative effect of crop straw-derived biochar on plant growth in an arsenic polluted acidic ultisol. Science of The Total Environment, 812: 151469.

Khan Z, Fan X, Khan M N, et al. 2022. The toxicity of heavy metals and plant signaling facilitated by biochar application: Implications for stress mitigation and crop production. Chemosphere, 308: 136466.

Lager I, Andreasson O, Dunbar T L, et al. 2010. Changes in external pH rapidly alter plant gene expression and modulate auxin and elicitor responses. Plant Cell and Environment, 33: 1513-1528.

Liao W X, Drakej J, Thomas S C. 2022. Biochar granulation enhances plant performance on a green roof substrate. Science of the Total Environment, 813: 152638.

Liao X, Niu Y, Liu D, et al. 2020. Four-year continuous residual effects of biochar application to a sandy loam soil on crop yield and N_2O and NO emissions under maize-wheat rotation. Agriculture, Ecosystems & Environment, 302: 107109.

Liu M, Ke X, Joseph S, et al. 2022. Interaction of rhizobia with native AM fungi shaped biochar effect on soybean growth. Industrial Crops and Products, 187: 115508.

Liu Y, Li Z H, Zou B, et al. 2017. Research progress in effects of biochar application on crop growth and synergistic mechanism of biochar with fertilizer. The Journal of Applied Ecology, 28: 1030-1038.

Ma B L, Dwyer L M. 1998. Nitrogen uptake and use of two contrasting maize hybrids differing in leaf senescence. Plant and Soil, 199: 283-291.

Mukherjee A, Lal R. 2014. The biochar dilemma. Soil Research, 52: 217-230.

Nan Q, Wang C, Wang H, et al. 2020. Biochar drives microbially-mediated rice production by increasing soil carbon. Journal of Hazardous Materials, 387: 121680.

Natasha N, Shahid M, Khalid S, et al. 2022. Influence of biochar on trace element uptake, toxicity and detoxification in plants and associated health risks: A critical review. Critical Reviews in Environmental Science and Technology, 52: 2803-2843.

Nath H, Sarkar B, Mitra S, et al. 2022. Biochar from Biomass: A review on biochar preparation its modification and impact on soil including soil microbiology. Geomicrobiology Journal, 39: 373-388.

Ren H, Warnock D D, Tiemann L K, et al. Evaluating foliar characteristics as early indicators of plant response to biochar amendments. Forest Ecology and Management, 489: 119047.

Shi W, Ju Y, Bian R, et al. 2020. Biochar bound urea boosts plant growth and reduces nitrogen leaching. Science of the Total Environment, 701: 134424.

Sifton M A, Lim P, Smith S M, et al. 2022. Interactive effects of biochar and N-fixing companion plants on growth and physiology of *Acer saccharinum*. Urban Forestry & Urban Greening, 74: 127652.

Spokas K A, Cantrell K B, Novak J M, et al. 2012. Biochar: A synthesis of its agronomic impact beyond carbon sequestration. Journal of Environmental Quality, 41: 973-989.

Sun P, Chen Y Y, Liu J X, et al. 2022. Quantitative evaluation of the synergistic effect of biochar and plants on immobilization of Pb. Journal of Environmental Management, 316: 115200.

Viger M, Hancock R D, Migiettal F, et al. 2015. More plant growth but less plant defence? First global gene expression data for plants grown in soil amended with biochar. Global Change Biology Bioenergy, 7: 658-672.

Wang X, Li Y, Feng H, et al. 2023. Combining biochar with cotton-sugarbeet intercropping increased water-fertilizer productivity and economic benefits under plastic mulched drip irrigation in Xinjiang, China. Industrial Crops and Products, 192: 116060.

Yan H, Cong M, Hu Y, et al. 2022. Biochar-mediated changes in the microbial communities of rhizosphere soil alter the architecture of maize roots. Frontiers in Microbiology, 13: 1023444.

Ye L L, Camps-Arbestain M, Shen Q H, et al. 2020. Biochar effects on crop yields with and without fertilizer: A meta-analysis of field studies using separate controls. Soil Use and Management, 36: 2-18.

Zhang H, Huan Y, Liu G, et al. 2010. Effects of biochar on corn growth, nutrient uptake and soil chemical properties in seeding stage. Ecology and Environmental Sciences, 19: 2713-2717.

Zhang Q, Song Y, Wu Z, et al. 2020. Effects of six-year biochar amendment on soil aggregation, crop growth, and nitrogen and phosphorus use efficiencies in a rice-wheat rotation. Journal of Cleaner Production, 242: 118435.

Zhang W, Guan X, Huang Y, et al. 2015a. Biological effects of biochar and fertilizer interaction in soybean plant. Acta Agronomica Sinica, 41: 109-122.

Zhang W, Guan X, Huang Y, et al. 2015b. Biological effects of corncob-derived biochar on soybean plants. Journal of Agro-Environment Science, 34: 391-400.

Zhang W, Meng J, Wang J, et al. 2013. Effect of biochar on root morphological and physiological characteristics and yield in rice. Acta Agronomica Sinica, 39: 1445-1451.

第 7 章　生物质炭的固碳减排效应

生物质炭施加于土壤中，会与土壤中多相物质发生复杂的界面反应。一方面，生物质炭的施加会促进稳定性碳的形成；另一方面，生物质炭可引发土壤碳的激发效应，其叠加后的净效应会导致体系中土-气界面碳净通量（主要包含 CO_2、CH_4 或 N_2O）发生变化。近年来，有关生物质炭固碳效应的研究掀起了一股热潮。已经有一些研究学者对生物质炭在土壤生态系统中的固碳潜力进行了评估，初步证明生物质炭具有巨大的固碳潜力。土壤的理化性质、生物学特性及环境条件等外在因素都会影响土壤中生物质炭的固碳效果，当然，生物质炭本身的性质也是影响其固碳效果的重要因素之一。研究表明，生物质炭的固碳效应取决于其在土壤生态系统中的稳定性，而生物质炭包含氧化态碳结构物质和许多具有异质化学特性的物质，它们以脂肪族碳形态在土壤中被快速矿化，转变为无机碳，这就导致了生物质炭在环境中会被降解。然而，生物质炭诱导的土壤 CO_2、CH_4 或 N_2O 净通量变化及其对固碳潜力的定量贡献尚不明确。同时，生物质炭在土壤中的固碳情况与土壤性质（土壤类型、农耕措施）和生物质炭性质（生物质来源、结构、稳定性）密切相关。这些因素单独作用及其复合效应对土壤-生物质炭固碳减排潜力的影响机制尚不完全清楚。阐明土壤-生物质炭固碳减排的影响因素、作用机制和总体潜力，对于预测生物质炭在环境中的行为、应用生物质炭碳汇功能实现碳中和具有重要的意义。本章将主要介绍生物质炭固碳的基本原理、土壤-生物质炭系统固碳减排效果的影响因素及作用机制，并通过对以往研究的总结，发现存在的科学问题，并提出相应的解决方案。

7.1　生物质炭对土壤碳的固持作用

为应对全球气候变化，减轻温室效应及其带来的自然灾害，发展碳捕获和封存（carbon capture and storage，CCS）技术已经刻不容缓。CCS 技术是通过捕集大气中 CO_2 并安全地存储于地质结构层中，降低大气中 CO_2 浓度，同时实现土壤碳的储存。因此，该项前沿技术已经被列入《“十二五”国家碳捕集利用与封存科技发展专项规划》之中。然而，现阶段的 CCS 技术主要以深海储存和地质储存为主，这两种储存方式的成本过高，难以在短时间内推广应用。生物质炭中的多芳香环结构在生物化学方面具有极高的热稳定性（Schmidt et al.，2000），能够以稳定碳形式储存在土壤中（Cheng et al.，2006），因此，生物质炭被认为是颇为有效的固碳减排材料。近年来，生物质炭因其优越的结构和可持续性功能，在提高土壤有机碳含量等方面受到了广泛的关注（Lan et al.，2021）。生物质炭是将植物通过光合作用从大气中吸收的 CO_2 固定转化为碳的一种更稳定形式——木炭，将其直接添加到土壤中能直接增加土壤碳含量。相关研究人员曾对秸秆焚烧量转化为生物质炭的固碳量进行了估算，结果表明，如果将每年焚烧的秸秆用于制备生物质炭，能减少约一半的碳排放量（Cheng et al.，2006）。Lehmann 等（2021）提出以生物质炭作为土壤改良剂，研究结果表明，生物质炭的施加既能减少温室气体的排放，又能快速提升土壤肥力。生物质炭的出现提供了将生物能源（发电）转变为负碳产业的新模式，有望成为减缓气候变化的有效措施之一。生物质炭由于具有固定大气 CO_2 的功能，近年来受到人们的关注。作为一种新兴的技术，生物质炭的应用是人类改善土壤生态环境与应对全球气候变化的一条重要途径。随着对生物质炭研究的深入，其在全球碳生物地球化学循环、气候变化、土壤改良和环境保护中的重要作用日趋体现，生物质炭已成为土壤学、农学、地学、环境科学和大气科学研究的热点。

生物质炭能够通过影响微生物群落结构及生长来调控土壤碳库。其主要表现在以下几个方面。

（1）生物质炭能够为土壤中微生物的生长提供适宜的土壤生境，这主要是由于生物质炭具备提升土壤养分有效性、提高土壤缓冲能力、吸附固定重金属及降解有机污染物的功能。然而，微生物的增加并不一定会增加土壤中碳的含量，因为微生物增加后因呼吸作用而引发的碳排放也会随之增加，因此碳损失与碳固存之间的动态平衡仍需进一步评估。生物质炭引起的微生物异养呼吸的变化、群落结构的变化以及微生物丰度的变化，都是评估生物质炭对于 CO_2 减排和碳固存的关键参数。Li 等（2018）研究了施用生物质炭对竹林土壤理化性质和微生物特性的影响，并探究这些因素是如何在生物质炭介导下引起土壤异养呼吸变化。研究结果表明，生物质炭的施用显著降低了土壤异养呼吸作用，同时也抑制了土壤中降解有机碳的微生物的活性。另外也有研究表明，生物质炭施加到土壤中反而会增加土壤微生物的呼吸速率，这是由于生物质炭中易分解有机碳施加到土壤中引发了剧烈的正激发效应，从而导致大量的有机质被土壤微生物降解，进而提高土壤中的异养呼吸速率（Tang et al.，2022b）。Xu 等（2021）分析了生物质炭施加后土壤异养呼吸变化，发现生物质炭的性质和施加量、培养的气候条件、暴露方式和培养时间等对土壤微生物的异养呼吸作用均有显著影响。

（2）除能提供给微生物适宜的土壤生境外，生物质炭还具有通过调控相关微生物功能群落，提高土壤微生物固碳能力的作用。Huang 等（2018）通过实时定量聚合酶链反应（quantitative real-time polymerase chain reaction，qPCR）检测发现生物质炭的添加显著增加了水稻土中 *cbbL* 和 *cbbM*、*accC*、*hcd* 基因的丰度，而这些基因分别是参与卡尔文循环、3-羟基丙酸循环、二羧酸-羟基丁酸循环的细菌功能基因；与此同时，冗余分析结果表明，氧化还原电位、化肥投入量、C/N 值和硝态氮含量对固碳微生物丰度也具有显著影响。此外，Ye 等（2017）着重研究了原始生物质炭和两种不同的富含矿物质生物质炭在土壤中培养 140 天后表面细菌群落多样性的变化，结果发现生物质炭表面聚集了大量微生物，富含矿物质的生物质炭提高了生物质炭表面微生物群落多样性，且具有固定 CO_2 能力的化能自养菌占优势地位。

（3）生物质炭可以通过刺激特定酶的表达和活性来提高微生物的固碳效率。Yan 等（2022）研究结果表明，生物质炭的添加使核酮糖-1, 5-二磷酸羧化酶/加氧酶（RuBisCO）基因的相对丰度提高了 13.22%，并且提高了固碳菌群的多样性。生物质炭还抑制了堆肥后期丙酮酸脱氢酶（PDH）、异柠檬酸脱氢酶（IDH）和 α-酮戊二酸脱氢酶（A_KGD）的相对丰度，显著降低了 CO_2 的排放量。

（4）生物质炭除了能够提高微生物固定 CO_2 的能力外，还具有抑制厌氧环境中 CH_4 排放的作用。例如，Wang 等（2019）在一项为期 4 年的水稻种植研究中证明生物质炭的施用确实减少了水稻田中 CH_4 的排放，结果表明在水稻土施用生物质炭显著抑制了产甲烷菌的丰度，但对甲烷营养菌的丰度和活性影响较小，进一步阐明了微生物群落结构变化对降低 CH_4 排放的作用。

然而，关于生物质炭引发土壤碳损失的报道也屡见不鲜，这主要是因为生物质炭中不稳定的碳源在进入土壤后将引发剧烈的正激发效应，刺激土壤微生物对于有机质的降解，从而导致土壤中大量的碳排放。综上所述，本节将重点阐述生物质炭的固碳效果及其对缓解全球气候变化的贡献，同时对土壤生态系统中生物质炭的固碳潜力，以及生物质炭固碳减排的生命周期评估预测与评价方法进行总结。

7.1.1 生物质炭的“负碳”效应

“负碳”效应是指能够净减少大气中 CO_2 等温室气体的现象。负碳技术通常指捕集、储存和利用 CO_2 的技术。实现固碳减排的目标，需要应用负碳技术从大气中移除 CO_2 并将其储存起来，降低温室效应对气候的影响。碳移除可分为两类：一是利用植物的光合作用，将大气中过量的 CO_2 固定在陆地植被中；二是利用现有的技术手段，人为干预大气中的碳含量，加速大气中碳的移除。负碳技术主要包括加强 CO_2 利用、生物质炭改良土壤，以及森林、草原、湿地、海洋、土壤、冻土等生态系统碳汇的固碳等。生物质分解会产生大量的 CO_2，而生物质炭的“负碳”效应可以理解为，将生物质在无氧或者缺氧条件下热解为含碳量高、化学性质稳定、难以被微生物分解利用的生物质炭，将 CO_2 封存起来，从而将碳从碳循环中脱离出来，阻止碳向大气中释放。Zabaniotou 等（2010）研究结果表明，生物质中一部分碳转化为芳香化稳定结构存在于生物质炭中，即使在适宜的环境下也很难被分解为 CO_2。同时，热解过程中产生的清洁能源可作为化石燃料的替代品，减少废弃有机质对环境的危害。因此，生物质炭因其较高的化学稳定性和含碳量，可长期储存于土壤中，有望作为长期碳汇加以利用。据估计，全球每年生物质炭的产量在 0.05～0.3 Gt（1 Gt=10^9 t），然而每年全球植物初级产量在 60Gt 左右，通过生物质尤其是农业生产的废弃物炭化还田，在提升土壤碳库和减少温室气体排放等方面具有相当大的应用潜力。Lehmann 等（2009）曾提供了一个关于各种生物学碳固定方法的碳成本分析，结果显示，与森林和地质学固碳相比，用生物质炭还田途径固碳具有最小的碳成本，尽管有时可能并无农学效益。

7.1.2 生物质炭的碳捕捉与封存效果

1. 土壤生态系统的碳捕捉与封存

目前主要有三种方式能够减少大气中 CO_2 的浓度，减缓温室效应带来的各种气候变化和自然灾害。第一，减少全球化石燃料的使用量；第二，开发低碳或无碳燃料；第三，通过自然和工程技术手段捕获及封存大气的 CO_2。CO_2 的捕获及封存技术主要包括海洋注射、地质封存及土壤碳的固定。其中，前两者虽然被许多实验研究证明能够有效固定 CO_2，但价格昂贵，目前不具有实际应用价值。而土壤碳的固定是自然存在的环境友好型技术，操作成本低廉，能够有效提高土壤质量、防止水土流失，从而提升土壤肥力，确保食品安全（Zhang et al.，2020）。因此，土壤碳固定技术被认为是一种有效、经济、可持续的碳减排技术。

为明确土壤碳固定技术的重要作用，土壤碳库容量及碳固存机制的研究显得尤为重要。陆地碳库的绝大部分碳储存在土壤生态系统中，地表土壤碳含量约为 2500 Pg（1 Pg=10^{15} g），仅次于最大的海洋生态系统碳库。作为全球最重要的碳库，陆地生态系统的碳库碳含量分别为大气碳库（760 Pg）的 3.3 倍、生物碳库（560 Pg）的 45 倍。庞大的土壤碳库容量，即使是土壤有机碳的微小变化，也将对全球碳循环和气候变化产生巨大影响。土壤碳库主要包括无机碳库和有机碳库，其中 1550 Pg 为土壤有机碳库，950 Pg 为土壤无机碳库（Srivastava et al.，2012）。土壤无机碳通常较为稳定，周转时间长；有机碳则比较活跃，是全球碳循环的核心与研究热点，可以通过外源物质施加、土壤呼吸等途径与周围环境进行交换。有机碳库通常可以划分为活性有机碳库和惰性有机碳库。活性有机碳库容量比较小，有机质在几年或几十年间就能发生降解；惰性有机碳库是稳定的碳库，可以在土壤中保存几百年甚至上千年。因此，增加土壤有机碳库，尤其是惰性有机碳库的含量，是土壤碳固定技术的核心问题。

在全球土壤生态系统碳库中，农田土壤生态系统碳库有着独特的优势，那就是可以被人为干扰，从而在较短时间内调节大气中的 CO_2 浓度，这也就意味着研发农田土壤生态系统的碳固存技术对全球土壤生态系统碳库具有重大意义。根据文献调查，全球范围内的农田土壤碳捕捉收集潜力为 20 Pg，在近 30 年内土壤碳捕捉收集潜力的年平均速率达到了（0.9+0.3）Pg，美国与欧盟的农田土壤碳每年捕捉收集潜力分别为 107 Tg（1 Tg=10^{12}g）和 90～120 Tg。世界农田土壤的碳捕集潜力为每年全球大气 CO_2 总量增加值的 1/4～1/3。从这些数据可以看出，农田土壤生态系统的碳捕捉与固存对于缓解全球温室效应具有重要的作用。因此，如何增加农田土壤惰性有机碳库的含量、提高农田土壤生态系统的固碳潜力是未来研究的重点。

2. 生物质炭的固碳潜力

生物质炭能够显著缓解温室效应、减轻气候变化，对农田土壤碳的固存具有巨大潜力，因此生物质炭的固碳潜力评估受到了国内外学者的广泛关注。目前，对生物质炭的固碳潜力评估主要应用生命周期评价方法（life cycle assessment，LCA）。

利用生命周期评价方法对生物质炭还田技术缓解全球气候变化的作用进行评估可以发现，通过生物质炭实现土壤碳减排，效果极为显著，除此之外，生物质炭的施加同时影响其他土地效应（包括温室气体减排和作物增产等）。以我国农业系统为例，目前主要的生物质资源储量总量为 73.42 Pg，其中农作物秸秆为 9.39 Pg，薪柴和林木为 9.24 Pg，畜禽粪便为 39.26 Pg，城市有机垃圾为 15.53 Pg。农业生物质的有效固碳潜力为 16.17×10^8 Pg，用秸秆、林木、粪便、有机垃圾为原料制备生物质炭也可以带来经济收益。例如，苏格兰地区使用生物质热解炭化系统每年 CO_2 减排效果能够达到 0.4～2.0 Tt 的，预计到 2050 年减排效果将增加到 1.5～4.8 Tt（Ahmed et al.，2012）。以上研究证明了生物质炭还田技术的固碳潜力是十分巨大的。尽管现阶段关于生物质炭固碳减排的估算研究已经发展了一段时间，但是存在一个共性问题：多数研究是针对玉米、大豆等旱田土壤生态系统，而关于水稻田土壤的研究非常少。众所周知，世界上最大的人工湿地生态系统就是稻田土壤生态系统，也是我国典型的农业生态系统，我国水稻种植面积约为 3021.32 万 hm^2，占粮食种植面积的 27%，并且水稻土壤中有机碳含量很高，其固碳倾向明显，且有着很大的固碳潜力。综上可知，水稻土壤固碳减排技术的相关研究对于提高农田土壤的固碳减排能力和农业可持续发展，即减轻全球因温室效应带来的气候变化和自然灾害有着重大意义。因此，我国研究者更应加强水稻土壤生态系统生物质炭还田固碳技术及其固碳潜力的科学评估研究，以明确其对于我国应对气候变化所能发挥的作用。

7.1.3 生物质炭固碳减排的生命周期评估

探究生物质炭从生产到应用过程中对环境的影响，可以采取生命周期评价的方法。生命周期评价过程通常包含目标与范围的确定、生命周期清单分析及生命周期影响评价 3 个步骤：

（1）目标和范围的确定：进行生命周期评价的第一步，就是确定研究的目标、功能单位和系统边界。功能单位是生命周期评价的关键要素，并且在量化所比较的产品或系统的环境影响时扮演着不可缺失的角色。系统边界明确了生命周期评价所分析的范围、确定研究过程，以及在进行分析时需要考虑的物质流与能量流。

（2）生命周期清单分析：生命周期清单（life cycle inventory，LCI）就是以所要分析的产品、过程或活动为基点进行数据的编排，同时着重于清单数据的来源和质量，识别和量化与系统边界所明确的范围中相关的能量及物质的施加和输出。这中间就会用到数据的收集和计算程序。生命周期清单是与功能单位相统一，并且特定于研究的系统边界。

（3）生命周期影响评价：生命周期影响评价（life cycle impact assessment，LCIA）将分析来自所研究物质的物质流与能量流，并且将这些流的影响分为各种环境类别。现阶段，国内外有各种生命周期影响评价方法，如 CML、EDIP 和 ReCiPE 等。

目前，已经有很多研究人员采用生命周期评价方法评估生物质炭技术对气候变化的影响。生物质炭的生命周期主要包括制备、运输和施用三个阶段。生命周期评价方法为生物质炭的固碳减排潜力及其对环境影响提供了明确的理论技术及清楚的方法框架。国内外许多研究者对生物质炭减排效应进行了研究，例如，Roberts 等（2010）以三种生物质原料——农作物秸秆、庭院废物、能源作物进行工业规模的慢热解系统模拟，进一步探究了不同原料制备的生物质炭施加于土壤中的物质流与能量流。研究结果表明，由三种原料制备的生物质炭均能够显著降低温室气体的排放量，因此利用生物质原料制备生物质炭是实现固碳减排切实可行的方案。然而值得注意的是，虽然农作物秸秆具有很高的能量产率与固碳减排潜力，但是考虑到碳补偿和运输成本等影响因素，生物质炭固碳减排的经济可行性仍会大幅下降。Kauffman 等（2014）建立了将玉米秸秆快速热解的生命周期评价模型，将其所制备的生物油改造为内燃机燃料，每年可以减少 1.65～14.80 t 的 CO_2 排放。Woolf 等（2010）对全世界可利用的生物质制备为生物质炭过程中温室气体的减少量进行估算，发现影响温室气体排放量的主要因素为生物质原料的采购、运输、热解和利用方式；另外，土壤肥力也是影响生物质炭调控土壤温室气体排放的关键因素之一。要想实现生物质炭可持续利用，至少要同时满足以下几点要求：①所用的生物质可以从农业或林业长期获取，不能造成土壤退化；②能够用作牲畜饲料的农作物秸秆等生物质不可以用来生产生物质炭；③不能开垦新土地；④不能侵占可以种植粮食作物的土地；⑤不能种植有害的生物质。生物质应该种植在不可利用的农业土壤中，这些土地在现阶段不能被转化成其他类型土壤。同时，生物质炭的生产必须形成规范的技术，不能产生大量的烟灰和温室气体的排放，且在生产生物质炭的过程中能够回收能量。据统计，生物质炭的生产每年最多可减少 1.8 Pg 的 CO_2 排放，相当于人为温室气体排放量的 12%（Woolf et al.，2010）。生物质炭在土壤固碳减排中的重要作用日趋体现，已逐渐成为土壤学、农学、地学、环境科学和大气科学研究的热点。Kung 等（2015）对鄱阳湖周边地区进行调查研究，并且以水稻秸秆、玉米秸秆、果园废料等作为生产生物质炭的主要原料，评估了生产生物质炭的温室气体减排效益。研究结果表明，各种原料生产的生物质炭都有固碳减排效果，减排量能够达到 0.92～6.15 t。Ji 等（2018）以河南、江苏、安徽三省的发电工厂为研究对象，对农作物秸秆生产生物质炭、秸秆型煤燃料和进行热电联产的减排效果进行对比，以主要温室气体 CO_2 的排放估算量作为减排效果的表征。研究结果表明，净碳减排量从高到低为：生物质炭生产，秸秆型煤燃料生产，热电联产。结合经济效益评估分析，Ji 等（2018）认为，在中国，生物质炭技术是农业领域最具潜力的技术之一。

生物质炭还田技术的生命周期评价，为探究生物质炭处理技术的能耗、温室气体排放及秸秆还田的经济性，分析生物质废弃物的管理过程、生物质炭还田的碳存储效应、炭化过程能量的产生及添加到土壤中所能减少的温室气体排放等提供了行之有效的分析方法。生命周期评价针对各个阶段的能源消耗及温室气体排放进行数据收集与清单分析，通过对清单分析阶段数据进行定量排序，综合评价生物质炭还田技术对缓解温室效应的作用。此外，利用生命周期评价方法对生物质炭还田技术缓解全球气候变化的作用进行评估可以发现，生物质炭不仅具有显著的固碳减排效果，同时还能有效地促进农作物生长，提高作物产量。因此，生物质炭的固碳效应在缓解气候变化方面十分显著。以玉米秸秆和庭院植被废弃物制备的生物质炭为例，每吨生物质原料产生的碳负效应分别可达–864 kg 和–885 kg，其中 62%～66%与生物质炭的碳持留效应有关（Woolf et al.，2010）。不仅如此，热解产生生物质炭系统比其他生物能源系统能够发挥更大的碳减排效果，其中最大的碳减排贡献来自于生物质炭（4%～50%）（Ji et al.，2018）。以苏格兰地区为例，使用生物质热解炭化系统能够达到 0.4～2.0 Mt 的减排效果，预计到 2050 年减排效果将增加到 1.5～4.8 Mt（Markantoni and Woolvin，2015）。以上研究证明了生物质炭还田技术的固碳潜力十分巨大。

7.2 生物质炭对土壤碳稳定性的影响

在全球生态系统中，土壤碳库是地球陆地生态系统中最大的碳库，其动态变化是影响大气 CO_2 浓度的关键因素。土壤有机碳是通过微生物作用形成的腐殖质、动植物残体和微生物体的统称。土壤有机碳不仅是土壤微生物重要的生物能量源，而且是衡量土壤的健康指标，可通过改善土壤有机碳的方式提高土壤理化性质，实现土壤肥力的提升。土壤有机碳的含量、组成是决定土壤稳定性的关键因素，而土壤有机碳稳定性能够直接反映农田土壤对碳的固定能力。土壤有机碳包括活性有机碳和惰性有机碳，活性有机碳容易被土壤微生物分解利用，生成 CO_2 排放到大气中，导致土壤碳损失。因此，降低土壤活性碳含量是提高土壤稳定性、实现土壤碳固存的方法之一。在复杂的土壤环境中，温度、水分、植被种类、土壤类型、微生物群落组成等都是影响土壤碳稳定的重要因素（Sui et al.，2021）。

土壤有机碳（SOC）稳定性主要从土壤有机碳化学组分、土壤中团聚体的结构及数量、土壤有机碳的迁移转化能力这三个方面来评价。土壤有机碳的稳定性对大气 CO_2 浓度有重大影响。土壤有机碳按照活性分为活性组分有机碳和稳定性组分有机碳，其中活性组分有机碳对环境变化响应快速，如酸水解有机碳（LC）、易氧化有机碳（$KMnO_4$-C）和微生物量碳等。稳定性组分有机碳难以被微生物利用，周转速度慢，有利于土壤固碳。土壤有机碳可以根据提取方法分为活性有机碳和惰性有机碳，活性有机碳约占土壤有机碳含量的 10%～20%，主要成分是碳水化合物，为土壤微生物的生长提供了主要碳源。作为土壤有机碳中较稳定的部分，惰性有机碳主要由木质素、腐殖质等组成，具有难溶解、不易被微生物利用的特点。因此，惰性有机碳在土壤有机碳中的含量可以在一定程度上代表土壤的稳定性，含量越高，稳定性越强。另外，还可以用物理方法将土壤有机碳分为轻组有机碳和重组有机碳。轻组有机碳又可以分为游离态轻组有机碳和体内闭蓄态轻组有机碳，主要在土壤团聚体中分布；重组有机碳一般是与土壤矿物结合的土壤有机碳，腐殖化程度较高。重组有机碳可以代表土壤的稳定性与质量。土壤有机碳矿化是陆地向大气中释放 CO_2 的最大净输出途径，可以通过植被作用对碳的源汇进行判断，土壤有机碳的微量变化将会导致大气圈中 CO_2 浓度的急剧增加。通过添加生物质炭，可以直接或间接地影响有机碳矿化途径，促进土壤固碳，减少 CO_2 排放，具有一定可行性和科研价值。Tang 等（2022a）研究结果显示，生物质炭能够显著提升土壤碳含量，与加入等量的外源有机碳材料相比，生物质炭抑制土壤碳矿化。生物质炭可以通过影响土壤物理、化学和生物性质实现土壤碳的固存，提高土壤稳定性。相比于旱田系统，水田系统好氧微生物丰度低，微生物呼吸作用低，所以水田系统中土壤矿化率低，土壤碳更加稳定。Singh 等（2010）

研究表明，土壤碳氮配比也是影响土壤有机碳矿化的主要因素，减氮 20%配施生物质炭提高了土壤有机碳的稳定性，减少了矿化作用。因此，在生物质炭的应用中应该合理调整碳氮配比，以期实现土壤碳的固存，减缓温室效应。

7.2.1　生物质炭对土壤有机质积累及稳定性的影响及机制

向土壤中施加生物质炭可以直接增加土壤有机质含量。生物质炭含碳量丰富，包括少部分不稳定组分和大部分稳定态组分。因此，生物质炭施加土壤后，易降解有机质会迅速进入土壤溶液，直接补充活性有机质含量供土壤生物吸收利用，促进土壤碳循环进程。而稳定态有机质因其难以被微生物分解而长期储存在土壤环境中，对土壤有机质具有极大的直接贡献，这对丰富土壤有机碳库、提高土壤肥力具有重要积极意义。此外，生物质炭施加土壤后的迁移转化同样可以促进土壤有机质的形成。生物质炭施加对日趋贫瘠的土壤环境来说无疑是经济、便捷且无污染地补充土壤有机碳源的方式和途径。施加生物质炭还有利于土壤腐殖质的形成和稳定。土壤腐殖质是土壤肥力的重要体现指标之一，在土壤碳循环过程中的作用至关重要。三维荧光和核磁共振技术显示，生物质炭的表面结构中存在与土壤腐殖质相似的结构，含有一定量的腐殖质。生物质炭施加到土壤后存在生物氧化与非生物氧化过程，可以经微生物氧化转变为更复杂、稳定的腐殖质，丰富土壤有机碳库。此外，生物质炭特殊的理化性质有助于土壤有机大分子的形成和积累，促使土壤合成更多的腐殖质，丰富土壤碳库，提高土壤肥力，有利于促进土壤动植物生命活动和减缓土壤碳库流失。

生物质炭可以通过改变土壤物理、化学和生物学特性影响土壤有机质的形成。一方面，生物质炭输入土壤后可以增大土壤孔隙度，降低土壤容重，促进土壤团聚体的形成，这些物理性质的改变有利于持留土壤有机质，促进土壤有机质的形成，丰富土壤碳库；另一方面，生物质炭施加会通过改变土壤 pH，提高氧化还原电位，促进 P、K 等营养元素的吸收利用等过程，进而影响土壤有机质的形成和稳定。此外，生物质炭携带的易降解有机质、养分元素和微量元素等会促进土壤植物的吸收利用，提高光合作用速率，合成更多的有机质，进而促进植物根系的生长、根系分泌物的分泌及根际菌根的形成。而施加生物质炭和土壤根系分泌物的增加都会刺激土壤酶活性，有利于土壤微生物的生长和活性的提高，提升土壤微生物量碳含量可为土壤有机碳库补充充足的有机质，有利于土壤有机质的形成和转化。为探究生物质炭对土壤碳周转变化的影响，本团队以腐殖质和生物质炭为研究对象，结合室外土壤培育实验研究连续的自然气候变化条件（冻结、冻融及气候变暖）下，腐殖质、生物质炭及腐殖质-生物质炭联合施用对于贫瘠黑土有机质和有机碳含量的影响，剖析腐殖质、生物质炭及腐殖质-生物质炭联合施用下贫瘠黑土有机质和有机碳周转规律，评估生物质炭应用于黑土区农田土壤的固碳潜力。

研究结果表明，添加生物质炭能够显著提高土壤有机质含量。首先从相同培育时间、不同实验组土壤有机质含量变化来看，在 45 天和 180 天后，低添加量实验组中有机质含量与对照实验组无显著差异（$P>0.05$）；而在 90 天和 135 天后，高添加量实验组中有机质含量相较于对照实验组显著降低（$P<0.05$）。在整个实验周期结束后，添加生物质炭实验组中土壤有机质含量均显著高于对照组，但在施加生物质炭基础上进一步施用液态人工腐殖质则对有机质含量的变化无明显改善（$P<0.05$）。从相同实验组经过不同的培育周期的结果来看，在未添加生物质炭实验组中，随着培育周期的延长，土壤有机质含量持续下降；而对于添加生物质炭的实验组来说，土壤有机质随着培育时间的延长也发生了一定变化，其中，腐殖质-生物质炭（LAHS-BC）混施实验组中土壤有机质含量均随培育周期的延长呈现出先下降后稳定的趋势，但单独添加生物质炭实验组在培育 180 天后土壤有机质含量相较于 135 天仍显著下降（$P<0.05$）。这一结果表明，外源有机物的添加能够有助于缓解气候升温条件下生物质炭所引发的碳损失。

为进一步了解实验过程中有机质的动态变化过程，本研究同时比较了相邻培育期间有机质净增量的具体差异（differences in soil organic matter，V_{SOM}），并通过计算实际和理论有机质增长率以判断在实验过程中是否存在土壤碳损失现象（在计算过程中考虑了由不同剂量腐殖质和生物质炭所导致的直接物理碳增量，其中不同剂量腐殖质的碳施加量分别为 332.42 mg/kg、997.26 mg/kg 和 1994.52 mg/kg，而来自生物质炭的碳施加高达 12 500 mg/kg）（图 7-1）。结果表明，在室外连续冻结培育 45 天后，生物质炭（BC）和腐殖质-生物质炭（LAHS-BC）混施实验组的有机质实际增长率显著高于对照组（CK）有机质的实际增长率（$P<0.05$），且各

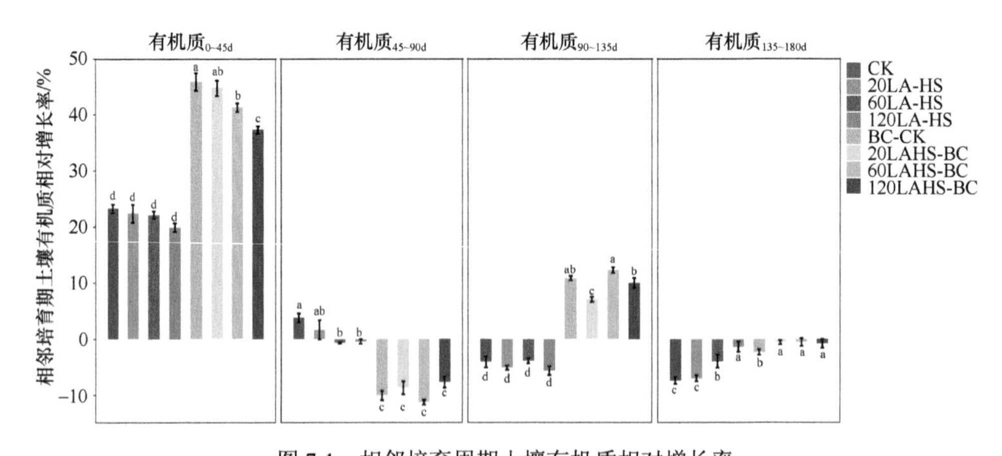

图 7-1　相邻培育周期土壤有机质相对增长率

数据用平均值±标准误差表示，不同字母表示不同培育期实验组间各变量的显著差异（$P<0.05$）

实验组中有机质实际增长率均随液态人工腐殖质剂量的增加而减少，其中腐殖质实验组的有机质增幅最低，仅达 19.92%。而在培育 90 天后，生物质炭和腐殖质-生物质炭混施实验组有机质含量相较于培育 45 天后有机质含量呈现负增长，但在 135 天后已经实现正增长且持续到 180 天后一直保持平衡状态(除 BC 实验组在培育 180 天后有机质再次出现负增长)。相比之下，除腐殖质实验组在培育 180 天后有机质相较于上一个培育阶段的有机质保持不变外，对照、腐殖质实验组中有机质则一直呈负增长状态。同时，实验中还比较了培育 45 天后实际和理论有机质增长率的差异。计算结果表明，除腐殖质实验组外，其他实验组中外源碳施加对土壤有机质的实际增加量均远低于其理论增加量，如腐殖质-生物质炭实验组中有机质理论增幅应为 58.29%，但实际增幅只有 37.29%，这表明在实验过程中碳含量的损失可能来源于所添加的人工炭基材料自身的碳被微生物生长所直接利用，也可能是由于人工炭基材料中活性碳组分引发了微生物降解土壤中原生碳组分。

土壤有机碳是有机质的表现形式之一，其含量变化具体情况如图 7-2 所示。首先比较同一培育期内各实验组土壤有机碳含量的差异，研究结果表明，单一添加不同剂量的液态人工腐殖质对有机碳积累没有显著促进作用（$P>0.05$），这一结果与土壤有机质含量变化趋势一致。而当液态人工腐殖质与生物质炭混施于土壤后，含有较高剂量液态人工腐殖质的实验组中有机碳含量显著高于 BC-CK 实验组（$P<0.05$），且在培育 180 天后，腐殖质-生物质炭实验组中有机碳含量仍显著高于 BC-CK 实验组（$P<0.05$）。从培育周期变化尺度上来看，CK 实验组中有机碳含量基本无明显变化，腐殖质实验组中黑土有机碳含量则基本呈现出逐渐下降的趋势；当液态人工腐殖质剂量提升至 120 mL/kg 时，在经过 180 天培育后有机碳含量相比于培育 135 天后有机碳含量无明显差异（$P>0.05$），即在气候升温条件下施加 120 mL/kg 液态人工腐殖质能够使得土壤有机碳含量保持相对稳定。与之相比，

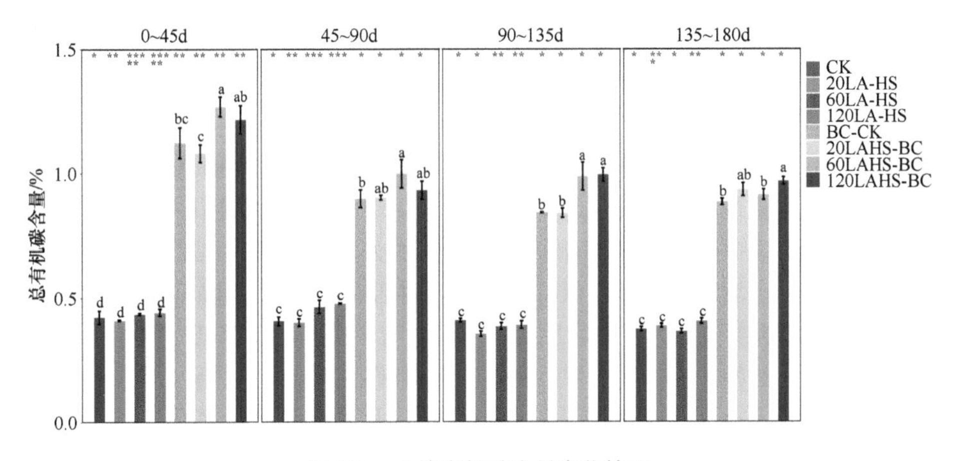

图 7-2　土壤有机碳含量变化情况

BC-CK 实验组和腐殖质-生物质炭实验组中有机碳含量随培育周期的延长和自然气候的变暖呈现先下降后逐渐稳定的趋势（$P<0.05$）。

施用生物质炭引发的有机质和有机碳含量的增加与实际情况下培育 45 天后土壤有机质及有机碳增量结果并不一致，数据表明生物质炭作用下的有机质相对矿化量高达 4.9%，这与生物质炭在低温下制备所形成的结构有关。以往的研究已经表明，在较低温度下制备的生物质炭具有相对不稳定的结构，在本研究中被认为是支持土壤微生物生长代谢的可降解碳源，在实验 45 天后，从土壤中提取出的生物质炭相较于原始生物质炭的相对含碳量显著下降（$P<0.05$）（从 62.52%下降至 58.30%），表明生物质炭结构中部分碳源已被微生物所降解利用。另外，施用生物质炭也改善了土壤理化性质，从而增强了微生物代谢活性，如提高了土壤中有效磷含量等。土壤中有效磷能够进一步被微生物所同化，形成生命物质的结构组分，如细胞壁、大分子核酸等。而在培育 135 天后，土壤有机质及有机碳含量变得稳定，由此可以推断生物质炭的应用稳定了气候变暖过程中的有机质损失。可以推测，在土壤中培育较长时间的生物质炭逐渐老化，其表面极有可能被有机物吸附覆盖，同时生物质炭的孔径结构中也保存有部分土壤有机碳组分，从而阻止了微生物进一步利用碳。XRD 分析证明了这一观点，即在生物质炭表面发现了 $(C_7H_{11}NO_8S_2)_n$ 这一类型的有机物质。在以往研究中通过一套光谱显微镜技术发现生物质炭置于堆肥条件下生物质炭表面会形成一层有机涂层，能够控制生物质炭与水和养分之间的交互作用，与此同时，在未堆肥但在土壤中发生老化现象的生物质炭中也出现了类似的有机涂层现象（Hagemann et al.，2017）。然而，在更长周期的实验中仍可以发现生物质炭对于有机质的积累仍然是不稳定和不可控的，这可以从 180 天后 BC-CK 实验组中土壤有机质含量的显著降低看出，这归因于某些具有降解有机质功能的微生物在这一阶段的重新激活。

7.2.2 生物质炭对溶解性有机质的影响及机制

溶解性有机碳是土壤有机碳的主要活性组分，同时也是微生物生长所需碳源的主要成分。不同实验组在经过不同培育期后溶解性有机碳含量的研究结果表明，溶解性有机碳在实验过程中的变化趋势与有机质和有机碳含量的变化相反。在外源碳添加作用下，土壤中溶解性有机碳含量在培育 45 天和 90 天后大幅下降，这表明在冻结和冻融期内土壤微生物一直保持着新陈代谢活动，且在长期冻结过程中依旧保持着生命活动。这主要归因于生物质炭中溶解性有机分子和盐降低了水的结晶点及结冰状态的晶体结构，而部分微生物则能在高溶解的有机碳库中保持生长活性。

溶解性有机质也是评价土壤生物地球化学过程的关键变量之一。本研究主要通过紫外光谱和荧光光谱评估实验过程中土壤溶解性有机质性质的相关变化。其中，图 7-3 显示了对照、腐殖质、生物质炭及腐殖质-生物质炭四个实验组中土壤经过不同培育时间后溶解性有机质的紫外光谱扫描结果。一般而言，芳香分子中的共轭体系在 200～380 nm 范围内具有最大的吸收率，结果表明在经过不同培育周期及添加不同人工炭基材料后土壤中溶解性有机质的荧光指数（fluorescence index，FI）、腐殖化指数（humification index，HIX）和自生源指数（biological index，BIX）均有较为明显的变化。例如在 LA-HS 实验组中，FI、HIX 和 BIX 的变化范围分别在 1.21（120LA-HS，135 天）～2.03（120LA-HS，45 天），0.95（20LA-HS，45 天）～1.57（120LA-HS，45 天）以及 0.97（120LA-HS，135 天）～1.49（120LA-HS，45 天）。而在 LAHS-BC 实验组中，FI、HIX 和 BIX 的变化范围则分别在 1.44（20LAHS-BC，135 天）～2.07（120LAHS-BC，45 天），1.03（20LAHS-BC，180 天）～2.32（120LAHS-BC，180 天）以及 0.89（20LAHS-BC，180 天）～1.38（120LAHS-BC，135 天）。从以上三个参数变化范围来看，最大值基本都出现在含有高剂量液态腐殖质的实验组中（120LA-HS 或 120LAHS-BC 实验组）。具体来说，FI 最大值为 2.07，出现在培育 45 天后的 120LAHS-BC 实验组中；HIX 最大值为 2.32，出现在培育 180 天后的 120LAHS-BC 实验组中；而 BIX 最大值为 1.49，出现在培育 45 天后的 120LA-HS 实验组中。总的来说，代表溶解性有机质微生物来源的两个重要参数，即 FI 及 BIX 的最大值均出现在含有 120 mL/kg 液态人工腐殖质且仅培育 45 天的实验组中，这表明高剂量的液态人工腐殖质在冻结期能够刺激微生物代谢并增加溶解性有机质中的微生物代谢产物。此外，代表腐殖化程度的 HIX 最高值出现在培育 180 天后的 120LAHS-BC 实验组中，但并没有出现在 BC-CK 实验组中，这一结果表明在变暖气候条件下高剂量液态人工腐殖质的施用仍能促进土壤溶解性有机质的腐殖化程度，提高土壤碳稳定性。

表 7-1　紫外光谱和荧光光谱的具体参数

天数	样品名称	$SUVA_{254}$	FI	HIX	BIX
45 天	CK	0.06	2.09	1.15	1.91
	20LA-HS	0.23	1.76	0.95	1.13
	60LA-HS	0.16	1.64	1.29	1.26
	120LA-HS	0.39	2.03	1.57	1.49
	BC-CK	0.14	1.79	1.24	1.29
	20LAHS-BC	0.20	1.83	1.12	1.08
	60LAHS-BC	0.29	1.79	1.31	1.03
	120LAHS-BC	0.34	2.07	1.28	1.22
90 天	CK	0.12	2.01	1.15	1.04
	20LA-HS	0.17	1.92	1.09	1.15
	60LA-HS	0.18	1.84	1.20	1.23
	120LA-HS	0.37	1.80	1.16	1.29
	BC-CK	0.21	1.62	1.15	1.15

续表

天数	样品名称	$SUVA_{254}$	FI	HIX	BIX
90 天	20LAHS-BC	0.30	1.80	1.14	0.95
	60LAHS-BC	0.20	1.72	1.16	1.12
	120LAHS-BC	0.47	1.64	1.09	1.17
135 天	CK	0.08	1.14	1.08	1.03
	20LA-HS	0.06	1.80	1.09	1.31
	60LA-HS	0.08	1.47	1.18	1.02
	120LA-HS	0.18	1.21	1.18	0.97
	BC-CK	0.10	1.36	1.11	1.05
	20LAHS-BC	0.10	1.44	1.08	1.18
	60LAHS-BC	0.15	1.61	1.13	1.13
	120LAHS-BC	0.28	1.48	1.26	1.38
180 天	CK	0.08	1.35	1.05	0.90
	20LA-HS	0.08	1.26	1.07	1.15
	60LA-HS	0.07	1.23	1.09	1.16
	120LA-HS	0.12	1.48	1.18	1.13
	BC-CK	0.11	1.94	1.15	1.04
	20LAHS-BC	0.10	1.75	1.03	0.89
	60LAHS-BC	0.12	1.49	1.20	1.14
	120LAHS-BC	0.15	1.58	2.32	1.04

注：$SUVA_{254}$、FI、HIX、BIX 分别表示波长为 254 nm 时的比紫外吸收值、荧光指数、腐殖化指数和自生源指数。下同。

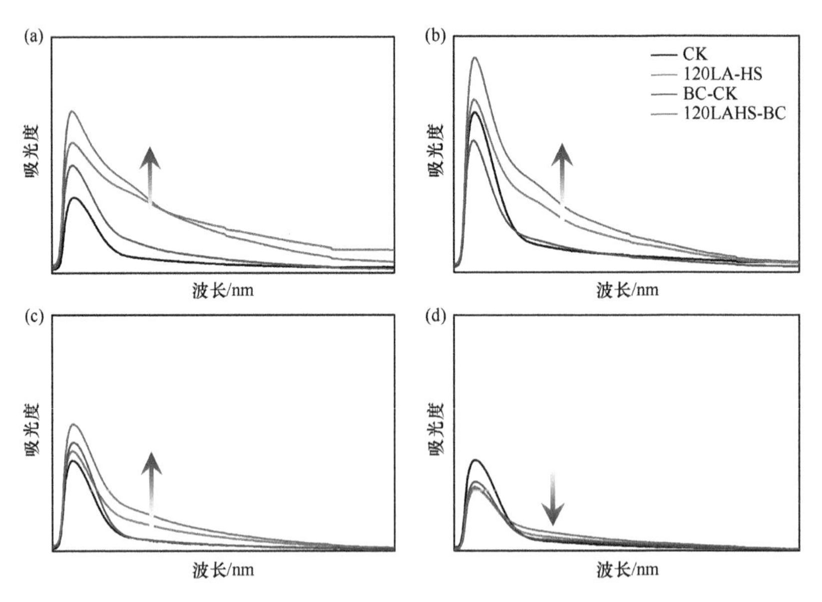

图 7-3　溶解性有机质的紫外光谱扫描结果

（a）～（d）依次为培养 45 天、90 天、135 天和 180 天后的溶解性有机质紫外光谱扫描图依据 Chen 等（2003）、Ishii 和 Boyer（2012）的描述及平行因子分析，可以鉴定出在实验过程中土壤溶解性有机质具有四种荧光组分物质，分别为 Component 1（C1）、Component 2（C2）、Component 3（C3）和 Component 4（C4）（依次对应图 7-4～图 7-7）。其中，C1 的荧光强度以及在总荧光强度中的占比均较低，且在之前的平行因子分析中没有被报道作为峰值。而在其他研究中，该组分被归因于一种未知的来源，可能是多环芳香烃或者是仪器自身所导致的误差（Yamashita et al.，2010），因此，本章研究将不会对 C1 进行讨论。而 C2 和 C3 均归属于类腐殖酸物质，其中，C2（245nm /320nm，388nm）被鉴定为 UVC 及 UVA 海洋类腐殖质物质（A+M，主要由分子质量较大的非水溶性化合物之间的化合物组成），而 C3（245nm/360nm，442nm）被鉴定为 UVA 及 UVC 类腐殖质物质（A+C，主要由更大的聚合物类疏水化合物组成），而 C4（270nm，304nm）则被鉴定为是可溶性的微生物产物。在下文中将逐一对这几类荧光物质进行具体分析，主要包括最大荧光强度的变化，以及在总荧光强度中的占比变化。

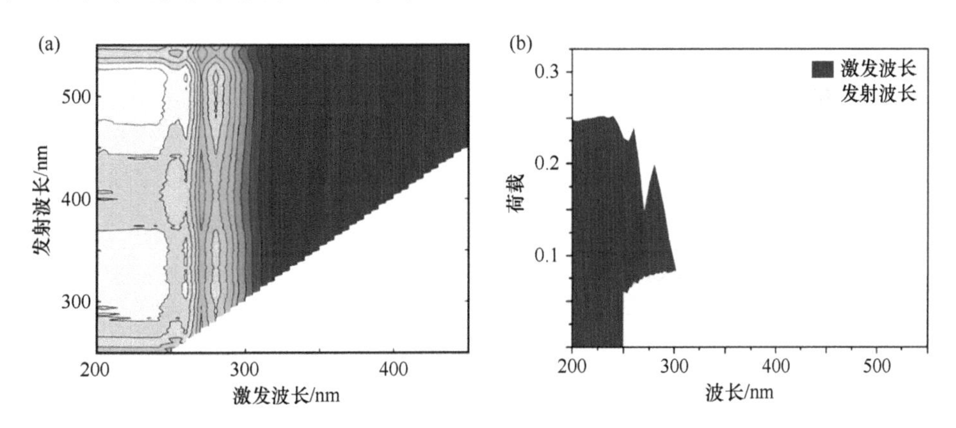

图 7-4　溶解性有机质中 C1 荧光组分的荧光光谱

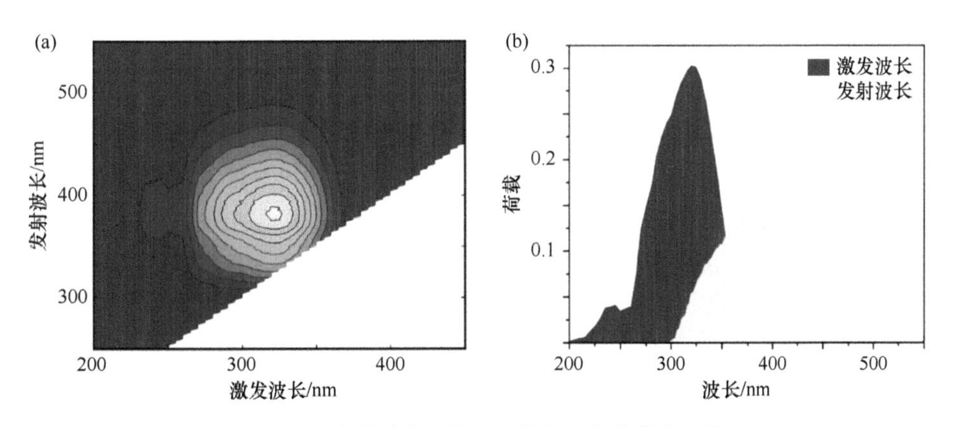

图 7-5　溶解性有机质中 C2 荧光组分的荧光光谱

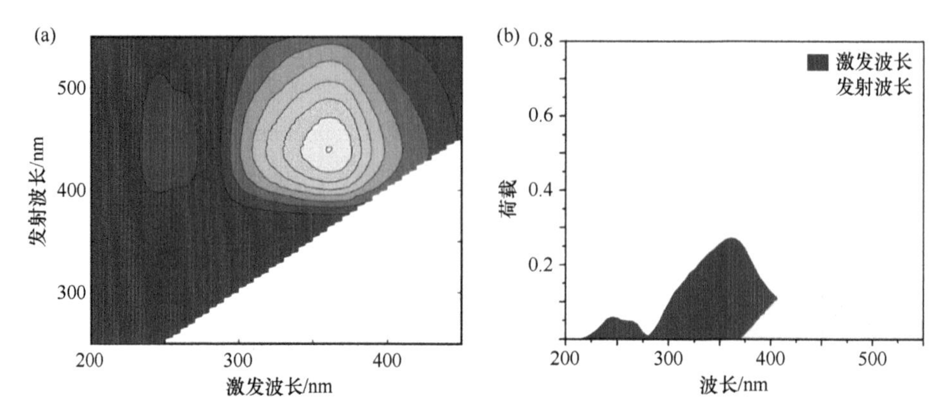

图 7-6 溶解性有机质中 C3 荧光组分的荧光光谱

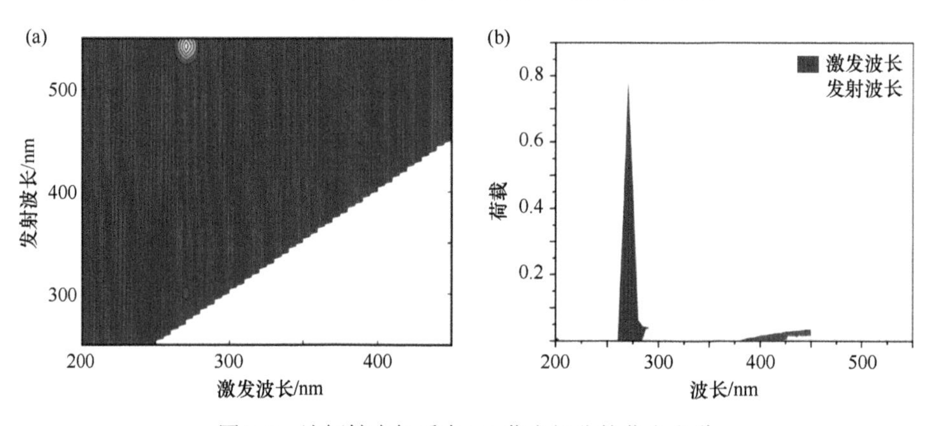

图 7-7 溶解性有机质中 C4 荧光组分的荧光光谱

溶解性有机质中 4 种被鉴定出的荧光物质的最大荧光强度（maximum fluorescence intensity，F_{max}）发生了较为明显的变化，尤其是 C2 和 C3 的 F_{max}。土壤溶解性有机质各荧光组分 F_{max} 及总荧光强度变化的实验结果表明，在同一培育周期，不同实验组之间溶解性有机质的总荧光强度存在差异，且无论是只施加液态人工腐殖质或者与生物质炭混施，总荧光强度均随液态人工腐殖质施加剂量的增加而逐渐增加。另外，各实验组中土壤溶解性有机质的总荧光强度也随着培育周期，即气候条件的变化而发生变化，其中对照和生物质炭（BC-CK）实验组中溶解性有机质的总荧光强度基本呈逐渐增加的趋势，而腐殖质（LAHS）实验组中溶解性有机质的总荧光强度则在培育 90 天后达到峰值，随后逐渐下降。相比之下，腐殖质（LAHS）实验组中总荧光强度呈现持续下降的状态。腐殖质-生物质炭（LAHS-BC）实验组中土壤溶解性有机质的总荧光强度变化趋势基本一致，均呈现先下降后增加的趋势，且在培育 135 天后达到最低值。

从相同培育周期下 C2、C3 及 C4 三个荧光组分的最大荧光强度随液态人工腐殖质剂量的变化情况来看，各组分均有不同的变化趋势。其中，同一培育周期下，在对照以及 LAHS 四个实验组中，60LA-HS 实验组中溶解性有机质的 C2 F_{max} 和 C3 F_{max} 始终高于其他实验组。而在土壤中添加生物质炭后，C2 F_{max} 和 C3 F_{max} 变化趋势则会发生明显改变，具体表现为在培育 45 天、90 天和 135 天后，施加生物质炭的 4 个实验组中土壤溶解性有机质 C2 F_{max} 和 C3 F_{max} 均随着液态人工腐殖质剂量的增加而逐渐上升，但在培育 180 天后，60LAHS-BC 实验组中溶解性有机质的 C2 F_{max} 和 C3 F_{max} 值最大，由此可以看出 C2 F_{max} 和 C3 F_{max} 值在整个实验周期内并不是一直随液态人工腐殖质剂量的增加而增加。而对于 C4 组分来说，同一培育期内，在对照（CK）和 LA-HS 实验组中，相同培育期下 C4 F_{max} 也表现出与上述一致的变化趋势，即随着液态人工腐殖质剂量的增加先降低后升高，最高值出现在对照实验组中。而在 BC-CK 及 LAHS-BC 实验组中，溶解性有机质 C4 F_{max} 呈现出先降低后升高的趋势，但最大值基本出现在 BC-CK 实验组中。从相同实验组中土壤溶解性有机质各荧光组分最大荧光强度随培育周期不断延长而发生的变化来看，C2 F_{max} 和 C3 F_{max} 变化趋势较为相似，具体表现为除对照和 60LAHS-BC 实验组外，其余实验组溶解性有机质的 C2 F_{max} 和 C3 F_{max} 均随着培育期的延长呈先升高后降低的趋势，且在培育 90 天后达到最大值。相比之下，对照实验组中溶解性有机质的 C2 F_{max} 和 C3 F_{max} 则随培育时间的增加而增加，而 60LAHS-BC 实验组中 C2 F_{max} 和 C3 F_{max} 则呈现先减少后增加的趋势。对于 C4 组分来说，各实验组中 C4 F_{max} 也随着培育周期的变化而变化，其中在对照和 LA-HS 实验组中，除 60LA-HS 实验组中溶解性有机质的 C4 F_{max} 随培育时间的延长呈下降趋势外，其余三个实验组（CK、20LA-HS 和 120LA-HS 实验组）中 C4 F_{max} 均呈现先下降、随后增加、最后下降的趋势。在 BC-CK 和 LAHS-BC 实验组中，C4 F_{max} 表现出随着培育周期的变化先下降后上升的趋势，其中最低值出现在培育 90 天或 135 天后，最大值出现在连续培育 180 天后。

同时，本文还对各组分 F_{max} 占总荧光强度相对比例的变化情况进行了具体分析，以观察各组分最大荧光强度对于溶解性有机质腐殖化过程的具体贡献。经过相同培育周期，不同实验组中土壤溶解性有机质各组分 F_{max} 占总荧光强度相对比例的变化如下：在同一培育周期内，LA-HS 和 LAHS-BC 实验组中溶解性有机质的 C2 F_{max} 和 C3 F_{max} 占总荧光强度比例均大于对照和 BC-CK 实验组，而 LA-HS 和 LAHS-BC 实验组中 C4 F_{max} 占总荧光强度则都小于对照和 BC-CK 实验组，这一结果表明在土壤中施加生物质炭能够增强土壤溶解性有机质的抗降解性，并减少土壤溶解性有机质中可溶性微生物产物。而从相同实验组土壤溶解性有机质各组分最大荧光强度占总荧光强度相对比例随培育周期不断延长而发生的变化来看，CK 实验组中溶解性有机质的 C2 F_{max} 占总荧光强度的比例随培育周期的延长而逐渐提高。相比之下，C4 F_{max} 占总荧光强度比例则随着培育周期的延长逐渐变小，这一结果表明对照实验组中微生物产物不断增加。而在 LA-HS 实验组中，C2 F_{max}、C3 F_{max} 和 C4 F_{max} 占总荧光强度比例随培育周期延长而发生的变化具有相似性，如 C2 F_{max} 和 C3 F_{max} 占总荧光强度比例呈现出先上升后下降的规律，且均在培育 90 天后达到最大值（即经过冻结期和冻融循环培育后），而 C4 F_{max} 占总荧光强度比例呈现出先下降后上升的趋势。LA-HS 实验组中 C3 F_{max} 和 C4 F_{max} 占总荧光强度比例的变化趋势则与上述不一致，其中 C3 F_{max} 占总荧光强度比例呈现先上升、后下降、最后再上升的趋势，而 C4 F_{max} 占总荧光强度比例则随着培育周期的变化，与 C3 F_{max} 相对占比的变化规律完全相反。相较于对照和 LA-HS 实验组，BC-CK 及 LAHS-BC 实验组中各组分最大荧光强度占总荧光强度比例的变化则较为规律。四个实验组中 C2 F_{max} 和 C3 F_{max} 占总荧光强度比例均随着培育周期的延长呈现先上升后逐渐下降的规律，且基本在春季增温后达到最小值。

除上述对于各荧光组分最大荧光强度的描述外，与溶解性有机质来源及腐殖化程度相关的一系列数据表明，在经过不同培育周期及添加不同人工炭基材料后，土壤中溶解性有机质的荧光指数（fluorescence index，FI）、腐殖化指数（humification index，HIX）和自生源指数（biological index，BIX）均有较为明显的变化。FI 最大值为 2.07，出现在培育 45 天后的 LAHS-BC 实验组中；HIX 最大值为 2.32，出现在培育 180 天后的 LAHS-BC 实验组中；而 BIX 最大值为 1.49，出现在培育 45 天后的 LA-HS 实验组中。总的来说，代表溶解性有机质微生物来源的两个重要参数（即 FI 及 BIX）的最大值均出现在含有 120 mL/kg 液态人工腐殖质且仅培育 45 天的实验组中，这表明高剂量的液态人工腐殖质在冻结期能够刺激微生物代谢并增加溶解性有机质中的微生物代谢产物。此外，代表腐殖化程度的 HIX 最高值出现在培育 180 天后的 LAHS-BC 实验组中，但并没有出现在 BC-CK 实验组中，这一结果表明在变暖气候条件下高剂量液态人工腐殖质的施用仍能促进土壤溶解性有机质的腐殖化程度，提高土壤碳稳定性。

以往的诸多研究表明，施加土壤改良剂能够显著提高土壤有机碳含量。例如，Wu 等（2020）在玉米种植条件下连续添加 60 t/hm^2 猪粪和牛粪的混合堆肥后，有机碳含量（30.0 g/kg）比添加 30 t/hm^2 粪和牛粪的混合堆肥后有机碳含量（26.3 g/kg）提高了 3.7 g/kg，而与不添加堆肥相比，60 t/hm^2 和 30 t/hm^2 的猪粪和牛粪堆肥处理的有机碳含量则分别增加到 14.1 g/kg 和 10.4 g/kg。此外，Zhang 等（2017）的田间试验表明，施用 8 t/hm^2 及 16 t/hm^2 小麦秸秆源生物质炭并配施无机氮肥相较于单一施加无机氮肥处理组，显著提高了 33.7%～79.6%的土壤有机碳含量和 18.9%～46.5%的微生物碳含量。但也有研究表明，人工炭基材料的施加也会造成一定的土壤碳损失，如生物质炭结构中易分解碳源会引发土壤中微生物的共代谢作用，从而引发土壤中碳的损失（Wu et al.，2020）。Singh 和 Cowie（2014）经过

5 年的长期生物质炭田间矿化试验表明，在试验进行 2 年后，由生物质炭引发的正激发效应导致土壤有机碳的损失最高可达到 44 mg/g。而在本研究中，随着气候条件的不断改变，同样发现由施加生物质炭所引发的土壤碳损失现象。根据计算可以发现，对照（CK）和 BC-CK 实验组中有机质损失率在培养第 135～180 天期间分别高达 7.40%和 2.37%，相比之下，LA-HS 和 LAHS-BC 实验组中土壤有机质损失量分别仅为 1.37%和 0.81%。在下文中将根据两种人工炭基材料作用下土壤有机质及有机碳含量变化规律分别分析液态人工腐殖质、生物质炭及两种不同人工炭基材料混施在长期培育下对于土壤碳矿化和稳定的作用机制，并评估生物质炭在促进碳固存方面的应用潜力。

与单一施用液态人工腐殖质或生物质炭相比，液态人工腐殖质和生物质炭的混施措施对土壤碳库动态变化的影响同样也是本研究关注的重点。两种不同外源碳的组合直接添加后，其添加的碳总量接近 14.5 g/kg。实际上，在 120 mL/kg 液态人工腐殖质与 2wt%生物质炭混施土壤中培育 45 天后，土壤有机碳含量仅为 13.5 g/kg，这一结果表明至少 13.3%的土壤碳已经被矿化，并且这一结果要高于施用 120 mL/kg 液态人工腐殖质（6.4%）或生物质炭（4.9%）所造成的碳损失的比例，也高于它们的总和（11.3%）。这说明液态人工腐殖质的施加引发了生物质炭在土壤中的矿化现象，但也可能是生物质炭的引入加强了土壤中微生物对液态人工腐殖质的矿化作用。以往的研究阐述了较易被生物所利用的碳源能够促进生物质炭被矿化这一现象。例如，Hamer 等（2004）研究了添加 ^{14}C-葡萄糖后对不同原料和温度制备的生物质炭的矿化影响，结果表明葡萄糖的添加促进了微生物生物量的增长，同时增加了酶的产量，从而促进了生物质炭的矿化。但另一方面，生物质炭的加入也增强了葡萄糖的矿化作用，这是由于生物质炭能够促进微生物生长和不稳定碳的分解。因此可以推断，在实验初期，生物质炭与液态人工腐殖质存在着强烈的交互作用。

在随后频繁的冻融事件中，由于微生物残体能够在冻融作用的影响下增加，因此有机碳和有机质的积累是可以预见的，但仍然观察到了有机质的进一步损失。这主要是由于在此期间微生物仍能保持较高的代谢活性，可以依据冻融循环期间土壤中较高的有机酸和碳水化合物的代谢来推断，例如，具有降解有机质功能的 *Proteobacteria* 的突然增加是导致有机质下降的主要原因。值得注意的是，液态人工腐殖质和生物质炭共施，虽然在短期内促进了土壤有机质的矿化，但也加速了土壤中更稳定的腐殖质的形成，而这一效应也使得在气候变暖的最后阶段缓解了土壤有机质的损失。这主要有以下几个原因。其一，生物质炭具有调控细菌群落结构的功能，能够抑制部分具有降解有机质能力的细菌生长，如在施加生物质炭上基础上进一步加入某些人工炭基材料也可有效抑制相关微生物的生长，而这类细菌既能利用土壤活性碳，也能利用土壤抗性碳进行代谢活动。其二，较高的

$SUVA_{254}$ 和腐殖化指数以及较低的关于碳水化合物代谢的直系同源基因簇相对丰度同样能够说明在施用生物质炭基础上进一步施用液态人工腐殖质，能够在较长培育周期下强化土壤的腐殖化程度，从而使得土壤有机质能够抵抗气候变暖所带来的较高微生物活性。

由上述不同人工炭基材料单一施用或混合施用后对于土壤碳动态变化的相关机制讨论可以看出，生物质炭、腐殖质对于农田土壤碳固持是复杂的动态过程，且其机制也有所不同（图 7-8）。总体来说，腐殖质对于农田土壤碳周转的调控偏向于土壤的界面行为，从而增强土壤溶解性有机质的芳香化及腐殖化程度，减弱微生物对溶解性有机质的降解利用。除上述机制外，生物质炭还可通过其多官能团性质在生物质炭表面覆盖有机涂层以保护其结构，避免在温暖气候条件下被土壤微生物所降解。生物质炭调控土壤碳周转则主要依赖于自身较为丰富的碳含量（2wt%生物质炭能够使得土壤增加 12 500 mg/kg 碳），利用其巨大的比表面积和孔隙结构，通过物理吸附及化学结合的方式封存固定土壤有机质（Wengel et al., 2006），避免微生物对土壤有机质的降解利用。从促进土壤碳排放的角度来说，液态人工腐殖质与生物质炭对于土壤微生物的活性影响是一致的，即两种人工炭基材料结构中均含有能够被微生物直接利用的活性碳源。

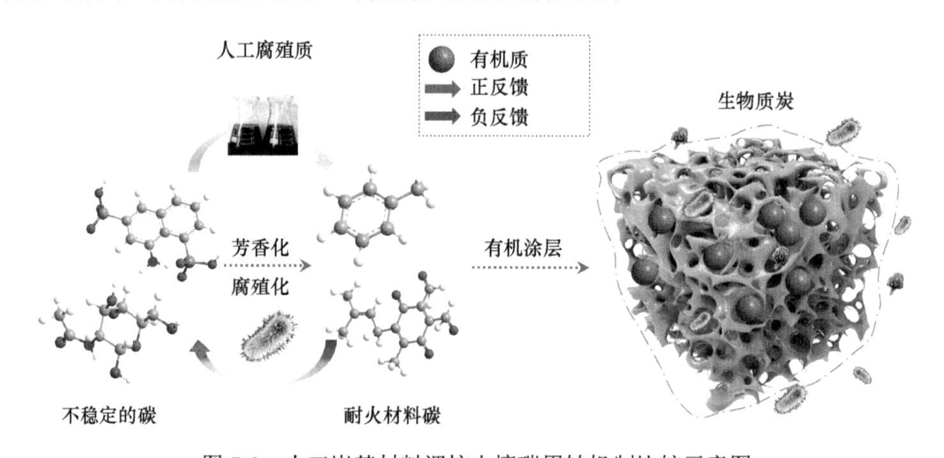

图 7-8　人工炭基材料调控土壤碳周转机制比较示意图

本研究主要通过室外试验研究气候自然变化过程中（包括冻结、冻融、气候变暖等相关天气事件）生物质炭提高土壤碳含量的潜力，以及与生物质炭联合施用对土壤有机质及有机碳动态变化的影响规律，以评估生物质炭提升土壤碳固存的潜力。研究结果表明，面对气候升温条件，生物质炭能够通过调控细菌群落结构，抑制具有降解有机质功能细菌的生长、增强土壤腐殖化程度，从而减少土壤有机碳库的损失并增强土壤有机质及有机碳的稳定性。与此同时，生物质炭同样能够保护生物质炭中活性碳源不被微生物所降解利用。本书的研究成果将为人工炭基材料在农业土壤固碳应用方面提供一定的理论基础和技术支持，同时也为今后农业土壤固碳提供了一种新的有效途径。

7.2.3　生物质炭对土壤有机质矿化作用的影响及机制

土壤有机质的矿化作用是指在土壤微生物作用下，土壤中有机态化合物转化为无机态化合物（即生成 CO_2 和 H_2O），并释放矿质养分离子（NH_4^+、$H_2PO_4^-$、SO_4^{2-}、K^+等）的过程。土壤有机质的矿化作用受土壤微生物的控制，而土壤环境的变化又会通过影响土壤微生物的活性间接影响土壤有机质的分解。生物质炭具有丰富的孔隙结构和巨大的比表面积等，施入土壤后会在一定程度上影响土壤理化性质，促进植物光合作用，加快根系分泌，丰富土壤有机碳库，进而影响土壤有机质的矿化作用。土壤环境（温度、湿度、pH 等）对土壤微生物活性影响极大，在土壤生态系统中，微生物群落复杂，生长环境宽泛，微生物的微小变化都会影响土壤有机质的矿化作用。一般情况下，土壤温度升高可以促进土壤微生物活动及酶活性，进而加速土壤中有机质的分解。土壤颜色的变化也能够改变土壤温度，而在土壤中添加生物质炭能够改变土壤颜色。Baggs 和 Blum（2004）探究了土壤颜色与生物质炭添加量之间的关系，结果发现，随着生物质炭添加量的增加，蒙赛尔色度随之降低。Rogovska 等（2011）测量了土壤种类对反射率的影响，结果表明孟赛尔色度值与土壤反射率具有线性相关性，孟赛尔色度值越低，土壤反射率就越低，土壤温度会随之升高，土壤酶活性也随之提升，从而加速土壤有机质的矿化作用。此外，生物质炭施加引起土壤含水率的变化也会在一定程度上改变土壤温度，并由此改变土壤微生物及其酶活性，进而影响土壤有机质的分解和转化，但这要根据具体的土壤类型和种植条件而定。土壤湿度对土壤有机质矿化作用的影响也是极其复杂的。土壤中微生物的生长需要适宜的土壤含水率，但含水率过高的土壤将会阻碍土壤的通气条件，甚至使土壤呈现缺氧或者无氧状态，从而影响土壤有机质的分解和转化。当土壤水分含量过高时，土壤中氧气含量减少，影响好氧微生物的活性，减少微生物呼吸作用，抑制土壤有机质的分解。然而，土壤水分过高会打破土壤微生物之间的平衡，使厌氧微生物活性增强，同样加速了微生物对土壤有机质的分解和利用，产生大量二氧化碳并释放到大气中。生物质炭的施加在一定程度上封闭了土壤的孔隙，提高了土壤保水能力，增加了土壤湿度。因此，生物质炭施入土壤会改变土壤环境，影响土壤微生物活性，从而影响土壤的矿化作用。

综上所述，土壤理化性质的改变会直接或者间接影响土壤微生物的生长和活性，从而影响土壤呼吸速率。生物质炭所含的丰富有机质可以补充土壤微生物生命活动所需的碳源，而其独特的物理结构、碱性官能团及巨大的比表面积可以通过改善土壤环境影响土壤微生物活性，降低土壤呼吸作用，实现土壤碳固存。土壤微生物群落组成在一定程度上也受到生物质炭的调控，土壤微生物的呼吸作用影响土壤有机质的矿化和碳元素周转。土壤有机质的矿化作用受到多种条件的限制。土壤有机质作为土壤微生物的主要碳源，固然对自身矿化作用起重要作用，然而土壤理化性质的变化也会间接影响土壤微生物的生命活动，进一步改变土壤碳元素的周转。生物质炭施入土壤，能够显著改变土壤碳库的组成与流动，在丰富土壤有机碳库和营养元素的同时可以改变土壤理化性质，影响土壤有机质矿化。对以往的研究进行归纳分析发现，目前生物质炭的施加对土壤有机质的矿化作用存在两种截然不同的观点：一种是对土壤有机质矿化的促进作用（即激发效应），另一种是对土壤有机质矿化的抑制作用。

近年来，许多研究指出，生物质炭施加于土壤环境后将对土壤产生极大的激发效应，为土壤微生物提供大量碳源，促进土壤微生物呼吸，加速土壤碳库的损失，降低土壤碳库中有机碳含量，加剧土壤贫瘠化。通过对以往研究结果的对比分析发现，生物质炭施加促进土壤有机质矿化的潜在机制主要表现在以下两个方面。一种观点认为，生物质炭施加后，土壤环境为土壤微生物提供一定量的易降解有机质，引发土壤微生物的共代谢作用，从而激发土壤有机质矿化。一些天然条件下并不存在的、由人工合成的化学物质，其中许多易被土壤微生物分解，有些则需添加一些有机物作为初级能源后才能被降解。Singh 和 Cowie（2014）开展了为期 5 年的生物质炭施加对黏粒土壤（土壤本底有机质含量为 0.42%）有机质矿化影响的研究，结果观察到生物质炭施加在 2～3 周内可以迅速激发土壤有机质的矿化，随后在土壤培养的前 2～3 年里，生物质炭施加引起的土壤固有有机质损失量多达 4～44 mg/kg。因此，研究者认为生物质炭施加会在短期内为土壤微生物提供一定的易降解外源有机质供其分解利用，引起土壤微生物的共代谢作用，从而加速土壤有机质的矿化，因而在培养初期有机质的矿化损失量比较明显。Zimmerman（2010）将这种微生物的共代谢作用归结于生物质炭施加会刺激能够分解新施加有机质的 r 型微生物（r-strategist）的迅速生长，分泌释放更多的酶，从而引起土壤有机质的矿化，同时也可能刺激以利用土壤本底有机质为主的 k 型微生物（k-strategist）的生长，分解土壤中较为复杂的有机质。此外，研究者在试验过程中还发现，低温（400℃）热解生产的生物质炭对土壤有机质矿化的促进作用要比高温（550℃）生产的生物质炭更明显，分析原因是低温（400℃）制备的生物质炭自身含有的易降解有机质含量高（2.6～32.9 g/kg），可以为微生物共代谢作用提供充足的碳源，加速土壤有机质的矿化，而高温（550℃）制备的生物质炭中易降解的有机质含量少（1.3～6.7 g/kg），因此共代谢作用相对较弱；同时，由于高温生物质炭比低温生物质炭更容易吸附土壤有机质，可以有效减少其与土壤微生物和胞外酶的接触，从而减少土壤有机质的矿化量。与植物生物质制备的生物质炭相比，家禽粪便制备的生物质炭对土壤有机质矿化的激发效应更强。对比分析得出，400℃条件下家禽粪便制备的生物质炭含有相当高的易降解有机质，可以为土壤微生物提供更多的有效碳源，而木质材料和树叶制备的生物质炭易降解有机质含量仅分别为 2.6 g/kg 和 6.2 g/kg。同样，Hamer 等（2004）在利用砂质耕地土壤为基质进行黑炭和葡萄糖的矿化作用试验过程中发现，土壤中以玉米秸秆和黑麦秸秆为原材料的黑炭与以橡树为原材料的生物质炭的施加都会促进土壤微生物的生长、提高土壤酶活性、加速土壤有机质和黑炭自身的矿化，葡萄糖的添加促使黑炭的矿化率由 0.3%～0.8%提高到 0.6%～1.2%，而玉米秸秆生物质炭的施加可以使葡萄糖矿化率由 47%提高到 77%。通过相关性分析发现，生物质炭与葡萄糖之间的相互作用促进矿化是由于土壤微生物共代谢的结果，生物质炭自身易降解有机质的施加促进了土壤微生物的生长和代谢、激发了土壤有机质的降解，而不是将土壤有机质固定在土壤中以达到稳定的存在状态。

另一种观点则认为，生物质炭间接地影响土壤碳的含量。作为外源碳，生物质炭施加到土壤系统中，土壤温度、持水能力和含氧量等理化性质一定会受到影响，这些理化性质也是影响土壤有机质矿化的主要因素。罗煜等（2013）的研究指出，富含可利用态有机质的生物质炭施加会破坏土壤团聚体的结构，从而使包裹在团聚体内部的有机质暴露在土壤溶液中，被土壤微生物分解而促成有机质矿化的激发效应。Zimmerman（2010）的研究认为，生物质炭施加后，除了自身携带的易降解有机质促进土壤微生物共代谢作用外，生物质炭所特有的碱性基团、多孔结构和较大的比表面积可以提高土壤温度、pH 和土壤持水能力，同时为土壤微生物提供良好的栖息地，这些理化性质的改变都会改善土壤微生物的居住环境，有利于微生物的生长繁殖和代谢活动。此外，生物质炭自身携带的硝酸盐和磷酸盐等营养物质进入土壤后可以促进土壤微生物对营养物质的获得，从而提高微生物的种群丰度和群落多样性，加速土壤有机质的矿化。在实验过程中研究者还发现，施加生物质炭对湿地土壤有机质矿化的促进作用要显著大于对松树林地和农田土壤有机质矿化的促进作用，这主要归因于湿地土壤的有机质含量（55 g/g）要显著高于松树林地和农田的土壤有机质含量（分别为 13.7 mg/g 和 71 g/g），高含量的有机质刺激微生物的生长代谢，提高土壤有机质矿化率，对微生物的刺激生长作用更大。Major 等（2010）在 2005～2006 年连续观察了施加生物质炭对植被覆盖下土壤呼吸作用的影响，结果发现添加量为 23.2 t/hm^2 的生物质炭可以显著促进土壤呼吸作用，第一年和第二年的呼吸损失量分别提高 41%和 18%。研究者采用碳稳定同位素技术分析发现，生物质炭的自身矿化率只有 2.2%，尽管空白组和添加生物质炭组的 ^{13}C 丰度（分别为–13.76‰和–14.08‰）没有显著性差异，但是施加生物质炭却显著促进了除生物质炭自身矿化以外的土壤有机碳的矿化作用，第一年和第二年的土壤本底有机质呼吸损失量分别提高了 40%和 6%。由此可以推断，生物质炭施加后土壤呼吸的增强主要是由于生物质炭激发了土壤自身有机碳的呼吸作用，而生物质炭自身矿化可以忽略不计。对此研究者分析原因得出，除了生物质炭的多孔结构有利于土壤微生物栖息生长、促进微生物分解附着在其表面土的有机质外，生物质炭还可以降低土壤容重，增加土壤含氧量和透气性，促进好氧微生物的活性，有利于微生物生长繁殖，从而强化土壤有机质的降解。另外，施加生物质炭还会促进土壤植物生长和根系分泌，加速根系呼吸和植物的呼吸作用。然而，目前的实验研究大多依据土壤理化性质的改变推测，缺乏关于土壤微生物是否受生物质炭的调控进而影响土壤有机碳组成的研究。

作为与土壤腐殖质结构相近的难溶性物质，生物质炭的施加会激发土壤腐殖质的快速降解。Wardle 等（2008）在 *Science* 杂志上发表的一篇关于木炭与森林土壤腐殖质和碳素损失关系的文章指出，在瑞士的北方森林土壤中进行为期 10 年的施加腐殖质、木炭及腐殖质-木炭混合物的实验研究发现，单独施加木炭的处理组土壤有机碳的损失率极低，单独施加腐殖质的处理组土壤有机碳的损失量最高，而两者混施所引起的有机碳损失量高于预期将两者作用之和叠加的损失量。根据所加木炭是已稳定存在数千年且自然降解率极低的状况，研究者据此推测是由于木炭的添加提高了土壤微生物活性，从而促进了土壤腐殖质的快速降解，而非腐殖质的添加促进了木炭的降解。因此，他们提出了对生物质炭固碳效应的质疑，即在北方森林土壤中生物质炭的固碳效应会被其促进土壤有机质矿化作用部分抵消，因而认为在关注生物质炭作为碳汇锁定大气 CO_2 的同时，不能忽视其对土壤有机质矿化的促进作用，因此，两者对大气 CO_2 的贡献度有待考究。

但是，随后 Lehmann 和 Sohi（2008）在对 Wardle 等的研究成果进行评述时指出，一方面，木炭的添加能够促进森林土壤有机质的矿化和损失，同时，木炭因其自身含有一部分易降解有机质也能够被矿化，这一解释被 Farrell 等（2013）的研究结果所证实；另一方面，土壤碳素的损失不一定是土壤有机质矿化的结果，也有可能是木炭和土壤有机质通过物理迁移或是土壤有机质与土壤矿物质结合形成复合体的形式导致土壤碳库减少，而碳素的去向同样值得思考。Wardle 等（2008b）针对 Lehmann 和 Sohi（2008）提出的质疑作出了回应。他们认为，实验过程中木炭单独培养 10 年后并没有明显的矿化作用损失，说明木炭本身不会含有大量的易降解性有机质，而大部分组分都是稳定态芳香化合物。此外，也没有足够的证据表明实验所用的木炭中含有足够的易降解性有机碳库，以释放如此大量的碳元素。与此同时，关于生物质炭物理迁移导致碳损失的解释也没有足够的科学依据可以支持。以上争论引起了全球范围内对生物质炭是否会促进土壤有机质或是腐殖质分解的广泛关注。一系列实验研究开始探讨生物质炭与土壤有机质之间的相互作用及其影响机制。尽管如此，目前多数实验都还处于起步阶段，深层次的研究亟待开展。

与促进作用相对应，生物质炭的施加并非一定会导致土壤有机质损失，其也会起到抑制土壤有机质矿化的作用。生物质炭阻止土壤碳损失的相关抑制机理主要体现在以下几个方面。第一，生物质炭多孔结构对土壤有机质的吸附作用可以抑制其被土壤微生物降解，从而减少其矿化量。Cross 和 Sohi（2011）的研究表明，生物质炭施加可以显著抑制有机质含量丰富的草地土壤微生物矿化作用，而这其中高温（550℃）制备的生物质炭的抑制效应更为显著。产生这种现象的主要原因是高温制备的生物质炭孔隙多、比表面积大，可以将草地土壤中大量有机质吸附在其孔隙内，因而减少了微生物的分解转化。Prayogo 等（2014）的研究也发现添加 2%的生物质炭可以显著抑制土壤微生物的呼吸作用，CO_2 的矿化量可以降低 10%。研究者分析认为，比表面积较大且含孔隙多的生物质炭施加可以将土壤可溶性有机质和有机大分子酶等吸附在其孔隙内，形成一道屏障以避免微生物接触利用。失去碳源补给后，微生物活性将随之降低，呼吸作用减弱，土壤有机质矿化速率降低、有机质的转化变缓，以致 CO_2 的累积排放量明显降低。

第二，施加生物质炭促进土壤有机质与无机矿物作用，形成稳定的有机-无机复合体和土壤团聚体，可以将土壤有机质封存起来，从而使其免于被微生物分解利用。Keith 等（2011）探究外源易降解有机质与生物质炭混施对土壤矿化的影响，结果表明，在没有外源易降解有机质添加的条件下，生物质炭进入土壤环境后可以促进土壤本底有机碳的矿化，且 450℃制备的生物质炭比 550℃制备的生物质炭的激发效应更强、碳损失量更大。然而，在外源易降解有机质添加的条件下，生物质炭的施加将显著抑制其矿化作用，并且随着外源有机质含量的增加，抑制作用更明显。研究者对此进行分析，主要是因为在蒙脱石含量丰富的土壤中施加生物质炭可以促进土壤易降解有机质与有机-无机复合体的结合，形成新的有机-无机复合体和土壤团聚体，促进土壤有机质的稳定化。同样，Liang 等（2010）在实验过程中也观察到，亚马孙河流域土壤中黑炭含量丰富，与普通土壤相比，土壤有机碳的矿化率降低约 1/3，表明生物质炭的输入抑制了土壤有机质的矿化作用。土壤有机质的强稳定性主要归因于黑炭巨大的表面积可以吸附土壤有机质和矿物质，将土壤中的小颗粒有机质胶结到一起形成大土壤团聚体，阻隔了土壤有机质与微生物的接触，避免有机质的矿化。土壤中的胶结物质主要包括矿物元素、真菌菌丝、胞外聚合物等，生物质炭的施加在一定程度上增加了胶结物质在土壤中的含量，促进了大团聚体的形成，减少了土壤有机质的矿化，从而有助于土壤有机质的稳定化。Kuzyakov 等（2009）研究发现微生物可以将生物质炭转化为其细胞成分，利用率达到 1.5%～2.6%。导致生物质炭中碳流失的另一大原因是微生物的呼吸作用，某些微生物可以直接将芳香性结构的生物质降解为易分解的有机物，进而为其他微生物呼吸作用提供有机物，加快其呼吸作用（Hamer et al.，2004）。

第三，生物质炭对土壤微生物及其酶活性的抑制作用。生物质炭也可以通过一些其他的途径抑制土壤微生物及其酶活性，从而抑制其对土壤有机质的矿化作用。Jones 等（2011）的研究指出，生物质炭施加后额外增加的 CO_2 排放大都来自生物质炭本身有机碳和无机碳的降解，而非土壤本底有机质的分解。使用 ^{13}C 长期标记土壤有机碳发现，在土壤生态系统中，施加的生物质炭一方面会被土壤微生物分解利用，并释放一部分 CO_2，另一方面又会抑制土壤中原来有机质的分解。对此，Jones 等将生物质炭抑制土壤有机质矿化作用的原因归结为：生物质炭组分中含有可溶性的二噁英、呋喃、聚乙烯芳烃、多环芳烃和酚类等多种有机污染物质，这些有毒有害物质可以抑制土壤微生物和酶的活性，从而可以降低土壤有机质的矿化作用；胞外酶吸附到生物质炭表面，导致酶脱离原有有机质周转的区域，减缓反应速率，从而抑制有机质的分解。生物质炭施加可显著提高土壤微生物量，因此土壤中的可溶性有机质很大一部分转化为微生物量碳并被微生物体所同化，而不是被矿化释放到大气环境中。然而有关以上的机制分析只是建立在以往研究基础上的推测，生物质炭施加对土壤有机质矿化作用的抑制效应机制还有待更多的实验来探究。

7.3 生物质炭与土壤温室气体排放

全球变暖是当今国际社会普遍面临的一个重要问题。近年来，日益严重的温室效应引发了极地冰川融化、超级飓风和大规模洪水等自然灾害，并且导致了粮食损失和生态失衡等影响人类的严重后果（Hoegh et al.，2009）。石油、煤等化石燃料的过度燃烧及其他人类活动大大增加了全球大气中的温室气体浓度，这是全球温室效应加剧的主要原因。温室气体众多，其中最主要的有 CO_2、CH_4 和 N_2O。根据相关国际机构的报告，大气中 CO_2、CH_4 和 N_2O 浓度相较于第一次工业革命以来已经显著增加。因此，迫切需要控制大气中温室气体的浓度。以生物质为原料制备生物质炭是目前具有发展潜力的一种固碳方式，通过该方式可以将生物质炭固定的碳以稳定碳的形式储存在土壤中。有研究对生物质炭固碳潜力进行估算，结果表明生物质炭每年可以固定大约 2.0 Pg CO_2-C，约占人均温室气体排放的 13%。

7.3.1 生物质炭对 CO_2 排放的影响

土壤排放 CO_2 的过程，就是土壤呼吸的过程。全球土壤中的有机碳储量是大气中碳储量的两倍，土壤呼吸是陆地生态系统与大气之间碳交换的一个主要过程。在全球范围内，通过土壤呼吸释放到大气的 CO_2-C 年交换量约为大气总碳的 1/10。

因此，土壤 CO_2 通量的微小变化就会导致大气 CO_2 浓度的大幅波动。土壤呼吸受多种因素的影响，如植被种类、植物光合作用、土壤湿度、温度等。根际呼吸由根系呼吸和根际微生物呼吸组成，由于所涉及的微生物调节过程不同，不同植被类型的根际呼吸差异很大，对土壤呼吸有重要贡献。

生物质炭根据其对土壤碳排放的影响不同可以分为三类，即显著增加土壤碳排放的生物质炭、显著减少土壤碳排放的生物质炭，以及对土壤碳排放没有显著影响的生物质炭。影响生物质炭性质的因素主要有：比表面积，密度，C、N、O、灰分含量，C/N 值、O/C 值、pH，加热温度。除此之外，生物质炭对于土壤碳排放的影响因素主要有：温度（≤400℃、401～500℃、501～600℃、＞600℃）；比表面积（＜10 m^2/g、1000 m^2/g、＞100 m^2/g）；C/N 值（≤10、10～30、30～100、＞100）、pH（＜7、7～9、＞9）；原料（农业生物质、木材、粪便、城市垃圾、高能作物、混合物）；生产条件（快速热解、缓慢热解、气化、活化生物质炭等）；土壤生物质炭添加率。在热解过程中，原料中约 50%的碳保留在生物质炭中。施入土壤中的生物质炭会在多年内保持稳定。许多研究表明，生物质炭复杂的芳香结构对微生物分解具有高度抗性，可以在土壤中稳定保持长达 100～4000 年。后来有人提出将生物质炭应用于土壤，从而作为一种新的方法为生态系统中的大气 CO_2 建立一个重要的长期汇。从全球来看，到 2050 年，生物质炭的潜在温室气体缓解效益估计在 0.7～2.6 Gt（Liu et al. 2023）。根据 Woolf 等（2010）的说法，以生物质炭的形式生产和封存生物质中的碳，联合生产和利用生物能源（生物油和合成气）以减少化石燃料排放，有助于减缓气候变化。

Liu 等（2011）在水稻田内进行试验，观察到添加生物质炭可以减少稻田土壤 CO_2 排放。Augustenborg 等（2012）发现在肥力较强的土壤中，生物质炭能够显著降低土壤矿化作用，抑制 CO_2 排放，而若是在施加生物质炭的同时添加蚯蚓，则会促进土壤矿化，增加土壤 CO_2 排放。上述研究均表明生物质炭对土壤碳库的影响会随着添加条件和培养条件的改变而改变。Zhang 等（2012）对大田土壤进行了定期监测，探究了施加生物质炭对玉米生产和温室气体（CO_2、CH_4 和 N_2O）排放的影响，结果显示添加 40 t/hm^2 生物质炭后土壤 CO_2 排放增加 12%。Wang 等（2014）研究了竹叶生物质炭对于大田土壤 CO_2 排放的影响，1 个月之后发现添加竹叶炭增加了大田土壤 CO_2 排放和土壤有机质的含量，而在 11 个月之后，CO_2 排放量和土壤有机质含量开始降低。Fang 等（2016）通过大田试验发现，添加生物质炭会使土壤产生 CO_2 增排作用，而这种作用与生物质炭的添加量有关。上述研究结果表明，生物质炭对于土壤 CO_2 的增/减排作用随着环境因素的改变而改变，要综合考虑多种因素对生物质炭固碳减排的影响。

Lin 等（2015）调查盐碱土土壤中 CO_2 的演变情况并进行了一项培养研究，这两种土壤分别施加新鲜玉米秸秆与生物质炭，在培养 510 天后添加的玉米秸秆有 66%～78%在土壤中被分解，而添加的生物质炭只有不到 15%被分解，对施加物的保留量进行估算，大约 50%的生物质炭将在 100 年后被保留下来。Zavalloni 等（2012）还在 84 天的培养研究中评估了单独添加到土壤中或与作物残留物组合添加时生物质炭的稳定性。生物质炭由硬木在 500℃时制成，最后有 56%的添加麦草被分解，而仅 2.8%的生物质炭被分解。事实上，易降解的生物质炭都是在低温（200℃或 400℃）下生产的，而更难降解的生物质炭是在高温（525℃或 650℃）下生产的。Cely 等（2014）探究了三种不同的生物质炭对土壤性质和 CO_2 排放的影响，结果显示，在 620℃缓慢热解条件下生产的木材生物质炭是一种非常稳定的碳材料，与 500℃时用造纸污泥和小麦壳中生产的生物质炭相比，其稳定性更高。McBeath 等（2014）证明，原料组成和热解温度综合影响了生物质炭中芳香结构的组成。由于热解原料的木质素含量不同，由农作物草残留物制成的生物质炭通常比由硬木制成的生物质炭降解更快。Zhao 等（2013）发现，生物质炭的难降解性主要由热解温度决定，而潜在的总碳螯合物（产物难降解性与热解碳产率相结合）更多地取决于原料。Sigua 等（2014）认为，高温（550℃）下缓慢热解产生的生物质炭特别稳定，但即使在低温（如 400℃）下，植物和粪便基生物质炭的平均停留时间也可能达几个世纪。

尽管生物质炭的稳定性与其环境稳定性有关，但生物质炭的特性和土壤条件（温度、湿度、pH、矿物学和有机质含量）也是决定生物质炭稳定性的重要因素。Bai 等（2014）提出，生物质炭的性质与土壤的环境因素同等重要。例如，Sigua 等（2014）研究了用不同原料来源（家禽粪便、柳枝和松木屑）和尺寸（＜2 mm、＜0.42 mm）在 350℃下制备的生物质炭，结果表明生物质炭在排水良好且土壤有机碳和总氮含量较低的沙质土壤中比排水不良且富含有机质的砂质土壤中更稳定，结论证明生物质炭的稳定性因土壤类型和条件而异。除此之外，黏土含量高的土壤可以降低生物质炭的分解。Fang 等（2016）发现，在砂质黏土土壤与砂质土壤中添加生物质缓慢热解产生的生物质炭，前者的分解度更低，分析其机制发现，黏土可以通过配体交换、阳离子桥接和范德瓦耳斯力来稳定生物质炭。环境温度是影响生物质炭稳定性的另一个重要因素。Fang 等（2016）估计，生物质炭可以在年平均温度为 20℃的土壤中稳定几个世纪，然而，中低温度（如 450℃）下制备的生物质炭在较高的环境温度（40℃及以上）中，可能会在 10 年内降解，这是由于微生物活性和协同代谢随温度升高而增加。Luo 等（2011）研究表明，在高 pH 的土壤中，生物质炭的分解高于低 pH 的土壤。在低 pH（0.66%）和高 pH（0.81%）的土壤中，生物质炭（350℃）分解的碳累积量与水可提取的碳量相似。在 Kuzyakov 等（2014）的一项研究中，为追踪其分解产生的 CO_2，将 ^{14}C 标记的黑麦草作为生物质原料缓慢热解（400℃，13h）制备生物质炭，将其应用于土壤并在温和条件下培养 8.5 年后，计算生物质炭的分解速率约为 0.26%/年，其在温带气候土壤中的平均停留时间估计约为 4000 年。以上研究虽然证明生物质炭能够长期在土壤中保留，但是需要更多的研究来论证其田间应用。

7.3.2 生物质炭对 CH_4 和氮氧化物排放的影响

CH_4 是一种有机化合物，相对分子质量为 16.043，是最简单的有机物，也是含碳量最小（含氢量最大）的烃。CH_4 在自然界的分布很广，是天然气、沼气、坑气等的主要成分。CH_4 的增温潜势是 CO_2 的 29 倍，过多的 CH_4 排放至大气中势必加剧温室效应。CH_4 一般是在严格厌氧的条件下，由产甲烷菌以乙酸、H_2/CO_2 和甲基类化合物为底物进行生物合成得到（Conrad et al. 2010）。产甲烷菌种类众多，且对温度都有较高的要求，其中大部分产甲烷菌生存的最适温度是 30～40℃，并且在这个范围内 CH_4 产生量随着环境温度的升高而增加。另外，土壤含水量范围对 CH_4 氧化也有一定影响，当土壤湿度不在合适范围内时，CH_4 氧化量就会减少，其排放量相应增加。氧化还原电位也是影响 CH_4 排放的一个重要因素，CH_4 中的 C 处于最低化合价，所以必须在氧化还原电位非常低的环境下才能产生 CH_4，而随着土壤中氧气的不断消耗，氧化还原电位不断下降，最后当土壤氧化还原电位低于 50~60mV 时，产甲烷菌开始工作，消耗土壤有机质并将其转化为 CH_4。此外，土壤微生物的一般代谢对土壤酸碱性也较为敏感，土壤中有机物的分解以及产甲烷菌的活性也会受到影响。有研究证实，稻田 CH_4 排放量与土壤酸碱度呈显著正相关（Yuan et al. 2016）。pH 6～7 最适合产甲烷菌的生存，此区间 CH_4 产生速率也最大，而 pH 的变动会影响产甲烷菌的活性，从而抑制 CH_4 的形成。当 pH＜5.75 或 pH＞8.75 时，土壤不再产生 CH_4。

可溶性有机碳（dissolved organic carbon，DOC）是土壤碳库的重要组成部分，主要来源于微生物代谢产物及植物的根系分泌物。作为易被微生物利用的有机碳，可溶性有机碳的含量可以决定产甲烷菌的活性，从而控制着 CH_4 的产生。

除此之外，土壤中 NH_4^+-N 及 NO_3^--N 浓度与 CH_4 累积排放量也具有一定相关性关系。在厌氧系统中，土壤 NH_4^+-和 NO_3^--N 主要通过以下三个方面影响 CH_4 排放：①NH_4^+-N 和 NO_3^--N 作为氮肥，通过促进水稻等作物的生长，引起根系分泌物的增加，产甲烷菌因此获得更多可利用的底物，从而促进稻田 CH_4 排放；②NH_4^+-N 和 NO_3^--N 可为产甲烷菌的新陈代谢提供氮素而促进 CH_4 排放；③NH_4^+-N 和 NO_3^--N 抑制 CH_4 的氧化而促进稻田 CH_4 排放。多数 CH_4 会被甲烷氧化菌直接消耗，少部分会被排放至大气。Jiang 等（2019）发现不同类型有机物料均能显著提高稻田 CH_4 排放量，但其影响程度有差别。也有研究发现，秸秆还田对 CH_4 排放也有促进作用，但其作用随着时间的延长而显著减弱。这些结果说明，影响 CH_4 排放的因素与有机物料施用效果并不一致。

Cowie 等（2012）通过 Meta 分析发现不同气候条件、土壤性质、田间管理措施等因素下添加有机物料均能显著提高 SOC 含量及储量。West 和 Schmidt（2002）发现虽然 CH_4 氧化活性受许多碳物质影响，但只有甲醇和乙酸可在田间浓度水平上影响 CH_4 氧化活性。Borken 等（2006）研究发现含水率过高时，CH_4 氧化速率受到抑制，CO_2 浓度升高对稻田生态系统的影响体现为长期效应，CO_2 浓度持续升高 5 年，才能增加水稻地上生物量，提高根际土壤溶解性有机碳（DOC）浓度，从而提高产甲烷菌的活性和丰度，最终增加稻田 CH_4 排放。因此，大部分有机物料的施加都会增加土壤 CH_4 的排放。

土壤中有机质含量影响厌氧菌的活性，施加生物质炭会改变土壤有机质含量，进而影响厌氧菌活性，改变土壤微生物群落组成和结构，影响土壤系统 CH_4 的排放（Cowie et al.，2012）。土壤因素、生物质因素、人为管理因素是目前影响水田系统中 CH_4 排放的三个主要因素。在土壤因素中，温度、pH 和氧气浓度的影响对 CH_4 排放影响较大，因为产甲烷菌对生存环境条件要求十分严格，土壤理化性质的急剧变化极容易抑制产甲烷菌的活性，产甲烷菌生长最适 pH 范围为 6.8～7.2，向土壤中施加呈碱性的生物质炭可以显著提高土壤 pH，抑制产甲烷菌活性，减少 CH_4 的排放。除此之外，生物质炭特殊的孔隙结构有利于提高土壤通气性，增加系统中的氧气含量，也能够达到抑制产甲烷菌活性的目的。针对生物质因素，Ji 等（2019）分析显示，以不同来源的生物质作为制备生物质炭材料，得到的生物质炭在土壤系统的应用中表现出相反的效果。以木质和草本原料制成的生物质炭抑制了土壤有机碳的损失，而畜禽粪便源生物质炭则促进了土壤有机碳的损失。对于人为管理因素，合理的碳氮比能够显著改善土壤碳损失的情况，因此在向土壤系统中施加生物质炭时，应该配比一定氮肥以调节土壤碳氮比。研究表明，在施加氮肥和不施加氮肥处理之间累积 CH_4 排放表现出明显的差异。施加氮肥后，硝态氮作为稻田土壤中甲烷氧化菌的优先氮源，可增强其对 CH_4 的氧化。

综上所述，一些生物质炭的理化特性（O/C、H/C、C/N、可提取碳、挥发性物质含量）会对生物质炭的稳定性有影响。Lai 等（2013）在 145 天的盆栽试验中研究了施加生物质炭对土壤碳固存和土壤温室气体排放的影响，发现 700℃时生产的生物质炭能够促进作物生长，并且减少温室气体的排放，促进土壤碳固存，其固存机制是：在较高温度下生产的生物质炭中的 H/C 值较低，在土壤中具有较高的稳定性。Luo 等（2011）的一项研究指出，在较高温度下生产的生物质炭具有更多芳香性结构、更高的芳香碳含量和更高的 C/N 值，这将导致更大的化学抗性和稳定性。氮含量较低的生物质炭，更适合缓解 N_2O 排放。事实上，生物质炭的 C/N 值高于 30 时，能够显著减少 N_2O 的排放，而灰分含量较高的生物质炭对 N_2O 排放效果影响不显著。与肥料或农业生物质原料相比，由低氮和低灰分的木材生产的生物质炭更有利于减少土壤中的 N_2O 排放。生物质炭对土壤 pH 的影响也是减少 N_2O 排放的原因。事实上，生物质炭添加量是影响温室气体排放的重要因素，导致 N_2O 排放显著减少的生物质炭通常以较高的添加量施用于土壤，这也导致 CH_4 排放量显著增加（Zhang et al.，2010）。生物质炭能够影响土壤碳封存已被广泛证实，土壤中生物质炭潜在稳定性的关键指标变量有：挥发性物质含量、固定碳含量、芳香碳含量，以及 H/C 和 O/C 的物质的量之比。O/C＜0.2、H/C/＞0.4 且挥发性物质含量低于 80%的生物质炭具有较高的固碳潜力。与低温下获得的生物质炭相比，在高温下产生的生物质炭应用于土壤时具有更高的固碳潜力。由于生物质炭特性受原料和热解条件（如反应温度和停留时间）的影响，因此定义这些参数以获得具有特定应用（如缓解气候变化）所需特性的生物质炭非常重要。除生物质炭特性外，生物质炭改良土壤对温室气体排放的影响还受到当地土壤条件的影响，如土壤类型和土壤含水量、农业管理活动和气候。然而，大多数研究是在实验室使用高生物质炭施用率进行的（Angst et al.，2014）。植物、土壤、微生物和气候之间的机制及相互作用，以及它们对温室气体排放影响的相关研究还比较少见。除了碳固存和生物质炭改良后土壤温室气体排放量减少外，生物质炭还可以通过其他几种方式抵消排放量，并间接有助于缓解气候变化。首先，使用植物残留物作为热解原料是处理这些残留物的一种可持续方式，有助于避免有机物分解产生的 CH_4 和 CO_2 排放。化肥的生产和田间施用会排放大量氮氧化物，因此，减少对化肥的需求也有助于温室气体的平衡。此外，通过提高作物产量，可以促进植物在光合作用中捕获更多的碳。最后，热解的副产物（沼气和生物油）可以用作可再生能源，取代化石燃料。生物质炭的生产和土壤应用化以及能源副产品（生物油和沼气）的价值化是一个经济可行的选择，也是生物质（包括专用能源作物、植物残留物和过量肥料）一个很好的环境管理解决方案。虽然生物质炭的长期、大面积应用效果还有待于继续考证，其生态环境风险也需要进行长期、系统、全面的评估，但是生物质炭施用所具有的突出优势已在农业及环境污染治理等领域，特别是土壤有机质周转方面显示出巨大潜力。

7.3.3　生物质炭固碳潜力

生物质炭对土壤温室气体排放的影响取决于生物质炭的来源、制备条件及土壤类型等因素。富含抑制微生物生长的有毒有害物质的生物质炭的施加有助于降低土壤有机质的矿化作用。经低温快速热解制备的生物质炭含有较多的易降解有机质，在施入土壤后可为土壤微生物提供可利用态的有机碳源，促进土壤微生物的共代谢作用，从而对土壤有机质的矿化产生激发效应。同时，生物质炭的施加也通过改变土壤理化性质刺激土壤微生物生长或活性，激发土壤有机质的矿化。

经高温慢速或活化热解制备的生物质炭易降解有机质含量少，比表面积较大，可以有效吸附土壤有机质，减少其矿化的量。对于黏粒矿物丰富的土壤，生物质炭的施加会促进土壤矿物和有机质的结合，形成稳定的复合体将土壤有机质稳定化，从而削弱其矿化作用。因此，在生物质炭的实际应用过程中，要根据具体的土壤类型选择合适的生物质炭开展土壤改良实验。

尽管生物质炭是难降解的，但它不是完全惰性的，可以通过生物和非生物过程缓慢向大气中排放温室气体（Enders et al. 2012）。每种生物质炭的稳定性根据其特性不同而有所变化。此外，土壤类型和环境条件会对生物质炭的稳定性有一定影响。相关研究表明，生物质炭在土壤中的停留时间会持续几十年至几千年之久。例如，Singh 等（2010）在长期培养研究中评估了生物质炭的稳定性，结果表明生物质炭在富含活性黏土的土壤中的平均停留时间为 90～1600 年，而热解温度是决定生物质炭停留时间的决定性因素。Major 等（2010）通过添加 400～600℃温度下利用老杧果树皮生产出来的生物质炭，测量了哥伦比亚热带草原氧溶胶的土壤呼吸，结果显示，施用的生物质炭两年后只有不到 3%被呼吸分解，计算出的平均停留时间为 600 年。由于 75%的碳损失发生在第一年，因此预计随着不稳定碳部分被土壤微生物分解，碳损失将随着时间的推移而减少。在 Knoblauch 等（2011）的一项研究中，稻壳生物质炭被添加到 4 种土壤中，2.9 年后对气体排放量进行测定，结果表明添加的生物质炭中有 4.4%～8.5%被矿化，大部分生物质炭稳定地保留在土壤中。

Bai 等（2014）的研究表明，稳定碳含量、芳香碳含量及 H/C 和 O/C 物质的量之比是土壤中生物质炭潜在稳定性的关键指标，固定碳与固定碳挥发物的比率也可以指示碳的稳定性。生物质炭的稳定性与固定碳挥发物含量较高、固定碳与固定碳挥发物的比值较低有关。根据 Zimmerman（2010）的研究结果可知，挥发性物质含量是估算生物质炭寿命最方便的方法。从环境的角度来看，固定碳最终显示了生物质炭作为负碳的有效性。固定碳的数量越多，生物质炭作为缓解气候变化的工具就越有效。Spokas 等（2014）认为 O/C 物质的量之比是生物质炭稳定性的可靠指标，O/C＜0.4 和 H/C＜0.6 的生物质炭最适合作为土壤固碳材料（Schimmelpfennig and Glaser，2012）。Bai 等（2014）确定了 9 种生物质炭的生物降解作用，这些生物质炭具有增加两种土壤中碳固存的巨大潜力，研究结果显示在 115 个培养日内，生物质炭的生物降解与生物质炭的 O/C 物质的量之比之间存在很强的线性相关性，与 H/C 物质的量之比之间的线性相关性较弱。Sigua 等（2014）证明生物质炭的 C/N 值对土壤碳分解具有显著影响。如上所述，低 C/N 值的生物质炭导致其快速分解。此外，研究人员还推测由较小颗粒材料组成的生物质炭比那些由较大颗粒材料组成的生物质炭更容易降解。例如，Bruun 等（2012）指出，快速热解产生的小颗粒生物质炭比缓慢热解产生的大颗粒生物质炭更容易受到微生物攻击而分解。特别地，较高的 C/N 值（>300）、pH（>8.5）、热解温度下制备的生物质炭减排效果更好，这得益于生物质更稳定的性质和更丰富的孔结构，以及对土壤 pH 的显著提升作用。

在世界粮食需求量日益增大的今天，想要利用仅有的耕地面积获取更大的粮食产量就必须采取相应的增产措施，其中包括大量有机碳和氮肥的施用。然而，有机肥料的添加虽然可以提高作物产量，但是也会激发土壤碳循环进程，促进 CO_2 和 CH_4 等土壤温室气体的排放，致使土壤碳库加速流失，使土壤变得更加贫瘠，进而导致土壤生态系统失调。有机固体废物的资源化处理与利用，不仅可以减少废物不合理利用带来的环境污染，还可以将大量稳定态有机质长期封存于土壤环境中而不被土壤微生物分解利用。就在人们纠结于粮食增产和保护环境之间的矛盾时，生物质炭的出现让人们看到了既能满足人类生存需求又能解决这一矛盾，并能防治土壤碳库过快流失的新技术途径。

生物质炭施加可以有效降低土壤 CO_2 和 CH_4 排放量。土壤生态系统中 CO_2 和 CH_4 是主要的温室气体排放源。生物质炭施加可以在一定程度上抑制土壤 CO_2 和 CH_4 的排放，主要表现在生物质炭施加通过影响土壤理化性质（如 pH、有机质含量、温度、氮素物质、土壤湿度、透气性等）来降低产甲烷古菌活性、种群丰度和改变群落结构，同时改善土壤菌种群丰度和活性等，从而减少土壤 CO_2 和 CH_4 等温室气体的排放。此外，生物质炭的巨大比表面积和多孔性还有助于土壤吸持大量 CO_2 和 CH_4，减少其向大气中传输。通过目前生物质炭对土壤碳循环过程作用研究结果的概述，可以发现生物质炭在土壤环境中的施加的确可以丰富土壤有机碳库，提高土壤微生物活性，促进土壤植物根系生长和养分吸收，增加粮食产量。同时，生物质炭还可以减少土壤温室气体 CO_2 和 CH_4 等的排放和碳素流失。但是，也有研究发现，生物质炭施加会加速土壤本底有机质的损失，且自身携带的一些有毒有害物质也会对土壤生态系统产生一定的负面影响。因此，今后有关生物质炭对土壤有机质贡献和周转的影响及其机制研究需要对以下几个方面予以高度重视。

第一，生物质炭制备技术和使用规范。虽然诸多研究表明，生物质炭施加可以丰富土壤有机碳库，但是不同生物材料来源、制备工艺及施入土壤类型都会导致不同的添加效应，有些甚至会加速土壤碳库流失。由于文献报道的生物质炭种类繁多，且生物质炭的元素组成和结构等性质受到制备原材料和制备工艺的显著影响，科研人员很难对研究结果进行有效的整合和分析。对于土壤生态系统而言，制备材料来源无污染、稳定性高、易降解有机质含量少的生物质炭，有助于提高其对土壤有机质的贡献率。因此，制定专业的制炭、用炭、测炭及其使用标准、分析方法和评价体系将成为未来生物质炭相关研究的前提。现有的关于生物质炭施加对土壤腐殖质的研究报道少之又少，仅有的研究主要关注生物质炭对土壤和堆肥过程腐殖化的影响。在这些研究中都可以发现，生物质炭自身结构中含有腐殖质，但无法就生物质炭对腐殖质的贡献和分解转化的影响进行定量描述。因此，通过稳定同位素碳标记生物质炭，开展其对土壤腐殖质形成和降解的影响研究，有助于进一步阐明其机制，为提高土壤肥力和质量、改善土壤环境提供新的思路及方向。

第二，生物质炭对土壤温室气体 CH_4 排放效应的影响机制。生物质炭施加对土壤 CH_4 排放的影响已有大量研究，但是其内在的机制却一直备受争议。在未来的研究工作中，针对不同来源的生物质炭及不同类型的土壤，探究生物质炭输入土壤影响 CH_4 排放的生物机制和非生物机制，尤其是微生物学机制必不可少。具体研究可以通过同位素碳标记生物质炭追踪生物质炭在土壤中的环境行为，同时对 CH_4 生成与 CH_4 氧化过程关键酶基因的分子克隆文库进行构建，采用先进的分子生物学技术如高通量测序宏基因组及宏转录组等技术，分析生物质炭施入土壤后，产甲烷古菌和甲烷氧化菌的种群丰度、群落结构和组成，以及有机碳代谢过程的变化，以期从微观分子角度揭示生物质炭施加对不同类型土壤的影响效果。

第三，开发环境友好型生物质炭材料。制备新型环境危害率低、土壤有机质长期贡献率大的生物质炭，是保证其促进农业可持续发展的前提，开展生物质炭的长期生态效应有助于更合理、更科学地进行风险评价。同时，施用生物质炭要注意适地、适时、适用，因地制宜才可以保证土壤生态系统的良性循环，才可以最大限度地减少温室气体排放。生物质炭这一新兴名词的出现让人们看到了土壤生态系统固碳减排的希望和动力，但是很多方面还需要不断完善和努力，才能达到农业可持续发展和人与自然和谐共处的境界。

参 考 文 献

罗煜, 赵立欣, 孟海波, 等. 2013. 不同温度下热裂解芒草生物质炭的理化特征分析. 农业工程学报, 29(13): 208-217.

Ahmed S, Hammond J, Ibarrola R, et al. 2012. The potential role of biochar in combating climate change in Scotland: an analysis of feedstocks, life cycle assessment and spatial dimensions. Journal of Environmental Planning and Management, 55(4): 487-505.

Angst T, Six J, Reay D, et al. 2014. lmpact of pine chip biochar on trace greenhouse gas emissionsand soil nutrient dynamics in an annual ryegrass system in California. Agriculture Ecosystems & Environment, 191: 17-26.

Augustenborg C A, Hepp S, Kammann C, et al. 2012. Biochar and earthworm effects on soil nitrous oxide and carbon dioxide emissions. Journal of Environmental Quality, 41(4): 1203209.

Baggs E M, Blum H. 2004. CH_4 oxidation and emissions of CH_4 and N_2O from Lolium perenne swards under elevated atmospheric CO_2. Soil Biology and Biochemistry, 36(4): 713-723.

Bai M, Wilske B, Buegger F, et al. 2014. Biodegradation measurements confirm the predictive value of the 0:C-ratio for biochar recalcitrance. Journal of Plant Nutrition and Soil Science, 177(4): 633-637.

Borken W, Davidson E A, Savage K, et al. 2006. Effect of summer throughfall exclusion, summer drought, and winter snow cover on methane fluxes in a temperate forest soil. Soil Biology and Biochemistry, 38(6): 1388395.

Bruun E, Ambus P, Egsgaard H, et al. 2012. Effects of slow and fast pyrolysis biochar on soil C and Nturnover dynamics. Soil Biology & Biochemistry, 46: 73-79.

Cely P, Tarquis A, Paz-Ferreiro J, et al. 2014. Factors driving the carbon mineralization priming effect in a soil amended with different types of biochar. Solid Earth, 5(1): 585-594.

Chen W, Westerhoff P, Leenheer J A, et al. 2003. Fluorescence excitation−emission matrix regional integration to quantify spectra for dissolved organic matter. Environmental Science & Technology, 37(24): 5701-5710.

Cheng C H, Lehmann J, Thies J E, et al. 2006. Oxidation of black carbon by biotic and abiotic processes. Organic Geochemistry, 37(11): 1477488.

Conrad R, Klose M, Noll M, et al. 2010. Soil type links microbial colonization of rice roots to methane emission. Global Change Biology, 14(3): 657-669.

Cowie A L, Smernik R J, Singh B P. 2012. Biochar carbon stability in a clayey soil as a function of feedstock and pyrolysis temperature. Environmental Science and Technology, 46(21): 117701778.

Cross A, Sohi S P. 2011. The priming potential of biochar products in relation to labile carbon contents and soil organic matter status. Soil Biology and Biochemistry, 43(10): 2127-2134.

Enders A, Hanley K, Whitman T, et al. 2012. Characterization of biochars to evaluate recalcitrance and agronomic performance. Bioresource Technology, 114: 644-653.

Fang B, Lee X, Zhang J, et al. 2016. Impacts of straw biochar additions on agricultural soil quality and greenhouse gas fluxes in karst area, Southwest China. Soil Science and Plant Nutrition, 62(5-6): 526-533.

Farrell M, Kuhn T K, Macdonald L M, et al. 2013. Microbial utilisation of biochar-derived carbon, Science of the Total Environment, 465: 288-297.

Forbes M S, Raison R J , Skjemstad J O. 2006. Formation, transformation and transport of black carbon (charcoal) in terrestrial and aquatic ecosystems. Science of The Total Environment, 370(1): 190-206.

Hagemann N, Joseph S, Schmidt H P, et al. 2017. Organic coating on biochar explains its nutrient retention and stimulation of soil fertility. Nature Communications, 8(1): 1089.

Hamer U, Marschner B, Brodowski S, et al. 2004. Interactive priming of black carbon and glucose mineralisation. Organic Geochemistry, 35(7): 823-830.

Ho CK aday W C, Grannas A M, Kim S, et al. 2006. Direct molecular evidence for the degradation and mobility of black carbon in soils from ultrahigh-resolution mass spectral analysis of dissolved organic matter from a fire-impacted forest soil. Organic Geochemistry, 37(4): 501-510.

Hoegh G O, Mumby P J, Hooten A J, et al. 2009. Coral reefs under rapid climate change and ocean acidification. Science, 318(5857): 1737-1742.

Huang X Z, Wang C, Liu Q, et al. 2018. Abundance of microbial CO_2-fixing genes during the late rice season in a long-term management paddy field amended with straw and straw-derived biochar. Canadian Journal of Soil Science, 98(2): 306-316.

Ibarrola R, Shackley S, Hammond J.　2012. Pyrolysis biochar systems for recovering biodegradable materials: A life cycle carbon assessment. Waste Management, 32(5): 859-868.

Ishii S K and Boyer T H. 2012. Behavior of reoccurring PARAFAC components in fluorescent dissolved organic matter in natural and engineered systems: a critical review. Environ Sci

Technol, 46(4): 2006-2017.

Ji C, Cheng K, Nayak D, et al. 2018. Environmental and economic assessment of crop residue competitive utilization for biochar, briquette fuel and combined heat and power generation. Journal of Cleaner Production, 192(10): 916-923.

Ji C, Li S, Geng Y, et al. 2019. Differential responses of soil N_2O to biochar depend on the predominant microbial pathway. Applied Soil Ecology, 145: 103348.

Jiang Y, Qian H, Huang S, et al. 2019. Acclimation of methane emissions from rice paddy fields to straw addition. Science Advances, 5(1): eaau9038.

Jones D L, Murphy D V, Khalid M, et al, 2011. Short-term biochar-induced increase in soil CO_2 release is both biotically and abiotically mediated. Soil Biology and Biochemistry, 43(8): 1723-1731.

Kauffman N, Dumortier J, Hayes D J, et al. 2014. Producing energy while sequestering carbon? The relationship between biochar and agricultural productivity. Biomass and Bioenergy, 63: 167-176.

Keith A, Singh B, Singh B P. 2011, Interactive priming of biochar and labile organic matter mineralization in a smectite-rich soil. Environmental Science and Technology, 45(22): 9611-9618.

Khan S, Chao C, Waqas M, et al. 2013. Sewage sludge biochar influence upon rice(*Oryza sativa* L.)yield, metal bioaccumulation and greenhouse gas emissions from acidic paddy soil. Environmental Science and Technology, 47(15): 8624-8632.

Knoblauch C, Maarifat A, Pfeiffer E, et al. 2011. Degradability of black carbon and its impact on trace gas fluxesand carbon turnover in paddy soils. Soil Biology & Biochemistry, 43(9): 1768-1778.

Kung C C, Kong F, Choi Y. 2015. Pyrolysis and biochar potential using crop residues and agricultural wastes in China. Ecological Indicators, 51: 13945.

Kuzyakov Y, Bogomolova I, Glaser B. 2014. Biochar stability in soil: Decomposition during eight years and transformation as assessed by compound-specific ^{14}C analysis. Soil Biology & Biochemistry, 70: 229-236.

Kuzyakov Y, Subbotina I, Chen H Q, et al. 2009. Black carbon decomposition and incorporation into soil microbial biomass estimated by C4 labeling. Soil biology and Biochemistry, 41(2): 210-219.

Lai W, Lai C, Ke G, et al. 2013. The effects of woodchip biochar application on crop yield, carbon sequestration and greenhouse gas emissions from soils planted with rice or leaf beet. Journal of the Taiwan Institute of Chemical Engineers, 44(6): 1039-1044.

Lan Y, Du Q, Tang C, et al. 2021. Application of typical artificial carbon materials from biomass in environmental remediation and improvement: A review. Journal of Environmental Management, 296: 113340.

Lehmann J, Cowie A, Masiello C A, et al. 2021. Biochar in climate change mitigation. Nature Geoscience, 14(12): 883-892.

Lehmann J, Czimczik C, Laird D, et al. 2009. Stability of biochar in soils//Lehmann J, Joseph S. Biochar for Environmental Management. London: Routledge.

Lehmann J, Sohi S. 2008. Comment on “fire-derived charcoal causes loss of forest humus”. Science, 321:1295-1295.

Lehmann J. 2007. A handful of carbon. Nature, 447: 143-144.

Li F, Cao X, Zhao L, et al. 2014. Effects of mineral additives on biochar formation: Carbon retention, stability, and properties. Environmental Science and Technology, 48(19): 11211-11217.

Li Y, Li Y, Chang S X, et al. 2018. Biochar reduces soil heterotrophic respiration in a subtropical plantation through increasing soil organic carbon recalcitrancy and decreasing carbon-degrading

microbial activity. Soil Biology and Biochemistry, 122: 173-185
Liang B, Lehmann J, Sohi S P, et al, 2010, Black carbon affects the cycling of non-black carbon in soil. Organic Geo-chemistry, 41(2): 206-213.
Lin X, Xie Z, Zheng J, et al. 2015. Effects of biochar application on greenhouse gas emissions, carbon sequestration and crop growth in coastalsaline soil. European Journal of Soil Science, 66(2): 329-338.
Liu J, Zhang W, Jin H, et al. 2023. Exploring the carbon capture and sequestration performance of biochar-artificial aggregate using a new method. Science of The Total Environment, 859: 160423
Liu S, Zhang Y, Zong Y, et al. 2016. Response of soil carbon dioxide fluxes, soil organic carbon and microbial biomass carbon to biochar amendment: a meta-analysis. GCB Bioenergy, 8: 392-406.
Liu Y, Yang M, Wu Y, et al. 2011. Reducing CH_4 and CO_2 emissions from waterlogged paddy soil with biochar. Journal of Soils and Sediments, 11(6): 930-939.
Luo Y, Durenkamp M, De Nobili M, et al. 2011. Short term soil priming effects and the mineralisation of biochar following its incorporation to soils of different pH. Soil Biology & Biochemistry, 43(11): 2304-2314.
Major J, Lehmann J, Rondon M, et al, 2010. Fate of soil-applied black carbon: Downward migration, leaching and soil respiration. Global Change Biology, 16(4): 1366-1379.
Markantoni M and Woolvin M 2015. The role of rural communities in the transition to a low-carbon Scotland: A review. Local Environment, 20(2): 202-219.
McBeath A, Smernik R, Krull E, et al. 2014. The influence of feedstock and production temperature onbiochar carbon chemistry: A solid-state ^{13}C NMR study. Biomass & Bioenergy, 60: 121-129.
Mukherjee A, Lai R, Zimmerman A R. 2014. Effects of biochar and other amendments on the physical properties and greenhouse gas emissions of an artificially degraded soil. Science of the Total Environment, 487(15): 26-36.
Prayogo C, Jones J E, Baeyens J, et al, 2014, Impact of biochar on mineralisation of C and N from soil and willow litter and its relationship with microbial community biomass and structure. Biology and Fertility of Soils, 50(4): 695-702
Roberts K G, Gloy B A, Joseph S, et al. 2010. Life cycle assessment of biochar systems: Estimating the energetic, economic, and climate change potential. Environmental Science and Technology, 44(2): 827-833.
Rogovska N, Laird D, Cruse R, et al. 2011. Impact of biochar on manure carbon stabilization and greenhouse gasemissions. Soil Science Society of America Journal, 75(3): 871-879.
Schimmelpfennig S, Glaser B. 2012. One Step Forward toward characterization: Some important material properties to distinguish Biochars. Journal of Environmental Quality, 40(4): 1001-1013.
Schmidt M, Noack A G, Schmidt M W, et al. 2000. Black carbon in soils and sediments: Analysis, distribution, implications, and current challenges. Global Biogeochemical Cycles, 14(3): 777-794.
Sigua G, Novak J, Watts D, et al. 2014. Carbon mineralization in two ultisols amended with different sources and particle sizes of pyrolyzed biochar. Chemosphere, 103: 313-321.
Singh B P, Cowie A L. 2014, Long-term influence of biochar on native organic carbon mineralisation in a low-carbon clayey soil. Scientific Reports, 3687(4): 1-9.
Singh B P, Hatton B J, Singh B, et al. 2010. Influence of biochars on nitrous oxide emission and nitrogen leaching from two contrasting soils. Journal of Environmental Quality, 39: 1224-1235.
Srivastava P, Kumar A, Behera S K, et al. 2012. Soil carbon sequestration: an innovative strategy for reducing atmospheric carbon dioxide concentration. Biodiversity and Conservation, 21(5): 1343358.

Sui L, Tang C, Du Q, et al. 2021. Preparation and characterization of boron-doped corn straw biochar: Fe(Ⅱ)removal equilibrium and kinetics. Journal of Environmental Sciences, 106: 11623.

Tang C Y, Cheng K, Liu B L, et al. 2022a. Artificial humic acid facilitates biological carbon sequestration under freezing-thawing conditions. Science of the Total Environment, 849: 157841.

Tang C Y, Yang F, Antonietti M. 2022b. Carbon materials advancing microorganisms in driving soil organic carbon regulation. Research, (2): 12.

Ul S N, Oh M, Jo W, et al. 2015. Conversion of dry leaves into hydrochar through hydrothermal carbonization(HTC). Journal of Material Cycles and Waste Management, 19(1): 11117.

Ventura F, Salvatorelli F, Piana S, et al. 2012. The effects of biochar on the physical properties of bare soil. Earth and Environmental Science Transactions of the Royal Society of Edinburgh, 103(1): 5-11.

Wang C, Shen J, Liu J, et al. 2019. Microbial mechanisms in the reduction of CH_4 emission from double rice cropping system amended by biochar: A four-year study. Soil Biology and Biochemistry, 135: 251-263.

Wang Z, Li Y, Chang S X, et al. 2014. Contrasting effects of bamboo leaf and its biochar on soil CO_2 efflux and labile organic carbon in an intensively managed Chinese chestnut plantation. Biology and Fertility of Soils, 50(7): 1109119.

Wardle D, Nilsson M C, Zackrisson O. 2008. Response to comment on"Fire-derived charcoal causes loss of forest humus". Science, 321(5894): 1295.

Wengel M, Kothe E, Schmidt C M, et al. 2006. Degradation of organic matter from black shales and charcoal by the wood-rotting fungus *Schizophyllum commune* and release of DOC and heavy metals in the aqueous phase. Science of the Total Environment, 367(1): 383-393.

West A, Schimdt S. 2002. Endogenous methanogenesis stimulates oxidation of atmospheric CH_4 in alpine tundra soil. Microbial Ecology, 43(4): 408-415.

Woolf D, Amonette J E, Street-Perrott F A, et al. 2010. Sustainable biochar to mitigate global climate change. Nature Communications, 1(1): 56.

Wu L, Xu H, Xiao Q, et al. 2020. Soil carbon balance by priming differs with single versus repeated addition of glucose and soil fertility level. Soil Biology and Biochemistry, 148: 107913.

Wu MX, Han XG, Zhang T, et al. 2016. Soil organic carbon content affects the stability of biochar in paddy soil. Agriculture, Ecosystems and Environment, 223: 59-66.

Xiao X, Chen B. 2017. A direct observation of the fine aromatic clusters and molecular structures of biochars. environmental. Science and Technology, 51(10): 5473-5482.

Xu W, Whitman W B, Gundale M J, et al. 2021. Functional response of the soil microbial community to biochar applications. GCB Bioenergy, 13(1): 269-281.

Yamashita Y, Cory R M, Nishioka J, et al. 2010. Fluorescence characteristics of dissolved organic matter in the deep waters of the Okhotsk Sea and the northwestern North Pacific Ocean. Deep Sea Research Part II: Topical Studies in Oceanography, 57(16): 1478-1485.

Yan H, Yang H, Li K, et al. 2023. Biochar addition modified carbon flux and related microbiota in cow manure composting. Waste and Biomass Valorization, 14: 847-858.

Yang F, Gao Y, Sun L, et al. 2018. Effective sorption of atrazine by biochar colloids and residues derived from different pyrolysis temperatures. Environmental Science and Pollution Research, 25: 18528-18539.

Yang F, Xu Z, Huang Y, et al. 2021. Stabilization of dissolvable biochar by soil minerals: Release reduction and organo-mineral complexes formation. Journal of Hazardous Materials, 412: 125213.

Ye J, Joseph S D, Ji M, et al. 2017. Chemolithotrophic processes in the bacterial communities on the surface of mineral-enriched biochars. The ISME Journal, 11(5): 1087-1101.

Zabaniotou A, Kantarelis E, Skoulou V, et al. 2010. Bioenergy production for CO_2-mitigation and rural development via valorisation of low value crop residues and their upgrade into energy carriers: A challenge for sunflower and soya residues. Bioresource Technology, 101(2): 619-623.

Zavalloni C, Vicca S, Buscher M, et al. 2012. Exposure to warming and CO_2 enrichment promotes greater above-ground biomass, nitrogen, phosphorus and arbuscularmycorrhizal colonization in newly established grasslands. Plant and Soil, 359(1): 121-136

Zhang A, Liu Y, Pan G, et al. 2012. Effect of biochar amendment on maize yield and greenhouse gas emissions from a soil organic carbon poor calcareous loamy soil from Central China Plain. Plant and Soil, 351(1-2): 263-275.

Zhang M, Cheng G, Feng H, et al. 2017. Effects of straw and biochar amendments on aggregate stability, soil organic carbon, and enzyme activities in the Loess Plateau, China. Environmental Science and Pollution Research, 24(11): 10108-10120.

Zhang S, Du Q, Sun Y, et al. 2020. Fabrication of L-cysteine stabilized α-FeOOH nanocomposite on porous hydrophilic biochar as an effective adsorbent for Pb^{2+} removal. The Science of the Total Environment, 720(10): 137415-137415.

Zhang W, Niu J, Morales V, et al. 2010. Transport and retention of biochar particles in porous media:effect of pH, ionic strength, and particle size. Ecohydrology, 3(4): 497-508.

Zhao L, Cao X, Masek O, et al. 2013. Heterogeneity of biochar properties as a function of feedstocksources and production temperatures. Journal of Hazardous Materials, 256:1-9.

Zimmerman A R. 2010. Abiotic and microbial oxidation of laboratory-produced black carbon (biochar). Environ Sci Technol, 44:1295-1301.

第 8 章　生物质炭的稳定性和潜在环境风险

生物质炭凭借优异的土壤碳固定作用和高效的环境污染修复能力，成为一种应用广泛的环境功能材料（Ennis et al.，2012），同时这也导致其在天然环境的时间和空间维度上广泛分布（Lian and Xing，2017）。因此，研究生物质炭在环境条件下的稳定性，以及生物质炭对环境可能存在的风险并进行评价是极其必要的。生物质炭释放到天然环境中后通常受到多种环境介质的影响，并与环境介质产生各种物理化学作用。其中，生物质炭的稳定性通常受到物理分解、化学分解、生物分解和多因素组合的影响（Rechberger et al.，2017）。另外，生物质炭在受到环境因素影响的同时，也会对环境中的各种介质造成一定的作用。本章将对生物质炭在环境介质中的稳定性和生物质炭对环境造成的潜在风险进行详细描述。

8.1　生物质炭的稳定性

8.1.1　生物质炭的物理分解

生物质炭进入到环境中，在温度、压力、风力、植物根系、水分传输等环境条件的影响下，大颗粒生物质炭将受到研磨作用、冻融作用、膨胀作用和水流冲击作用等，从而被分解为小颗粒生物质炭，主要包括胶体、纳米颗粒和可溶性生物质炭。这些小颗粒将随着环境介质的转移而发生迁移，同时这个过程也受到诸多环境条件的影响。

进入土壤一定时间后，不同粒径生物质炭将逐渐变得均一，并且形状也逐渐变为圆形，这主要是由于土壤的研磨性导致的（Ponomarenko and Anderson，2001）。此外，生物质炭表面丰富的含氧官能团赋予其一定的亲水性，使其进入到水中或者在吸收环境介质中的水分后发生膨胀，从而使稳定的物理结构变化成为不稳定结构，更容易在外力作用下发生破碎。另外，水流冲击也是生物质炭分解的一个主要原因，生物质炭表面附着的小颗粒及生物质炭的层状结构将会在水流的冲击下发生脱落或分层，从而形成小颗粒的生物质炭（Spokas et al.，2014）。此外，在纬度较低的寒区地带，冻融循环也是生物质炭分解的一个重要影响因素，由于热胀冷缩作用，进入到环境中的生物质炭在冰冻环境下除了受到来自内部水分的压力外，还受到外部介质的挤压作用，从而发生物理性的碎裂而产生小颗粒（Liu et al.，2018；Gao et al.，2020）。

除外部环境因素外，生物质炭的物理分解还受到自身性质的影响。生物质炭的制备工艺、制备原料、制备温度等都是影响生物质炭稳定性的主要原因，生物质炭在热解过程中随着温度的升高将发生一系列的结构转变。相对于低温制备（小于400℃），高温制备（400～700℃）的生物质炭具有更加有序的结构，在受到外力作用时结构的变化更小，从而在受到环境条件影响时破碎的概率更小（Braadbaart et al.，2009）。另外，生物质炭的原料也是影响生物质炭稳定性的一个重要因素，有研究表明，采用木材、竹材等木质原料制备的生物质炭具有较高的含碳量和较硬的结构，其相比于作物秸秆、污泥和粪便等原料制备的生物质炭具有更高的稳定性和更少的环境损失（Tomczyk et al.，2020）。此外，反应停留时间长、升温速率慢、压力大等制备条件也有利于生物质炭稳定性的提高。

8.1.2　生物质炭的化学分解

生物质炭在环境中的化学分解主要包括化学溶解过程和化学氧化过程（方婧等，2019）。其中，化学溶解过程主要是由于大颗粒生物质炭的可溶性组分随着水流迁移而发生质量损失；化学氧化过程是由于环境光照作用、水体背景组分作用以及生物质炭与环境介质的界面相互作用造成的生物质炭的转化。

生物质炭的化学溶解过程即生物质炭的不稳定组分溶解到液相环境的过程，其主要受到水体温度、pH、水体背景成分、生物质炭热解温度、生物质炭来源等条件的影响。有研究表明，较高的环境温度和较高的 pH 条件有利于生物质炭的溶解（Li et al.，2017）。特别地，含有丰富的羟基、羧基等亲水性含氧官能团的小颗粒生物质炭更容易进入到水体中。土壤矿物质能够通过阳离子架桥等作用促进生物质炭溶解进入环境中，溶解的速率和程度受矿物类型的影响（Qu et al.，2016）。此外，低热解温度的生物质炭表面的含氧官能团更加丰富，亲水性更高，也更加容易溶解到环境水体（Uchimiya et al.，2013）。

生物质炭的化学氧化过程是环境光照、水体中溶解氧以及环境中具有氧化还原能力的组分等与生物质炭表面或者内部的官能团发生化学反应的过程。例如，在环境光照条件下，生物质炭颗粒在吸收光子之后从基态转变成为三重激发态，改变了生物质炭得失电子的能力，通过自身的氧化还原或者与氧气分子发生反应而产生活性氧物质，这些活性氧可进一步矿化生物质炭或者产生环境持久性自由基，进而导致生物质炭的损失（Fu et al.，2016）。此外，环境中的部分金属矿物质及天然有机质也能通过电子转移导致生物质炭表面官能团的氧化。目前，大多数研究通过化学氧化的方法来评价生物质炭的抗氧化能力，即计算生物质炭在被各种化学氧化剂氧化前后的碳损失率（Harvey et al.，2012）。有研究指出，接近饱和湿度条件、长时间的氧气暴露、较高的温度都有利于生物质炭的氧化，土壤矿物质与有机质则通过吸附、化学作用力等作用与生物质炭结合来避免生物质炭的氧化（Li et al.，2014）。

化学溶解过程与化学氧化过程在发生顺序上没有先后之分，通常情况下化学溶解过程能够促进化学氧化过程的发生，而化学氧化过程也能够提高生物质炭在环境中的溶解行为。

8.1.3 生物质炭的生物分解

相较于物理分解和化学分解，生物分解过程是环境中生物质炭的主要分解方式。生物分解过程主要包括微生物分解、动物分解和植物分解，其中微生物分解过程为主要的分解途径（Kuzyakov et al.，2009）。

环境中生物质炭的微生物分解过程主要分为快速分解和慢速分解两个阶段：快速分解是生物质炭的不稳定组分和易挥发组分在短时间内的快速分解过程；慢速分解是生物质炭中稳定的芳香环结构在长时间内缓慢降解（Jiang et al.，2016）。生物质炭中碳元素和氮元素是微生物的重要能量来源，同时生物质炭也会对微生物的生长和发育造成不利的影响（Bakshi et al.，2018）。生物质炭的生物稳定性受环境因素和自身性质的影响，其中影响生物质炭生物稳定性的环境因素主要为天然有机质与生物质炭形成的团聚体，生物质炭外表面包裹的有机质对生物质炭形成的物理保护减缓了生物质炭的碳流失（Mitchell et al.，2015）。影响生物质炭生物稳定性的主要因素包括生物质炭的热解温度、生物质炭的化学组成和生物质炭的原料类型。有研究指出，在较高的热解温度下或者使用较高木质素含量的原料制备的生物质炭难以被微生物利用，而氮元素能够提升微生物对生物质炭的利用率，因此含氮量较低的生物质炭不利于被微生物分解（Mimmo et al.，2014）。除微生物作用外，土壤中的动物和植物对生物质炭的稳定性也有一定的影响，例如，蚯蚓、白蚁、线虫或者土壤原生动物能够通过直接摄取或者物理扰动使生物质炭在土壤中分布得更加均匀。植物根系分泌物为微生物的生长和发育提供了物质来源，增加了微生物的生理活性，进而促进了微生物对生物质炭的分解。此外，植物根系分泌物能够改变土壤的物理和化学性质（如持水能力和 pH 等）来调节微生物的群落和结构，进而影响微生物对生物质炭的分解。另外，其中的一些植物分泌物还能够通过直接氧化的方式对生物质炭进行非生物的氧化分解（Ventura et al.，2015）。

8.2 生物质炭的迁移

生物质炭是一种高度芳香的木炭状物质，由生物质在高温及无氧或限氧条件下热解产生（Lehmann，2007）。由于其优越的物理化学特性、良好的稳定性和碳固定能力，生物质炭被广泛用于改良障碍土壤、提高作物产量和修复污染场地等（Lian and Xing，2017；Dai et al.，2021；Xu et al.，2021）。生物质炭的迁移主要包括纵向迁移和横向迁移，其中横向迁移指的是由于地表径流和灌溉水流的横向流动带动生物质炭的迁移，纵向迁移是指生物质炭在河水径流、降水和沉积物沉淀等作用下产生转移（Leifeld et al.，2007）。经过物理分解作用后产生的小粒径胶体和溶解态生物质炭是生物质炭转移的主体，一方面是由于这些生物质炭的粒径较小，在转移过程中受到的截留和过滤作用小，更容易发生长距离的转移（Wang et al.，2013a）；另一方面是由于这些小粒径的生物质炭在水中的溶解性和分散性较好，不容易吸附在环境介质中，从而具有更大的迁移能力（Zhang et al.，2010）。基于此，可知生物质炭在环境中的迁移主要是在液相条件下发生的，即液相条件对生物质炭的迁移具有较大的影响。有研究指出，生物质炭的表面电荷、环境 pH 和水体背景中的离子强度等也会影响生物质炭的迁移，例如，生物质炭颗粒表面电荷越多，受到的电荷排斥力将会越大，生物质炭的分散性也就越高，在环境介质中的吸附也就越少（Chen et al.，2017）。环境 pH 降低，生物质炭颗粒携带的负电荷将减少，生物质炭颗粒间的双电层压缩而导致生物质炭颗粒的团聚，从而使生物质炭的迁移能力减弱（Luo et al.，2011）。在高离子强度条件下，由于阴、阳离子在环境介质中吸附而减小了环境介质对生物质炭的排斥，使得生物质炭被大量吸附在环境介质中，从而导致其迁移能力的下降（Zhao et al.，2015）。

一旦生物质炭被应用到环境中，它就会经历物理、化学和生物分解，形成小尺寸的生物质炭颗粒（Zimmerman，2010；Spokas et al.，2014；Wang et al.，2019）。这些小的生物质炭颗粒可在水中分散形成生物质炭胶体，并在土壤和含水层中迁移，造成潜在的碳损失（Fang et al.，2020）。与大颗粒的生物质炭不同，生物质炭胶体作为参与地球化学过程的活性成分，具有更强的吸附和迁移能力（Song et al.，2019）。此外，生物质炭胶体还可能成为促进各种环境污染物迁移的载体，从而带来潜在的环境风险（Hofmann and Wendelborn，2007；Hofmann and Kammer，2009；Yang et al.，2017a）。因此，理解生物质炭胶体的迁移行为，对于优化生物质炭在土壤改良和环境修复中的应用及风险控制至关重要。一些研究表明，生物质炭胶体的迁移和滞留受生物质炭的固有属性（热解温度和颗粒大小）和周围环境的物理化学特性［如 pH、离子强度（IS）、离子价和天然有机物］的影响（Wang et al.，2013a；Yang et al.，2017a；Yang et al.，2019b）。生物质炭胶体的流动性一般会随着离子强度、颗粒大小、温度的增加而降低（Skjemstad et al.，1999；Leifeld et al.，2007；Guggenberger et al.，2008；Zhang et al.，2010；Chen et al.，2017）。然而，生物质炭胶体的流动性也可以随着 pH 和介质粒度的增加而加强（Lian and

Xing，2017；Fang et al.，2020）。在高盐浓度和高 pH 条件下，腐殖酸和黄腐酸显著增强了生物质炭胶体的迁移。而在低盐溶液中，牛血清白蛋白和细胞色素都抑制了生物质炭胶体的迁移（Yang et al.，2019b）。另外，老化效应也影响了生物质炭胶体的迁移，老化的生物质炭胶体比原始的生物质炭胶体表现出更强的流动性（Wang et al.，2019；Meng et al.，2020；Yang et al.，2020）。

到目前为止，大多数研究都局限在一维丙烯酸柱中。然而，如果生物质炭迁移到地下水中，一维分析可能不足以了解由于更多的地下环境因素而产生的复杂迁移行为。从一维柱试验扩大到二维砂箱试验，物理和水文条件接近自然条件（Phenrat et al.，2010；Dong et al.，2019）。同时，为了弥补“黑箱”的缺陷，可以通过光透法来研究生物质炭胶体在二维砂箱中的迁移行为。光透法作为一种无损的、非侵入性的方法，已被用于研究污染物、纳米颗粒在二维砂箱中的传输行为（Niemet and Selker，2001；Bob et al.，2008；Phenrat et al.，2010）。基于上述认识，本研究通过采用石英砂柱试验和二维砂箱试验以饱和多孔介质模拟地下水环境，并结合数值模拟的手段，探究不同溶液化学条件及介质粒径对生物质炭胶体在多孔介质中的迁移行为影响，为更好地评估和预测其环境风险提供理论支持。

8.2.1 生物质炭胶体的制备

本部分生物质炭的热解原材料选用典型生物质废弃物——玉米秸秆。秸秆取自于东北农业大学校内试验农场。将收集后的玉米秸秆采用纯水多次冲洗，并在50℃的鼓风干燥箱中烘干。将烘干后的玉米秸秆裁剪为 4～5 cm 的小段，使用粉碎机将小段玉米秸秆粉碎并过 100 目筛网，收集过筛后的秸秆粉末储存以备用，将其洗净并在 50℃的烤箱中干燥 24 h，然后将玉米秸秆粉末装入坩埚，在管式炉中进行热解炭化。在通过流动氮气的限氧气氛下，管式炉以 5℃/min 的速度升温到 500℃的目标温度，持续 2 h。当温度下降到室温时，在干燥器中收集生物质炭粉末并配制 1 mol/L 的 HCl 溶液浸泡生物质炭，持续搅拌 5 h，用于去除灰分和无机盐，最后将生物质炭溶液在离心机中洗涤离心至中性，放入鼓风干燥箱烘干 12 h，得到 500℃热解条件下的生物质炭。使用全自动比表面积分析仪测定生物质炭的比表面积为 72.1 m^2/g（图 8-1）。元素分析仪测定生物质炭中各元素含量的占比为：碳含量 57.6%，氢含量 1.9%，氧含量 34.7%，氮含量 1.9%。

在制备生物质炭胶体时，将生物质炭（6 g）加入去离子水（500 mL）中，搅拌并超声处理（30 min）。随后，根据斯托克斯定律（Wang et al.，2013 b），将悬浮液放置 24 h 以获得生物质炭微米级颗粒（MP）悬浮液（＜2 μm）。之后，MP 悬浮液通过 0.45 μm 的滤膜，过滤器上保留的固体颗粒被用作本实验的生物质炭胶体（0.45～2 μm 的亚微米颗粒）。最后，将含有生物质炭胶体的滤膜在烘箱烘干用于后续实验（Fang et al.，2020）。用紫外可见分光光度计（TU-1810，PERSEE，中国）在 674 nm 波长处测定生物质炭胶体的浓度。通过逐步稀释 400 mg/L 的生物质炭胶体，建立了标准曲线（$R^2>0.999$）（图 8-2）。用 Zeta 电位分析仪（Nano ZS90，Malvern，UK）测定不同条件下的生物质炭悬浮液的 Zeta 电位，结果见表 8-1。

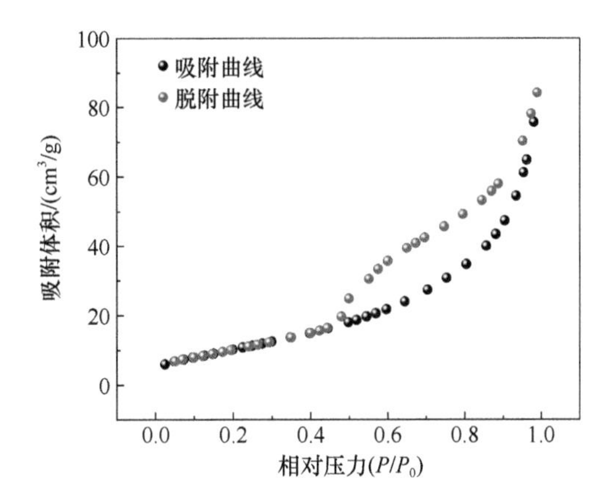

图 8-1　生物质炭的 N_2 吸附-脱附等温线及孔径分布

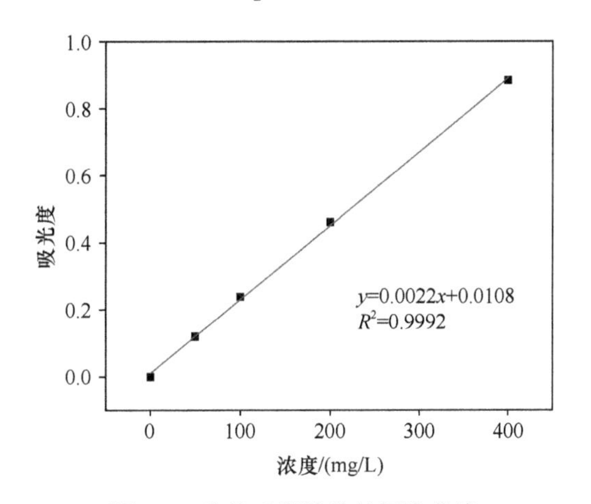

图 8-2　生物质炭胶体的标准曲线

表 8-1　不同条件下生物质炭胶体和石英砂的颗粒大小和 Zeta 电位

样品	粒径/μm	IS/（mmol/L）	pH	Zeta 电位/mV
石英砂	120～180	1	7	−39.97±0.2
	180～380	1	7	−43.9±0.3
	380～830	1	7	−45.7±0.3
	180～380	1	7	−43.9±0.3
	180～380	10	7	−38.27±0.2

续表

样品	粒径/μm	IS/（mmol/L）	pH	Zeta 电位/mV
石英砂	180～380	50	7	–18.33±0.5
	180～380	1	4	–3.09±0.4
	180～380	1	7	–43.9±0.3
	180～380	1	10	–50.37±0.3
生物质炭胶体	—	1	6.27	–34.93±0.2
	—	10	6.17	–33.77±0.3
	—	50	6.13	–33.2±0.2
	—	1	4	–12.57±0.3
	—	1	7	–36.7±0.5
	—	1	10	–46.5±0.7

8.2.2 实验的主要参数测定

1. 渗透系数的确定

渗透是在土壤或其他多孔介质中常见的液体运动现象。多孔介质的渗透性是由于各个颗粒孔隙之间构成水分运动的通道所致。多孔介质中孔隙水的运动和压力的变化通常是控制液体流动的重要因素。饱和导水率（渗透系数）是指土壤/多孔介质被水充分饱和后，在单位梯度、单位时间、单位面积上渗透的水量，它是重要的水力学参数之一，在进行水分模拟时必须考虑。因试验采用的是渗透率较好的石英砂，故采用水头法测定渗透系数。实验中用到的器材有马氏瓶、两个环刀、滤纸、砂布、烧杯、漏斗、秒表、透明胶带、水温温度计等。

渗透系数的具体测定流程如下。首先，称取石英砂（二维砂箱装填的容重）放置在环刀中，将环刀的下端换上有网孔且垫有滤纸的底盖，并将该端浸入水中，同时注意水面不要超过环刀上沿。待石英砂吸水饱和后将环刀取出（一般砂土浸泡 1～6 h，壤土浸泡 8～12 h，黏土浸泡 24 h），挂在适当位置，将重力水完全排空。其次，将马氏瓶进水口打开，由进水口向马氏瓶灌水。灌水至合适位置时，将进水口的塞子塞紧，打开供水口排气至供水口处不再有水流出。随后在环刀的上端套一个空环刀，接口处先用胶布封好，再用熔蜡粘合，严防从接口处漏水，然后将结合的环刀放在漏斗上，架上漏斗架，漏斗下面承接有烧杯。接下来将马氏瓶放在合适位置，将供水管放入环刀内侧，调整马氏瓶高度，打开供水口向环刀供水，使环刀上部保持约 5 cm 水层。最后加水，从漏斗滴下第一滴水时开始计时，测定单位时间内渗入烧杯中的水量（马氏瓶液面高度变化×横截面积），当单位时间内渗出水量相等时，即达到稳渗。

实验饱和导水率（渗透系数）为：

$$K_t = \frac{10Q_n L}{t_n S(h+L)}$$
$$K_{10} = \frac{K_t}{0.7 + 0.03t} \tag{8-1}$$

式中，K_t为温度为 t℃时的饱和导水率（mm/min）；Q_n为渗出水量（mL）；t_n为渗透时间（min）；S 为环刀的横截面积（cm^2）；L 为土层厚度（cm）；h 为水层厚度（cm）。

2. 弥散试验

溶质在含水层中随着水流将进行运移弥散，弥散系数是表征污染物在水中运移分布的一个重要参数。根据获取的水文地质参数和现场资料，建立地下水溶质运移模型来研究地下水污染物的运移情况，这是防控地下水污染和改善地下水水质环境的关键。弥散系数测定的精度与模型预测结果的准确程度息息相关。近年来，国内外学者对弥散系数的求解开展了广泛研究，包括解析法、极值法等。目前可通过室内弥散试验、室外弥散试验以及收集长期的观测资料来确定弥散系数。

开展弥散试验前，首先用 DDS-307 电导率仪确定超纯水的背景电导率值，然后用 0.05 mol/L 的 NaCl 作为示踪剂，每隔 5 min 测定出流液/各个取样口的电导率值，根据示踪剂和电导率之间的关系反推 NaCl 浓度。

采用逐点求解法来确定二维砂槽的水动力弥散系数，为后续的数值模拟提供合理的参数。在均匀的各向同性、等厚的受压含水层中存在一个一维的稳定流。x 轴被认为平行于地下水的流动方向（图 8-3），并假定示踪剂的注入不会改变地下水的渗流状态（ρ和 μ 不变）。设无限含水层中存在一个一维稳定流场，t=0 时，在远点瞬间注入质量为 m 的示踪剂，该区域的初始浓度 C 为零。相应的数学模型可以用公式（8-2）的微分方程的固定解问题来表示。

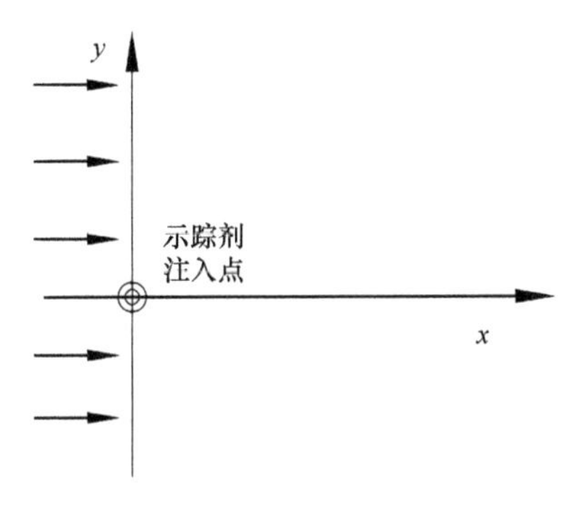

图 8-3　水动力弥散示意图

$$\begin{cases}\dfrac{\partial_c}{\partial_t}=D_{\mathrm{L}}\dfrac{\partial^2 C}{\partial x^2}+D_{\mathrm{T}}\dfrac{\partial^2 C}{\partial y^2}-u\dfrac{\partial_c}{\partial x} & (x,y)\in\Omega,t\neq 0\\ C(x,y,t)=0 & x,y\neq 0,t=0\\ C(\pm\infty,y,t)=C(x,\pm\infty,t)=0 & t\geqslant 0\\ \int_{-\infty}^{+\infty}\int_{-\infty}^{+\infty}\phi\cdot Cd_x d_y=m & t>0\end{cases} \quad (8\text{-}2)$$

式中，t 为放置示踪剂的时间段；C 为时间 $t(x, y)$的示踪剂浓度减去背景值；u 为地下水实际流速；D_{L} 为纵向散布；D_{T} 为横向散布；ϕ 为渗流区介质的孔隙率；m 为单位厚度放置在介质中的示踪剂质量。

微分方程的解析解由公式（8-3）表示：

$$C(x,y,t)=\frac{m}{4\pi\phi\sqrt{D_{\mathrm{L}}D_{\mathrm{T}}}t}e^{-\left[\frac{(x-ut)^2}{4D_{\mathrm{L}}t}+\frac{y^2}{4D_{\mathrm{T}}t}\right]} \quad (8\text{-}3)$$

一定量的石英砂从装置顶部逐层均匀地装入并压实，以避免石英砂中形成大的孔隙和断层。每层砂土之间的界面要充分混合，以防止层间出现孔隙和断层。砂子填满后，使用蠕动泵向砂箱供水，以达到恒定的水流量，模拟地下水的水平流动。

本文利用各观测孔的实测数据，得到垂直和水平弥散系数。设有两个时间 t_1 和 t_2，相应的浓度是 C_1 和 C_2 ，可以利用公式（8-4）和公式（8-5）计算：

$$D_L=\frac{(t_1-t_2)(x^2-u^2t_1t_2)}{4t_1t_2\ln(\dfrac{C_1t_1}{C_2t_2})} \quad (8\text{-}4)$$

$$D_{\mathrm{T}}=\left\{\frac{m}{2\pi\phi C_1t_1\sqrt{D_{\mathrm{L}}}}e^{-\left[\frac{(x-ut_1)^2}{4D_{\mathrm{L}}t_1}\right]}\right\}^2 \quad (8\text{-}5)$$

由于该过程中背景溶液的电导率可能会有波动，造成观察结果的误差，因此不符合物理意义的数值被删除（例如，发现的数值是负的或 $D_{\mathrm{L}}<D_{\mathrm{T}}$），其余参数的平均值被当作待求参数的近似值。

8.2.3 生物质炭胶体在多孔介质中的迁移实验

1. 实验装置

为了揭示生物质炭胶体的迁移规律，在本实验中采用光透射系统（图 8-4）来模拟地下水体环境。

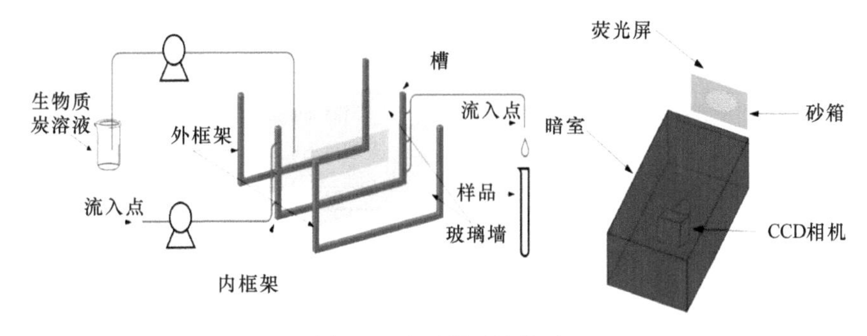

图 8-4　光透射系统装置

光透射系统由一个二维砂箱、光源、暗室和 CCD 相机（Dhyana 400D，中国）组成。本研究中，砂箱（30 cm×20 cm×1.5 cm）由两块钢化玻璃、铝框和顶盖组成（Dong et al.，2019）。在砂箱的两侧以 5 cm 的间隔各设置 3 个小孔，以便液体通过，左右两侧的边框内从底部到顶部开槽作为进出水井。左右两边井用不锈钢网（150 目）密封，以避免砂子堵塞进出水孔且均匀分配进出水流量大小。砂箱还设计了一个可拆卸的密封顶盖，以便进行加压含水层试验。在顶盖上距进水口 5 cm 处有一个注射孔和样品注射针。光源由灯组提供，灯组安装在离砂箱 50 cm 的位置，以隔绝灯组和砂箱之间的热量。CCD 相机安装在距离砂箱 1.5 m 的地方。砂箱被嵌入暗室内，以确保 CCD 相机只捕捉透过砂箱的光线。

2. 实验仪器和填充介质

实验中用到的仪器如表 8-2 所示。

表 8-2　实验仪器

仪器名称	型号	生产厂家
水浴恒温振荡仪	SHZ-A	上海博讯医疗生物仪器股份有限公司
精密和分析天平	ME104	托利多仪器（上海）有限公司
真空干燥箱	DZF-6000	上海一恒科学仪器有限公司
元素分析仪	EA2400 II	珀金埃尔默仪器有限公司
傅里叶红外光谱	Nicolet is50	赛默飞世尔科技（中国）有限公司
超纯水机	UPT-I-5T	四川优普超纯科技有限公司
电热鼓风干燥箱	DHG-9010	上海一恒科学仪器有限公司
pH 计	PHS-25	上海仪电科学仪器有限公司
电导率仪	DDS-307	上海仪电科学仪器有限公司
管式炉	OTF-1200X	合肥科晶材料技术有限公司
紫外分光光度计	TU-1810	北京普析通用仪器有限公司
馏分收集器	BS-100A	中国濮阳科学仪器研究所
Zeta 电位仪	Nano-ZS90	马尔文公司

续表

仪器名称	型号	生产厂家
比表面积分析仪	ASAP2020	Micromeritics 公司
傅里叶红外光谱	Nicolet is50	赛默飞世尔科技（中国）有限公司
X 射线衍射仪	Miniflex600	Rigaku 公司

实验中用到的填充介质为石英砂，购买自鹏显矿产有限公司，石英砂的粒径分为以下三种：20～40 目（粗砂），40～80 目（中砂），80～120 目（细砂）。首先使用去离子水将石英砂表面的大颗粒杂质洗除，再将石英砂在 25℃的 0.25 mol/L NaOH 溶液中浸泡 24 h；随后用去离子水冲洗至溶液为中性，在 25℃的 0.25 mol/L HNO_3 溶液中浸泡 24 h，用去离子水冲洗至中性；最后将石英砂置于 105℃的烘箱内烘干 10 h，储存以备用。

3. 实验方法

石英砂模拟槽运移试验开始前，每隔 2 cm 装填一层石英砂，轻轻压实以减少分层。填充完毕后，用去离子水和背景溶液从左边的进水口冲洗这些砂箱，大约 48 h 达到水化学平衡，流速由蠕动泵（BT100-2J，中国河北）控制。背景溶液的化学条件（pH，IS）通过使用盐酸和氢氧化钠进行修正。在突破试验中，生物质炭胶体（100 mL）以 0.5 mL/min 的速度进入砂箱。然后，水平流动的背景溶液依次从入口边界被冲走，直到孔隙水中没有“游离”的生物质炭胶体时才停止。为了绘制生物质炭胶体突破曲线，用馏分收集器（BS-100A，上海，中国）收集流出的生物质炭胶体。在实验过程中，用 CCD 相机以每张 1 min/的速度拍摄生物质炭胶体运移的灰度图像（图 8-5 及后文的图 8-8，图 8-11）。根据 Beer-Lambert 定律，灰度图像被计算并转换为彩色图像，砂箱的试验参数见表 8-3。

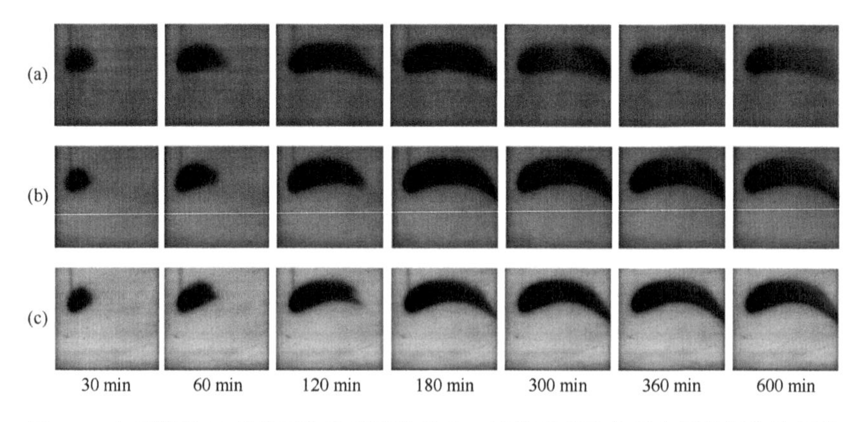

图 8-5 在不同的 IS 条件下生物质炭胶体在二维均质多孔介质中迁移的灰度图像

（a）IS=1mmol/L；（b）IS=10mmol/L；（c）IS=50mmol/L

表 8-3　砂箱试验参数

试验参数	粒径/μm	IS/（mmol/L）	pH	堆积密度/（g/cm^3）	孔隙度（θ）	渗透系数/（cm/min）	穿透率/%
粒径影响							
A1	120～180	1	7	1.41	0.43	1.134	17.1
A2	180～380	1	7	1.43	0.44	1.944	29.6
A3	380～830	1	7	1.55	0.54	12.30	39.5
IS 影响							
B1	180～380	1	7	1.43	0.44	1.944	29.6
B2	180～380	10	7	1.43	0.44	1.944	19.8
B3	180～380	50	7	1.43	0.44	1.944	7.4
pH 影响							
C1	180～380	1	4	1.43	0.44	1.944	28.8
C2	180～380	1	7	1.43	0.44	1.944	29.6
C3	180～380	1	10	1.43	0.44	1.944	78.2

8.2.4　数值模拟数学模型

数学模型已被普遍用于研究一维形式的生物质炭胶体的迁移行为（Bradford et al.，2003；Wang et al.，2013b）。在本研究中，为了模拟生物质炭胶体在二维多孔介质中的迁移，按照 Dong 等（2019）的程序，采用了简化的双莫诺（Double Monod）模型［公式（8-6）和公式（8-7）］，由计算机软件 GMS 实现。模型参数汇总于表 8-4。

$$\frac{\partial C}{\partial t}=\frac{\partial}{\partial x_i}(D_{ij}\frac{\partial c}{\partial x_j})-\frac{\partial}{\partial x_i}(V_i C)-\frac{\rho}{\theta}\frac{\partial S}{\partial t} \quad i,j=1,2 \tag{8-6}$$

$$\frac{\rho}{\theta}\frac{\partial S}{\partial t}=kC \tag{8-7}$$

式中，C 代表生物质炭胶体浓度(mg/L)；t 代表时间(min)；ρ 代表体积密度(g/cm^3)；x 代表坐标(cm)；D 代表纵向弥散系数(cm^2/min)；V 代表孔隙水的速度(mL/min)；S 代表沉积颗粒浓度（mg/L）；θ 代表孔隙率；k 代表沉积系数（min^{-1}）。

表 8-4　模型参数

砂箱	粒径/μm	q_{in}/（cm^3/min）	q_{out}/（cm^3/min）	Q/（cm^3/min）	D_{isp}^{a}/cm	K^b/min^{-1}	R^2
		0～600 min	0～600min	0～200min			
A1	120～180	2.2	–2.2	0.5	0.017	0.0047	0.961
A2	180～380	2.2	–2.2	0.5	0.027	0.0028	0.986
A3	380～830	2.2	–2.2	0.5	0.384	0.0023	0.988
B2	180～380	2.2	–2.2	0.5	0.027	0.0032	0.989

续表

砂箱	粒径/μm	q_{in}/（cm^3/min）	q_{out}/（cm^3/min）	Q/（cm^3/min）	$D_{isp}{}^{a}$/cm	K^{b}/min^{-1}	R^2
		0～600 min	0～600min	0～200min			
B3	180～380	2.2	–2.2	0.5	0.027	0.0046	0.941
C1	180～380	2.2	–2.2	0.5	0.027	0.0034	0.992
C3	180～380	2.2	–2.2	0.5	0.027	0.0014	0.985

注：q_{in}、q_{out}、Q、D_{isp}、K、R^2代表单位进水体积通量、单位体积出水的体积流速、生物质炭胶体注入源单位体积的水的体积通量、纵向分散性、一阶吸附系数、Pearson 相关系数的平方；a 表示参数由保守的示踪研究确定，b 表示参数由迁移实验确定。

8.2.5 离子强度对生物质炭胶体迁移的影响

图 8-6 显示了生物质炭胶体在不同离子强度（IS）条件下（1 mmol/L、10 mmol/L、50 mmol/L）于二维砂箱中的迁移和滞留行为，以及突破曲线（突破曲线）的可视化。LTV（光透射技术）图像（图 8-6 a~c）和突破曲线（图 8-7）显示，生物质炭胶体的滞留能力随着 IS 的增加而增加，表明 IS 明显影响生物质炭胶体的迁移。

LTV 图像还显示，随着水逐渐到达右侧边界，生物质炭胶体羽流趋于增加，然后减少（图 8-6 a~c）。这与生物质炭响应突破曲线的传输模式一致（图 8-7）。二维多孔介质中生物质炭胶体的突破曲线从背景水平（C/C_0=0）开始，达到一个峰值，用去离子水冲洗后下降到背景水平。当 IS 为 1 mmol/L、10 mmol/L 和 50 mmol/L 时，生物质炭胶体在二维砂箱中的突破时间分别为 112 min、128 min 和 132 min。随着 IS 的增加，生物质炭胶体的突破显示出滞后性，并且流出的

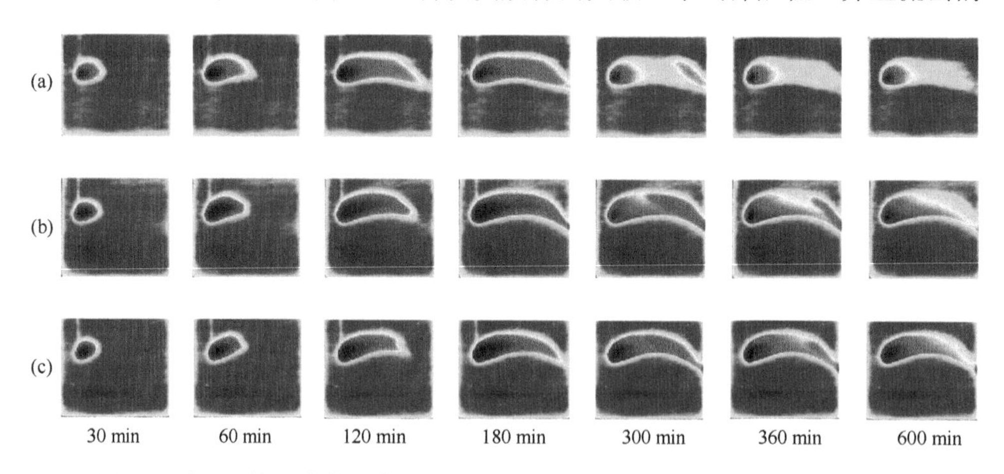

图 8-6 在不同的 IS 条件下生物质炭胶体在二维均质多孔介质中迁移的彩色图像

（a）IS=1 mmol/L；（b）IS=10 mmol/L；（c）IS=50 mmol/L

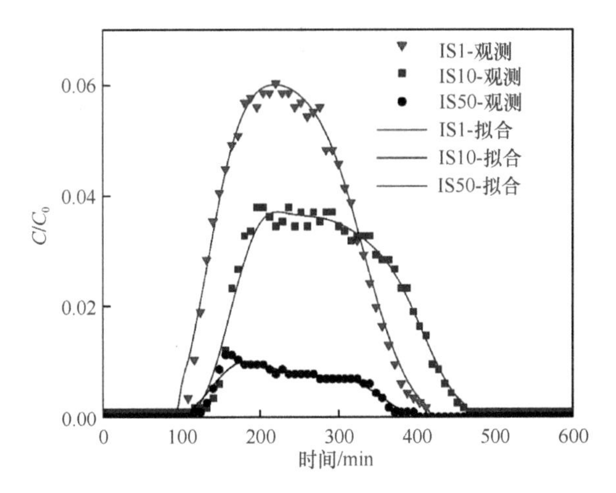

图 8-7　在不同的 IS 条件下生物质炭胶体在二维均质多孔介质中迁移的突破曲线

峰值显示出明显的差异。当 IS 从 1 mmol/L 增加到 50 mmol/L 时，生物质炭胶体的最大流出相对浓度比（C_{max}/C_0）从 6.03%下降到 1.12%，总流出率从 29.6%下降到 7.4%。随着 IS 的增加，胶体粒子的双电层的厚度被压缩，减少了胶体粒子之间的排斥力。这导致了胶体大团的形成，不利于胶体在多孔介质中的迁移（Zhang et al.，2010）。生物质炭胶体和石英砂的 Zeta 电位都是负的，因此产生了一种排斥力（表 8-1）。此外，带相同电荷的生物质炭胶体和多孔介质表面 DLVO（Derjaguin-Landau-Verwey-Overbeek）之间的相互作用能垒会随着 IS 的增加而减少，表明胶体颗粒有利于沉积在石英砂的表面，从而降低其运输能力（Liu et al.，2013）。该研究的二维可视化结果支持在一维砂柱试验中获得的结论，并表明 IS 对生物质炭胶体的传输和保留有很大的影响。

8.2.6　pH 对生物质炭胶体迁移的影响

图 8-8 显示了不同 pH 条件下（4，7，10）生物质炭胶体在二维砂箱中的迁移和滞留行为，以及突破曲线的可视化情况。LTV 图像（图 8-8 和图 8-9）突破曲线（图 8-10）显示，生物质炭胶体的滞留能力随着 pH 的增加而下降，表明 pH 对生物质炭胶体的迁移有明显影响。

生物质炭胶体注入后随着水流向右移动，在 pH 10 时最先突破到达右边界。正如试验中观察到的，生物质炭胶体羽流的移动趋势与突破曲线的移动趋势一致。生物质炭胶体在酸性条件下具有最低的移动性，而随着 pH 的增加，运输能力也在增加，这一发现与之前的一维柱研究一致（Zhang et al.，2010；Yang et al.，2017b）。pH 从 4 增加到 10，生物质炭胶体的最大流出相对浓度比从 5.5%增加到 15.1%，总流出率从 28.8%增加到 78.2%，这表明碱性 pH 对生物质炭胶体在均质多孔介质中的迁移有较强的影响，而中性和酸性条件下对生物质炭胶体的迁移能力较弱。当 pH 从 10 降到 4 时，溶液中的 H^+含量增加，生物质炭胶体的表面电负性会降低（表 8-1），这使得胶体颗粒更容易团聚，从而不利于胶体的迁移。此外，溶液的 pH 对其他碳纳米材料（富勒烯、碳纳米管和氧化石墨烯）的迁移行为也有很大影响，即碳纳米材料在沉积物中的滞留率会随着 pH 的增加而降低（Li et al.，2021；Ghosh et al.，2022）。

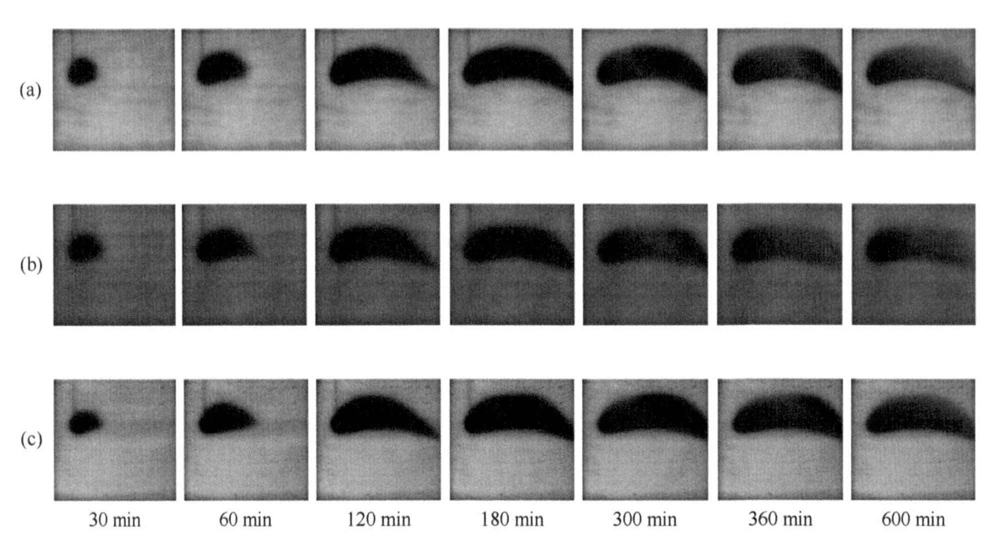

图 8-8　在不同的 pH 条件下生物质炭胶体在二维均质多孔介质中迁移的灰度图像

（a）pH 4；（b）pH 7；（c）pH 10

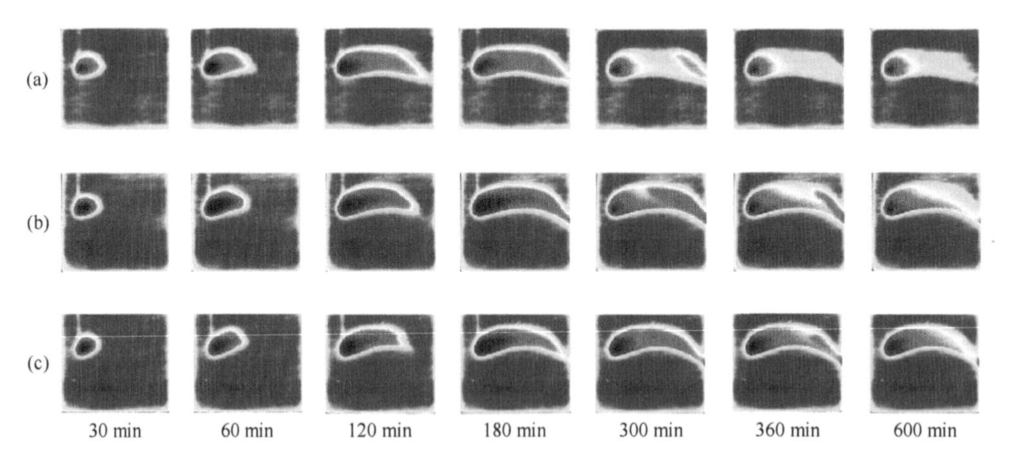

图 8-9　在不同的 pH 条件下生物质炭胶体在二维均质多孔介质中迁移的彩色图像

（a）pH 4；（b）pH 7；（c）pH 10

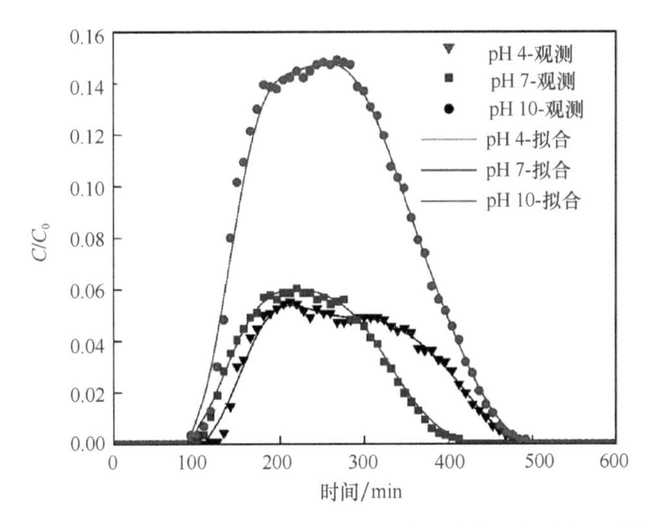

图 8-10　在不同的 pH 条件下生物质炭胶体在二维均质多孔介质中迁移的突破曲线

8.2.7　介质粒径对生物质炭胶体迁移的影响

图 8-10 显示了三种石英砂粒径（120～180μm，180～380μm，380～830μm）在二维砂箱中生物质炭胶体的迁移和滞留行为，以及突破曲线的可视化情况。LTV 图像（图 8-11 和图 8-12）和突破曲线（图 8-13）显示，生物质炭胶体的滞留能力随着石英砂粒径的增加而降低，表明砂粒大小对生物质炭胶体的迁移有明显影响。

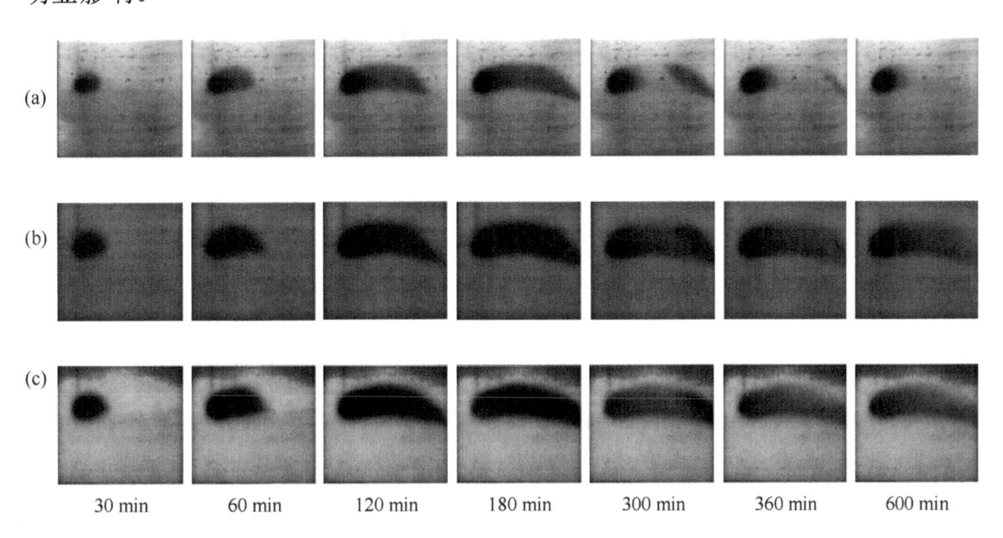

图 8-11　不同粒度条件下生物质炭胶体在二维均质多孔介质中迁移的灰度图像

（a）细砂；（b）中砂；（c）粗砂

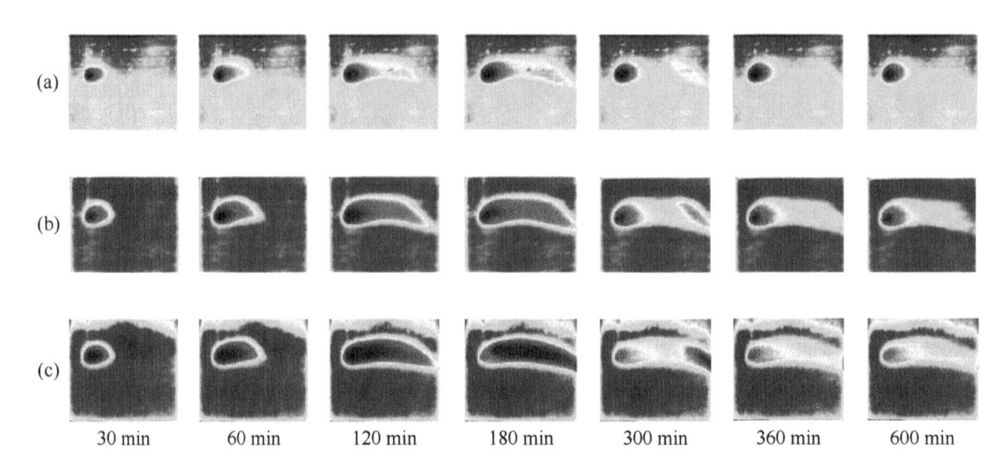

图 8-12　不同粒度条件下生物质炭胶体在二维均质多孔介质中迁移的彩色图像

（a）细砂；（b）中砂；（c）粗砂

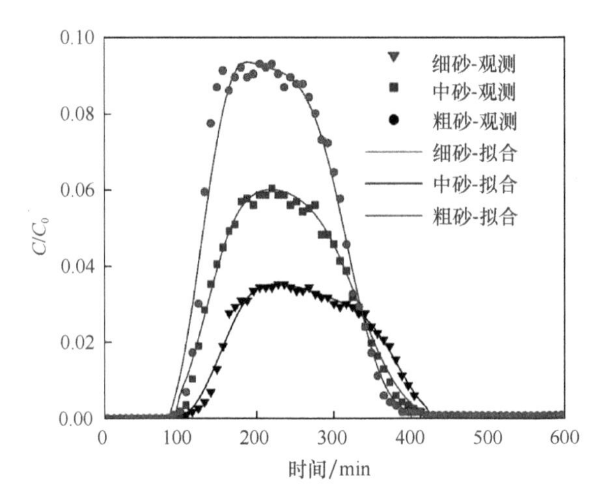

图 8-13　不同粒度条件下生物质炭胶体在二维均质多孔介质中迁移的突破曲线

（a）细砂；（b）中砂；（c）粗砂

LTV 图像观察到，大部分生物质炭胶体被保留在注入口，细砂的保留浓度最高，这与一维填充柱的进口处保留大量生物质炭胶体的情况一致（Wang et al.，2013a）。随着石英砂颗粒大小的增加，质量回收率从 17.1%增加到 39.5%。这种滞留机制可以用第二极小值（Hahn and O'Melia，2004）、胶体聚集（Wang et al.，2011）、应变（Tufenkji et al.，2004）和表面电荷不均匀性（Chatterjee et al.，2010）来解释。总的来说，在给定的初始浓度（C_0）下，生物质炭胶体的流动性随着砂粒大小的增加而增加。在垂直方向上，生物质炭胶体羽流的迁移可能受到扩散效应的控制（Dong et al.，2019）；而在横向上，水流驱动是影响生物质炭胶体迁移的关键因素（图 8-10）。在二维多孔介质中，粗砂的渗透浓度最高，其次是中砂，最后是细砂。三种粒径的生物质炭胶体和石英砂的 Zeta 电位均为负值，由于双电层被压缩，Zeta 电位的绝对值从 45.9 mV 下降到 39.97 mV，这改善了生物质炭胶体的沉积情况。此外，含有细砂的多孔介质有更多的裂缝和更小的孔隙，在这种沉积条件下，细砂的比表面积更大，将为生物质炭胶体提供更多的沉积点，从而抑制其迁移。

8.2.8 数值模拟结果

简化的双莫诺模型可以很好地描述工程纳米粒子在二维多孔介质中的迁移和保留情况（Dong et al.，2019）。本研究中使用的双莫诺模型不仅再现了生物质炭胶体的迁移行为（图 8-14、图 8-15 和图 8-16），而且很好地描述了生物质炭胶体在二维砂箱中的突破曲线（图 8-7、图 8-10 和图 8-13）。如表 8-4 所示，当 IS 从 1 mmol/L 增加到 50 mmol/L 时，拟合的 K 值从 0.0028 增加到 0.0046，表明生物质炭胶体在多孔介质中的沉积增加；同时，当 pH 从 10 降低到 4 时，中砂适配的 K 值从 0.0014 增加到 0.0034，这与实验数据一致。该模型还表明，颗粒大小对生物质炭胶体在均质砂槽中的迁移有重要影响。例如，随着颗粒大小的增加，拟合的 K 值从 0.0047 下降到 0.0023。上述模拟结果表明，溶液化学条件和颗粒大小对生物质炭胶体在二维砂槽中的迁移有重要影响。

本团队试图通过可视化系统探索生物质炭胶体在二维多孔介质中的迁移和滞留行为，并利用流动池流出物浓度的突破曲线进行定量分析。采用这种方法可以捕捉到生物质炭胶体的运输和滞留的具体过程。这项工作表明，生物质炭胶体在二维多孔介质中的运输能力随着 IS 的增加而逐渐下降。在碱性条件下，生物质炭胶体的迁移能力较强；而在中性和酸性条件下，生物质炭胶体颗粒的表面电负性

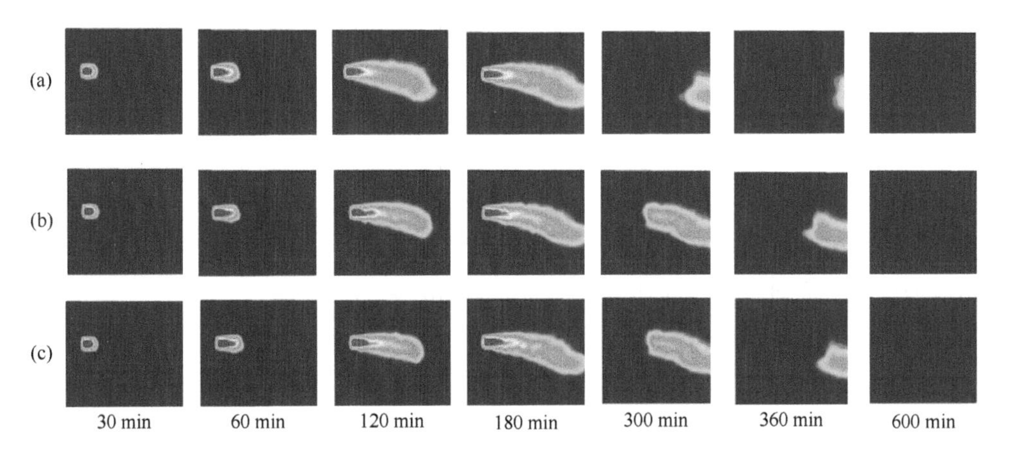

图 8-14　在不同 IS 条件下生物质炭胶体在二维多孔介质中迁移的模型图像

（a）1 mmol/L；（b）10 mmol/L；（c）50 mmol/L

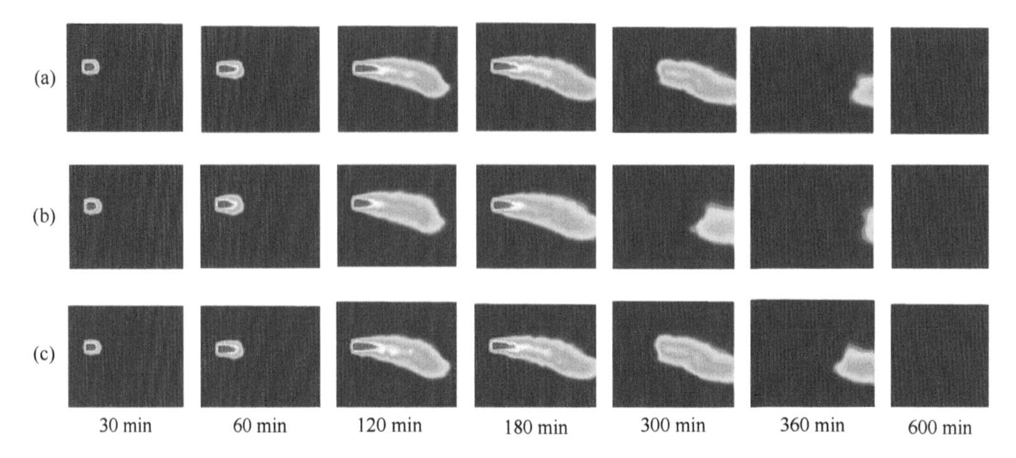

图 8-15　不同 pH 条件下生物质炭胶体在二维多孔介质中迁移的模型图像

（a）pH 4；（b）pH 7；（c）pH 10

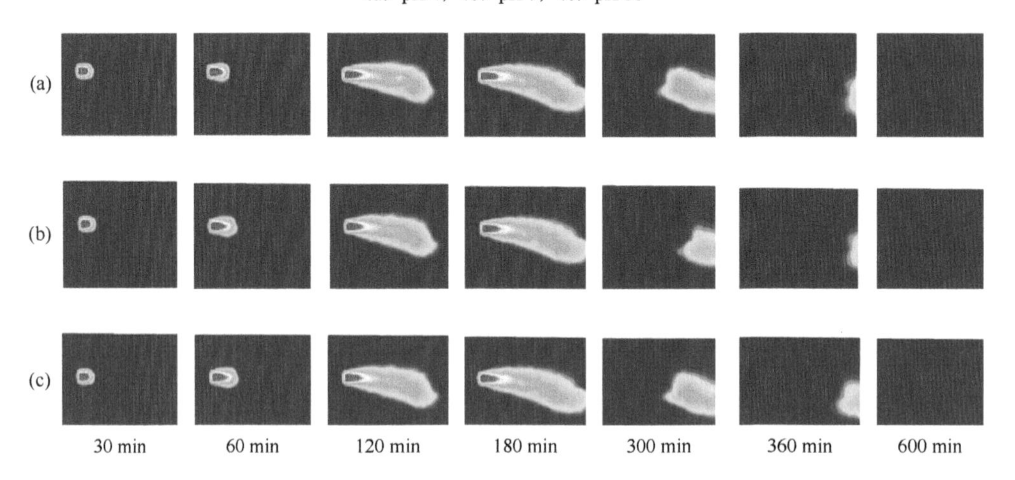

图 8-16　不同粒径条件下生物质炭胶体在二维多孔介质中迁移的模型图像

（a）细砂；（b）中砂；（c）粗砂

降低，使得胶体颗粒更容易发生聚集，不利于生物质炭胶体的迁移。此外，生物质炭胶体的流动性随着砂粒大小的增加而增加。考虑到垂直扩散过程，简化的双莫诺模型可以很好地用来描述生物质炭胶体在二维多孔介质中的迁移和保留行为。该研究为探索生物质炭胶体在二维多孔介质中的迁移规律提供了一个新的视角，为更好地评估和预测其环境风险提供了理论支持。

8.3　生物质炭的潜在环境风险

生物质炭是由生物质在高温（400～700℃）限氧条件下热解产生的一种碳材料（Lehmann and Joseph，2015）。由于其优良的理化性质，越来越多的人应用生物质炭修复水体污染和提高土壤肥力。随着对生物质炭应用研究的逐渐深入，研究人员除了认识到生物质炭对环境修复和提升土壤肥力具有积极的作用外，还发现生物质炭对生态环境也具有潜在的风险。这些潜在风险主要存在于两个方面：一方面，在生产过程中，生物质炭会由于其原料温度的不同而产生对环境有害的物质，如重金属、多环芳烃、二噁英、挥发性有机物、持久性自由基等，这些成分通过不同的方式扩散至环境中，对环境的物理、化学或生物性质产生影响，从而对有机体造成间接的危害；另一方面，生物质炭表面积大，结构疏松多孔，对环境中的污染物产生吸附作用，但由于各种环境过程（如生物质炭生物降解）影响生物质炭对污染物的亲和特性，并没有降低污染物对环境的毒理效应。此外，生物质炭本身还可能是污染物的载体，这有可能是由于有害原料（重金属和有机污染物）的不当使用，也有可能是意外产生的副产品（有毒的多环芳烃；热解过程中产生 PAH）（Hilber et al.，2017）。这些有毒物质的浓度可能不是很明显，但这种接触的危害是巨大的。此外，生物质炭颗粒在低密度、细粉形态的情况下，会扩散到不同的环境介质中，可能会引起一些环境问题，如在大气中重新悬浮、在河流沉积物中沉积和积累、在地表水中扩散和淋溶，甚至通过“胶体易化运移促进运输”渗透到地下水中（Fang et al.，2016）。因此，生物质炭的未知属性严重制约了生物质炭技术的发展。

生物质炭对生物体的负面影响可能不是直接来自于有害物质，而是来自于生物质炭诱导的环境变化，这些变化会产生对某些生物体不利的环境。此外，当受到环境条件的影响时，生物质炭会随着时间的推移发生化学、物理和生物变化（Xiong et al.，2017），这也会影响其对各种生物的毒性（Kavitha et al.，2018）。这种环境老化会导致生物质炭对污染物的亲和力降低，将污染物释放到环境中，从而与生物接触。生物质炭的特性也可以通过老化过程，导致土壤特性发生变化，对生物体产生不利影响（Yang et al.，2019b）。生物质炭中的有毒物质可以根据其化学性质或来源进行分类。就化学性质而言，生物质炭污染物可分为有机污染物和无机污染物；就来源而言，污染物可以区分为热解的副产物（即在生物质炭生产过程中形成的）或用于生产生物质炭的原料，这些存在于原料中的污染物在经历热解过程后仍然存在，通常浓度更高。

8.3.1　生物质炭制备过程的潜在环境风险

1. 生物质炭中的重金属

生物质炭因其在修复重金属污染方面的优势而受到广泛关注，但长期吸附土壤环境中的重金属造成的老化生物质炭的潜在毒性效应却常被忽视。同时，由于原料的原因，生物质炭在生产过程中也积累了一定数量的重金属。生物质炭施用后，其中的重金属会通过物理、化学和生物反应重新释放到土壤环境中，对环境造成危害。

生物质炭中重金属的含量随生物质类型的不同而不同。当使用重金属含量高的生物质时，由于浸出等过程产生的生物质炭重金属含量较高。控制热解温度是控制生物质炭中重金属含量的重要手段。随着温度升高，生物质中的有机质分解，进而导致与有机质结合的重金属释放。生物质炭中重金属的环境风险不仅与重金属含量和热解温度有关，还与 pH、重金属存在形式、矿物结构和应用环境有关。生物质炭中的重金属在 pH 为 3 时表现出最大的浸出能力，因为低 pH 条件通常会增强金属的溶解。随着溶液 pH 从 3 增加到 7，浸出量逐渐减少。但当溶液 pH 进一步从 7 增加到 13 时，重金属特别是 Cr 的浸出量增加，同时，环境介质可能会改变生物质炭中重金属的形态，从而改变生物质炭的潜在风险程度。研究表明，不同形态重金属的环境风险从高到低依次为碳酸盐结合态、Fe-Mn 氧化结合态、有机质、硫化物结合态和残留态。当在酸性土壤介质中使用重金属含量高（酸溶性或交换性组分含量较高）的碱性生物质炭时，生物质炭中的 Cd、Zn、Pb 和 Cu 可能会被激活，从低风险状态（如残留状态）转化为高风险状态（如碳酸盐结合状态）（Bandara et al.，2017）。这主要是因为随着土壤 pH 的降低，土壤中重金属的游离金属组分、相互作用以及植物对重金属的接触和吸收可能会增加（Wu et al.，2021）。因此，在生产生物质炭时，应正确选择生物质原料的种类和热解温度，尽量降低其重金属含量。如果不能避免使用高重金属含量的生物质炭，则需要系统考虑生物质炭与环境介质的关系，尽量减少生物质炭中重金属对环境的危害。

2. 生物质炭中的多环芳烃

多环芳烃（PAH）是分子中含有两个以上苯环的碳氢化合物，包括萘、蒽、菲、芘等 150 余种化合物，是生物质炭中最常见的污染物。多环芳烃被归类为持久性有机污染物（Gschwend and Imboden，2016），具有致癌、致突变和致畸特性（Wang et al.，2017）。PAH 含量受到一系列因素的影响，如生物质在烘箱中的停留时间、烘箱加热速度和热解温度。研究表明，与快速热解相比，慢热解生成的生物质炭中多环芳烃含量较低。

热解温度是决定生物质炭中多环芳烃含量的另一个重要因素。在 400～600℃温度范围内生产的生物质炭含有的多环芳烃浓度高于在较低或较高温度下获得的生物质炭。然而，在气化过程中，尽管使用了较高的温度，仍可获得相对较高的多环芳烃浓度的生物质炭（Wang et al.，2016）。气化制生物质炭的多环芳烃含量通常高于热解制生物质炭（Hale et al.，2012），热解温度的升高会降低大部分生物可利用性多环芳烃的浓度，升高温度提高了生物质炭表面的芳香性。因此，多环芳烃与生物质炭之间的吸引力较大，而生物利用度较低，这是因为多环芳烃具有较大的疏水性和较强的电子相互作用。此外，用于生产生物质炭的气体也会影响多环芳烃的含量（Kończak et al.，2019）。

3. 生物质炭中的二噁英、挥发性有机物

在生物质炭制备过程中会产生二噁英等有害成分（Tsouloufa et al.，2020），热解温度和生物质原料是影响生物质炭中二噁英含量的关键因素。一般来说，生物质原料不应该采用氯元素含量较高的原料，以防止形成高浓度的二噁英（Wiedner et al.，2013）。

挥发性有机物（VOC）也属于生物质炭污染物，其可能对生物体的呼吸、消化和神经系统产生潜在的影响（Ghidotti et al.，2017）。VOC 包括乙酸、甲酸、丁酸、丙酸、甲醇、苯酚、甲基化苯酚和甲酚等污染物（Buss et al.，2015）。这些污染物是在生物质的热解过程中形成的，随后沉积在生物质炭上或生物质炭孔隙内。通常情况下，生物质炭的炭化程度越高，产生的 VOC 就越少。

4. 生物质炭中的环境持久性自由基

在生物质炭中可以检测到很强的环境持久性自由基信号（environmental persistent free radical，EPFR），一般为每克含有 10^{18} 个不配对自旋度（Fang et al.，2014）。这些 EPFR 在生物质炭生产和大规模应用过程中广泛存在（Pan et al.，2019）。热解过程中，生物质有机组分发生热分解，原料类型和炭化条件均影响 EPFR 的形成，木质素、纤维素和半纤维素是生物质炭中 EPFR 形成的主要前提（Odinga et al.，2020）。此外，环境中的生物质炭残留物也可以产生 EPFR，这一过程的发生主要是因为 Fe^{2+}等过渡金属的存在，过渡金属通常在热解过程中通过化学吸附转移到生物质上，然后继续将电子从聚合物转移到金属中心，从而形成 EPFR（Ruan et al.，2019）。生物质中的木质素和纤维素可在热解过程中分解形成芳香分子前体，暴露于空气后转化为 EPFR。此外，稳定的 EPFR 可以在高温热解下直接生成（Maskos et al.，2005）。除生物质种类外，热解温度（200～500℃）的增加也会导致生物质炭中 EPFR 的形成。当热解温度进一步提高到 600℃时，生物质中的有机化合物分解将形成 EPFR（Zhang et al.，2019）。通常情况下，EPFR 在生物质炭中的浓度随热解温度升高而升高。热解温度不仅影响生物质炭中 EPFR 的含量，而且影响 EPFR 的环境稳定性。

8.3.2　生物质炭施用过程的潜在环境风险

1. 生物质炭对土壤环境的影响

随着全球人口的增加，寻求高效、环境友好、可持续和经济上可行的解决方案来解决环境污染、粮食安全、资源和能源短缺等紧迫的全球问题是非常必要的（Chen et al.，2020）。近年来，生物质炭凭借比表面积大、多孔结构丰富、结构稳定等特性，已被广泛应用于土壤改良、农业生产、温室气体减排、水污染治理等方面。

生物质炭在土壤中的应用可能会导致土壤中有毒有害化合物含量的增加，这主要是因为土壤中的有毒污染物能够随着环境流动性迁移到植物、土壤生物和其他环境介质中，但是生物质炭凭借其巨大的比表面积、发达的孔隙网络和丰富的表面官能团等特性，可将土壤中的有毒有害污染物吸附在生物质炭本体中（Aller，2016）。虽然该行为限制了污染物的流动，可防止污染物扩散到其他环境介质中，但是这些生物质炭本体携带的污染物会随着施用年限和施用剂量的增加而逐渐增大。尽管生物质炭本体携带的大部分污染物不会增加土壤的污染程度，但是含有大量污染物的生物质炭会对土壤微生物的生长发育造成明显的抑制，进而破坏土壤的生态环境平衡。另外，随着污染物总量持续增加，即使这些污染物在生物质炭中发生解吸的释放量很微小，也会对土壤环境平衡造成明显的破坏（Anyika et al.，2015）。

生物质炭可以改变土壤的pH、结构、孔隙度、流动性、有毒元素的生物有效性及其他特性（Lee et al.，2010）。因为随着热解温度的升高，生物质炭表面酸性官能团数量随着氧含量的损失而减少，从而导致生物质炭的 pH 从中性或酸性逐渐增加到碱性，pH 增加可能会限制某些营养物质（如 NH_4^+）对原始土壤的供应，也可能促进 *N*-乙酰基高丝氨酸内酯（AHL，革兰氏阴性菌用于细胞与细胞之间通信的信号分子）的水解，从而导致细菌细胞对 AHL 的生物利用度降低（Gao et al.，2016），最终降低了细菌细胞之间的信息传递。除此之外，生物质炭在土壤中的应用不仅会对土壤产生负面影响，还会对其他相关的环境产生负面影响。生物质炭可能通过减少植物养分吸收来抑制土壤养分供应和作物生产力，并且增加土壤中有毒元素的生物有效性，从而加强污染土壤的潜在风险。

2. 生物质炭对水生环境的影响

生物质炭对水生环境也有潜在的风险，主要包括增强富营养化、加速污染物迁移、抑制水生生物生长等。由于制备生物质炭的生物质原料可能含有内源氮和磷，这些无机氮和磷从生物质炭中释放出来，造成水体富营养化（Xu et al.，2013）。此外，水中丰富的离子不仅削弱了生物质炭对污染物的吸附能力，而且促进了吸附在生物质炭上无机氮磷的释放。因此，当生物质炭大规模使用时，其在水生环境中的存在和积累可能会加速水体的富营养化。

此外，生物质炭及其吸附的污染物可通过地表径流、沟渠或灌溉渗入地表和地下水，从而对地下水和河流等水生环境构成潜在的环境风险（Wang et al.，

2013b）。由于生物质炭吸收了水生生物进行交流所必需的化学物质，导致水生生物对营养物质的利用度降低，进而导致了微生物与植物共生关系的破坏。此外，研究发现生物质炭中的 EPFR 可在水生环境介质中产生羟基自由基，这也可诱导水环境的氧分子产生活性氧，并对水生植物的细胞和器官造成损伤。

总的来说，相较于生物质炭对生态环境造成的风险，其对生态环境中碳循环、气候变化及环境修复等方面的积极作用更加明显。关于生物质炭在制备和使用过程中对环境造成的风险尽管已经有大量的研究并进行了定性或定量的分析和探究，但是这些研究多集中在实验室层面的研究尺度上，针对生物质炭在大环境尺度及大时间尺度下对整个生态环境体系造成的负面影响比较缺乏。在未来关于生物质炭制备和施用过程中，我们应当充分利用现有的研究成果，对生物质炭的原材料选择和制备工艺进行优化，以最大限度地避免重金属、有机污染物及持久性自由基对生态环境造成的危害，最大限度地降低生物质炭施用对土壤及水环境中生命体的潜在风险。同时，应注意在时间、空间和物质背景方面对生物质炭在土壤和水环境中施用方式进行优化，以期获得更高的环境价值和更低的环境风险。

生物质炭作为地球碳循环中的重要组成部分，对地球的碳循环及生态环境变化具有一定的影响，国内外大量的研究学者对生物质炭的起源和发展进行了综述，总结了生物质炭的研究现状并提出当前生物质炭研究领域存在的问题；探究各类方法对生物质炭的制备技术，分析生物质原材料和制备方法对生物质炭性能的影响，并通过现代表征技术对生物质炭的各项性能进行了完整的表征；通过废弃生物质制备的生物质炭在修复水体污染物、提升土壤理化性能、改善土壤生物环境、促进农作物生长与增产、固碳减排等方面具有广泛的应用，并取得了优异的实际应用效果。此外，大量的研究对上述几个方面的应用进行了探索，重点分析了生物质炭在各个领域的应用效果、作用机制和优劣势，并根据这些研究结果对生物质炭的制备方法和施用方式进行了优化，同时给出了完整的建议。近些年，生物质炭在进入到生态环境之后发生的物理和化学变化以及对环境造成的潜在风险开始受到关注，该领域的研究重点聚焦于生物质炭对生态环境造成的潜在风险，并对潜在风险的成因进行了探究，对如何避免风险并保证生物质炭的应用效果最大化给出了建议。尽管有关生物质炭的研究已经做了大量的工作并取得了丰富的成果，但是在未来的研究工作中，应当继续做好生物质炭在各个领域的应用效果评价，旨在进一步提高生物质炭的实际环境意义，同时也不应忽视生物质炭的制备工艺优化、制备成本控制及潜在风险消除等方面的内容；正确处理生物质炭研发利用和生态环境保护关系，使废弃生物质再利用与碳固存、环境修复、土壤环境改善、农作物增产增效及生态环境保护形成有机统一，统筹考虑生物质炭的优势与劣势，实现最优的生物质炭使用效果。

参 考 文 献

方婧, 金亮, 程磊磊, 等. 2019. 环境中生物质炭稳定性研究进展. 土壤学报, 56(5): 1034-1047.

Aller M. 2016. Biochar properties: Transport, fate, and impact. Critical Reviews in Environmental Science and Technology, 46(14-15): 1183-1296.

Anyika C, Abdul M Z, Ibrahim Z, et al. 2015. The impact of biochars on sorption and biodegradation of polycyclic aromatic hydrocarbons in soils-A review. Environmental Science and Pollution Research, 22(5): 3314-3341.

Bakshi S, Banik C, Laird D A. 2018. Quantification and characterization of chemically-and thermally-labile and recalcitrant biochar fractions. Chemosphere, 194: 247-255.

Bandara T, Herath I, Kumarathilaka P, et al. 2017. Efficacy of woody biomass and biochar for alleviating heavy metal bioavailability in serpentine soil. Environmental Geochemistry and Health, 39(2): 391-401.

Braadbaart F, Poole I, Brussel A. 2009. Preservation potential of charcoal in alkaline environments: an experimental approach and implications for the archaeological record. Journal of Archaeological Science, 36(8): 1672-1679.

Buss W, Mašek O, Graham M, et al. 2015. Inherent organic compounds in biochar- their content, composition and potential toxic effects. Journal of Environmental Management, 156: 150-157.

Bob M, Brooks M, Mravik S, et al. 2008. A modified light transmission visualization method for DNAPL saturation measurements in 2-D models. Advances Water Resource, 31: 727-742.

Bradford S, Simunek J, Bettahar M, et al. 2003. Modeling colloid attachment, straining, and exclusion in saturated porous media. Environmental Science Technology, 37: 2242-2250.

Chatterjee J, Abdulkareem S, Gupta S. 2010. Estimation of colloidal deposition from heterogeneous populations. Water Research, 44: 3365-3374.

Chen M, Wang D, Yang F, et al. 2017. Transport and retention of biochar nanoparticles in a paddy soil under environmentally relevant solution chemistry conditions. Environmental Pollution, 230: 540-549.

Chen Y, Wang R, Duan X, et al. 2020. Production, properties, and catalytic applications of sludge derived biochar for environmental remediation. Water Research, 187: 116390.

Dai Z, Xiong X, Zhu H, et al. 2021. Association of biochar properties with changes in soil bacterial, fungal and fauna communities and nutrient cycling processes. Biochar, 3: 239-254.

Dong SN, Gao B, Sun YY, et al. 2019. Visualization of graphene oxide transport in two-dimensional homogeneous and heterogeneous porous media. Journal of Hazardous Materials, 369: 334-341.

Ennis C J, Evans A G, Islam M, et al. 2012. Biochar: Carbon sequestration, land remediation, and impacts on soil Microbiology. Critical Reviews in Environmental Science and Technology, 42(22): 2311-2364.

Fang G, Gao J, Liu C, et al. 2014. Key role of persistent free radicals in hydrogen peroxide activation by biochar: implications to organic contaminant degradation. Environmental Science Technology, 48(3): 1902-1910.

Fang J, Cheng L L, Hameed R, et al. 2020. Release and stability of water dispersible biochar colloids in aquatic environments: Effects of pyrolysis temperature, particle size, and solution chemistry. Environmental Pollution, 260: 114037.

Fang J, Zhang K, Sun P, et al. 2016. Co-transport of Pb^{2+} and TiO_2 nanoparticles in repacked homogeneous soil columns under saturation condition: Effect of ionic strength and fulvic acid.

Science of The Total Environment, 571: 471-478.

Fu H, Liu H, Mao J, et al. 2016. Photochemistry of dissolved black carbon released from biochar: Reactive oxygen species generation and phototransformation. Environmental Science Technology, 50(3): 1218-1226.

Gao X, Cheng H Y, Del Valle I, et al. 2016. Charcoal disrupts soil microbial communication through a combination of signal sorption and hydrolysis. ACS Omega, 1(2): 226-233.

Gao Y, Li T, Fu Q, et al. 2020. Biochar application for the improvement of water-soil environments and carbon emissions under freeze-thaw conditions: An in-situ field trial. Science of The Total Environment, 723: 138007.

Ghidotti M, Fabbri D, Hornung A. 2017. Profiles of volatile organic compounds in biochar: Insights into process conditions and quality assessment. ACS Sustainable Chemistry and Engineering, 5(1): 510-517.

Ghosh D, Chakraborty K, Bharti, et al. 2022. The effects of pH, ionic strength, and natural organics on the transport properties of carbon nanotubes in saturated porous medium. Colloids and Surfaces A: Physicochem Eng Aspects, 647: 129025.

Gschwend P, Imboden D. 2016. Environmental Organic Chemistry. New Jerseg: John Wiley and Sons.

Guggenberger G, Rodionov A, Shibistova O, et al. 2008. Storage and mobility of black carbon in permafrost soils of the forest tundra ecotone in Northern Siberia. Global Change Biology, 14: 1367-1381.

Hahn M, O'Melia C R. 2004. Deposition and reentrainment of brownian particles in porous media under unfavorable chemical conditions: Some concepts and applications. Environmental Science and Technology, 38: 210-220.

Hale S, Lehmann J, Rutherford D, et al. 2012. Quantifying the total and bioavailable polycyclic aromatic hydrocarbons and dioxins in biochars. Environmental Science and Technology, 46(5): 2830-2838.

Harvey O, Kuo L, Zimmerman A R, et al. 2012. An index-based approach to assessing recalcitrance and soil carbon sequestration potential of engineered black carbons(biochars). Environmental Science and Technology, 46(3): 1415-1421.

Hilber I, Bastos A C, Loureiro S, et al. 2017. The different faces of biochar: contamination risk versus remediation tool. Journal of Environmental Engineering and Landscape Management, 25(2): 86-104.

Hofmann T, von der Kammer F. 2009. Estimating the relevance of engineered carbonaceous nanoparticle facilitated transport of hydrophobic organic contaminants in porous media. Environmental Pollution, 157: 1117-1126.

Hofmann T, Wendelborn A. 2007. Colloid facilitated transport of polychlorinated dibenzo-p-dioxins and dibenzofurans (PCDD/Fs) to the groundwater at Ma Da area, Vietnam. Environmental Science Pollution Research, 14: 223-224.

Jiang X, Haddix M L, Cotrufo M F. 2016. Interactions between biochar and soil organic carbon decomposition: effects of nitrogen and low molecular weight carbon compound addition. Soil Biology and Biochemistry, 100: 92-101.

Johnson PR, Sun N, Elimelech M. 1996. Colloid transport in geochemically heterogeneous porous media: Modeling and measurements. Environmental Science Technology, 30: 3284-3293.

Kavitha B, Reddy P V, Kim B, et al. 2018. Benefits and limitations of biochar amendment in agricultural soils: A review. Journal of Environmental Management, 227: 146-154.

Kończak M, Gao Y, Oleszczuk P. 2019. Carbon dioxide as a carrier gas and biomass addition decrease the total and bioavailable polycyclic aromatic hydrocarbons in biochar produced from sewage sludge. Chemosphere, 228: 26-34.

Kuzyakov Y, Subbotina I, Chen H, et al. 2009. Black carbon decomposition and incorporation into soil microbial biomass estimated by ^{14}C labeling. Soil Biology and Biochemistry, 41(2): 210-219.

Lehmann J. 2007. A handful of carbon. Nature, 447: 143-144.

Lehmann J, Joseph S. 2015. Biochar for environmental management. London: Routledge: 1-13.

Leifeld J, Fenner S, Muller M. 2007. Mobility of black carbon in drained peatland soils. Biogeosciences, 4: 425-432.

Li F Y, Cao X D, Zhao L, et al. 2014. Effects of mineral additives on biochar formation: Carbon retention, stability, and properties. Environmental Science and Technology, 48: 11211-11217.

Li M, Zhang A, Wu H, et al. 2017. Predicting potential release of dissolved organic matter from biochars derived from agricultural residues using fluorescence and ultraviolet absorbance. Journal of Hazardous Materials, 334: 86-92.

Li X H, Gao B, Xu H X, et al. 2021. Effect of root exudates on the stability and transport of graphene oxide in saturated porous media. Journal Hazardous Materials, 413: 125362.

Li Y L, Zhao Y, Cheng K, et al. 2022. Effects of biochar on transport and retention of phosphorus in porous media: Laboratory test and modeling. Environmental Pollution, 297: 118788.

Lian F, Xing B. 2017. Black carbon(Biochar)in water/soil environments: molecular structure, sorption, stability, and potential risk. Environmental Science and Technology, 51(23): 13517-13532.

Lee J W, Kidder M, Evans B R, et al. 2010. Characterization of biochars produced from corn stovers for soil amendment. Environmental Science and Technology, 44(20): 7970-7974.

Leifeld J, Fenner S, Müller M. 2007. Mobility of black carbon in drained peatland soils. Biogeosciences, 4(3): 425-432.

Liu L, Gao B, Wu L, et al. 2013. Deposition and transport of graphene oxide in saturated and unsaturated porous media. Chemical Engineering Journal, 229: 444-449.

Liu Z, Dugan B, Masiello C A, et al. 2018. Effect of freeze-thaw cycling on grain size of biochar. PLoS One, 13(1): 0191246.

Luo Y, Durenkamp M, De Nobili M, et al. 2011. Short term soil priming effects and the mineralisation of biochar following its incorporation to soils of different pH. Soil Biology and Biochemistry, 43(11): 2304-2314.

Maskos Z, Khachatryan L, Dellinger B. 2005. Precursors of radicals in tobacco smoke and the role of particulate matter in forming and stabilizing radicals. Energy and Fuels, 19(6): 2466-2473.

Meng Z W, Huang S, Xu T, et al. 2020. Transport and transformation of Cd between biochar and soil under combined dry-wet and freeze-thaw aging. Environmental Pollution, 263: 114449.

Mimmo T, Panzacchi P, Baratieri M, et al. 2014. Effect of pyrolysis temperature on miscanthus(*Miscanthus* × *giganteus*)biochar physical, chemical and functional properties. Biomass and Bioenergy, 62: 149-157.

Mitchell P J, Simpson A J, Soong R, et al. 2015. Shifts in microbial community and water-extractable organic matter composition with biochar amendment in a temperate forest soil. Soil Biology and Biochemistry, 81: 244-254.

Niemet M R, Selker J S. 2001. A new method for quantification of liquid saturation in 2D translucent porous media systems using light transmission. Advances Water Resource, 24: 651-666.

Odinga E S, Waigi M G, Gudda F O, et al. 2020. Occurrence, formation, environmental fate and risks of environmentally persistent free radicals in biochars. Environment International, 134: 105172.

Pan B, Li H, Lang D, et al. 2019. Environmentally persistent free radicals: occurrence, formation mechanisms and implications. Environmental Pollution, 248: 320-331.

Phenrat T, Cihan A, Kim H J, et al. 2010. Transport and deposition of polymer-modified Fe-0 nanoparticles in 2-D heterogeneous porous media: Effects of particle concentration, Fe-0 content, and coatings. Environmental Science and Technology, 44: 9086-9093.

Ponomarenko E V, Anderson D W. 2001. Importance of charred organic matter in black chernozem soils of Saskatchewan. Canadian Journal of Soil Science, 81(3): 285-297.

Qu X, Fu H, Mao J, et al. 2016. Chemical and structural properties of dissolved black carbon released from biochars. Carbon, 96: 759-767.

Rechberger M V, Kloss S, Rennhofer H, et al. 2017. Changes in biochar physical and chemical properties: Accelerated biochar aging in an acidic soil. Carbon, 115: 209-219.

Ruan X, Sun Y, Du W, et al. 2019. Formation, characteristics, and applications of environmentally persistent free radicals in biochars: A review. Bioresource Technology, 281: 457-468.

Skjemstad J O, Taylor J A, Janik L J, et al. 1999. Soil organic carbon dynamics under long-term sugarcane monoculture. Australian Journal of Soil Research, 37: 151-164.

Song B Q, Chen M, Zhao L, et al. 2019. Physicochemical property and colloidal stability of micron- and nano-particle biochar derived from a variety of feedstock sources. Science of the Total Environment, 661: 685-695.

Spokas K A, Novak J M, Masiello C A, et al. 2014. Physical disintegration of biochar: an overlooked process. Environmental Science and Technology Letters, 1(8): 326-332.

Tomczyk A, Sokołowska Z, Boguta P. 2020. Biochar physicochemical properties: Pyrolysis temperature and feedstock kind effects. Reviews in Environmental Science and Bio/Technology, 19(1): 191-215.

Tsouloufa A, Dailianis S, Karapanagioti H K, et al. 2020. Physicochemical and toxicological assay of leachate from malt spent rootlets biochar. Bulletin of Environmental Contamination and Toxicology, 104(5): 634-641.

Tufenkji N, Miller G F, Ryan J N, et al. 2004. Transport of cryptosporidium oocysts in porous media: Role of straining and physicochemical filtration. Environmental Science and Technology, 38: 5932-5938.

Uchimiya M, Ohno T, He Z. 2013. Pyrolysis temperature-dependent release of dissolved organic carbon from plant, manure, and biorefinery wastes. Journal of Analytical and Applied Pyrolysis, 104: 84-94.

Ventura M, Alberti G, Viger M, et al. 2015. Biochar mineralization and priming effect on SOM decomposition in two European short rotation coppices. GCB Bioenergy, 7(5): 1150-1160.

Wang C, Wang Y, Herath H M. 2017. Polycyclic aromatic hydrocarbons(PAHs)in biochar – their formation, occurrence and analysis: A review. Organic geochemistry, 114: 1-11.

Wang D J, Paradelo M, Bradford S A, et al. 2011.Facilitated transport of Cu with hydroxyapatite nanoparticles in saturated sand: Effects of solution ionic strength and composition. Water Research, 45: 5905-5915.

Wang D, Zhang W, Zhou D. 2013a. Antagonistic effects of humic acid and iron oxyhydroxide grain-coating on biochar nanoparticle transport in saturated sand. Environmental Science and Technology, 47(10): 5154-5161.

Wang D, Zhang W, Hao X, et al. 2013b. Transport of biochar particles in saturated granular media: effects of pyrolysis temperature and particle size. Environmental Science and Technology, 47(2): 821-828.

Wang X, Li C, Zhang B, et al. 2016. Migration and risk assessment of heavy metals in sewage sludge during hydrothermal treatment combined with pyrolysis. Bioresource Technology, 221: 560-567.

Wang Y, Zhang W, Shang J Y, et al. 2019. Chemical aging changed aggregation kinetics and transport of biochar colloids. Environmental Science and Technology, 53: 8136-8146.

Wiedner K, Rumpel C, Steiner C, et al. 2013. Chemical evaluation of chars produced by thermochemical conversion(gasification, pyrolysis and hydrothermal carbonization)of agro-industrial biomass on a commercial scale. Biomass and Bioenergy, 59: 264-278.

Wu Q, Hu W, Wang H, et al. 2021. Spatial distribution, ecological risk and sources of heavy metals in soils from a typical economic development area, Southeastern China. Science of The Total Environment, 780: 146557.

Xiong X, Yu I K , Cao L, et al. 2017. A review of biochar-based catalysts for chemical synthesis, biofuel production, and pollution control. Bioresource Technology, 246: 254-270.

Xu H, Cai A D, Wu D, et al. 2021. Effects of biochar application on crop productivity, soil carbon sequestration, and global warming potential controlled by biochar C: N ratio and soil pH: A global meta-analysis. Soil and Tillage Research, 213: 105-125.

Xu X, Cao X, Zhao L. 2013. Comparison of rice husk- and dairy manure-derived biochars for simultaneously removing heavy metals from aqueous solutions: Role of mineral components in biochars. Chemosphere, 92(8): 955-961.

Yang W, Bradford S A, Wang Y, et al. 2019. Transport of biochar colloids in saturated porous media in the presence of humic substances or proteins. Environmental Pollution, 246: 855-863.

Yang W, Qu T, Flury M, et al. 2021. PAHs sorption to biochar colloids changes their mobility over time. Journal of Hydrology, 603: 126839.

Yang W, Shang J Y, Li B G, et al. 2020. Surface and colloid properties of biochar and implications for transport in porous media. Critical Reviews in Environmental Science and Technology, 50: 2484-2522.

Yang W, Shang J Y, Sharma P, et al. 2019a. Colloidal stability and aggregation kinetics of biochar colloids: Effects of pyrolysis temperature, cation type, and humic acid concentrations. Science of the Total Environment, 658: 1306-1315.

Yang W, Wang Y, Shang J Y, et al. 2017a. Antagonistic effect of humic acid and naphthalene on biochar colloid transport in saturated porous media. Chemosphere, 189: 556-564.

Yang W, Wang Y, Sharma P, et al. 2017b. Effect of naphthalene on transport and retention of biochar colloids through saturated porous media. Colloids and Surfaces A: Physicochem Eng Aspects, 530: 146-154.

Yang X, Ng W, Wong B S, et al. 2019b. Characterization and ecotoxicological investigation of biochar produced via slow pyrolysis: Effect of feedstock composition and pyrolysis conditions. Journal of Hazardous Materials, 365: 178-185.

Zhang W, Niu J Z, Morales V L, et al. 2010. Transport and retention of biochar particles in porous media: effect of pH, ionic strength, and particle size. Ecohydrology, 3: 497-508.

Zhang Y, Yang R, Si X, et al. 2019. The adverse effect of biochar to aquatic algae- the role of free radicals. Environmental Pollution, 248: 429-437.

Zhao K, Gao L, Zhang Q R, et al. 2021. Accumulation of sulfamethazine and ciprofloxacin on grain surface decreases the transport of biochar colloids in saturated porous media. Journal of Hazardous Materials, 417: 125908.

Zhao R, Coles N, Kong Z, et al. 2015. Effects of aged and fresh biochars on soil acidity under different incubation conditions. Soil and Tillage Research, 146: 133-138.

Zimmerman A R, 2010. Abiotic and microbial oxidation of laboratory-produced black carbon (biochar). Environmental Science and Technology, 44: 1295-1301.